Lecture Notes in Mathematics

Edited by A. Dold and B. Eckmann

480

X. M. Fernique
J. P. Conze
J. Gani

Ecole d'Eté de Probabilités de Saint-Flour IV–1974

Edité par P.-L. Hennequin

Springer-Verlag
Berlin · Heidelberg · New York 1975

Authors
Dr. X. M. Fernique
Faculté des Sciences
19 rue du Haut-Barr
67740 Wolfisheim/France

Dr. J. P. Conze
Université de Rennes
54 rue Paul Bourget
35000 Rennes/France

Dr. J. Gani
Department of Mathematics, Sheffield University
Sheffield S10 2TN/Great Britain

Editor
Prof. P. L. Hennequin
Université de Clermont, Département de Mathématiques
Appliquées, Boîte Postale 45
63170 Aubière/France

Library of Congress Cataloging in Publication Data

Fernique, X
Écoled'été de probabilités de Saint-Flour IV-1974.

(Lecture notes in mathematics ; 480)
Includes bibliographies.
1. Probabilities--Congresses. 2. Stockastic processes--Congresses. 3. Gaussian processes--Congresses.
4. Population--Statistical Methods--Congresses.
I. Conze, J. P., joint author. II. Gani, Joseph Mark, joint author. III. Title. IV. Series: Lecture notes in mathematics (Berlin) ; 480.
QA3.L28 no. 480 [QA273.A1] 510'.8s [519.2] 75-25522

AMS Subject Classifications (1970): 28A65, 47A35, 54H20, 60G15, 90J80, 92A15

ISBN 3-540-07396-5 Springer-Verlag Berlin · Heidelberg · New York
ISBN 0-387-07396-5 Springer-Verlag New York · Heidelberg · Berlin

Offsetdruck: Julius Beltz, Hemsbach/Bergstr.

INTRODUCTION

La quatrième Ecole d'Eté de Calcul des Probabilités de Saint Flour s'est tenue du 8 au 19 Juillet 1974 et a rassemblé, outre les conférenciers, trente deux participants.

Pour la première fois, l'Ecole a permis aux participants qui le souhaitaient de faire un exposé sur l'état d'avancement de leurs travaux. En voici la liste :

1) P. CREPEL : Marches aléatoires sur les groupes non abéliens
2) G. FOURT : Lois Gamma et Beta sur les cones homogènes
3) P.L. HENNEQUIN et J. BADRIKIAN : Construction de dessins animés pour l'enseignement des probabilités
4) R. JAJTE : Quelques résultats dans la théorie non-commutative des probabilités
5) R.P. JORRE et R.N. CURNOW : Evolution des protéines et du code génétique
6) J. PELLAUMAIL : L'intégrale stochastique considérée comme une intégrale par rapport à une mesure vectorielle
7) G. PERENNOU : Reconnaissance des formes. Apprentissage et approximation stochastique

Il n'a pas été possible d'insérer dans ce recueil ces exposés. Ils seront publiés dans les Annales Scientifiques de l'Université de Clermont sauf le numéro 2 (G. Fourt) déjà publié dans un numéro précédent des Annales.

Les trois professeurs, Messieurs Fernique, Conze et Gani, ont tenu à élaborer une rédaction définitive de leurs cours qui complète sur certains points les exposés faits à l'école. Nous les en remercions vivement.

La frappe du manuscrit a été assurée par les Départements de Mathématiques des Universités de Strasbourg, Rennes et Clermont et nous remercions, pour leur soin, les secrétaires qui se sont chargées de ce travail.

Nous exprimons enfin notre gratitude à la Société Springer Verlag qui permet d'accroître l'audience internationale de notre Ecole en accueillant ces textes dans la collection Lecture Notes in Mathematics.

P.L. HENNEQUIN

Professeur à l'Université de Clermont
B.P. 45
63170 AUBIERE

TABLE DES MATIERES

X. FERNIQUE : "REGULARITE DES TRAJECTOIRES DES FONCTIONS ALEATOIRES GAUSSIENNES"

CHAPITRE 8 - POPULATIONS DE VIRUS

LISTE DES AUDITEURS

Mr. ACQUAVIVA A.	Université de Brest
Mr. ARLABOSSE F.	Université de Rennes
Mme BADRIKIAN J.	Université de Clermont-Ferrand
Mr. BERNARD P.	Université de Clermont-Ferrand
Mr. BETHOUX P.	Université de Lyon
Mr. BOUGEROL P.	Université de Paris VII
Mr. BOULICAUT P.	Université de Clermont-Ferrand
Mr. BRANDOUY P.	Université de Pau
Mr. CARMONA R.	Université de Marseille
Mr. CARPENTIER S.	I.U.T. du Havre
Mr. CHARLOT F.	Université d'Alger
Mr. CHEMARIN P.	Université de Lyon
Mr. CREPEL P.	Université de Rennes
Mle FARJOT P.	Université de Clermont-Ferrand
Mr. FLYTZANIS E.	Ecole Polytechnique de Thessalonique (Gr.)
Mr. FOURT G.	Université de Clermont-Ferrand
Mr. GALVES A.	Ecole Polytechnique de Paris
Mr. GREGOIRE G.	I.R.M.A. de Grenoble
Mr. HENNEQUIN P.L.	Université de Clermont-Ferrand
Mr. JORRE R.P.	Université de Londres (Grande-Bretagne)
Mr. KONO N.	Université de Strasbourg
Mr. LAFOSSE	Université de Toulouse
Mr. MILHAUD X.	Université de Toulouse
Mr. OGAWA S.	Université de Paris VI
Mr. PELLAUMAIL J.	Université de Rennes
Mr. PERENNOU G.	Université de Toulouse
Mr. PINCHON D.	Université de Rennes
Mr. QUADRAT J.P.	I.R.I.A. à Rocquencourt
Mr. SERANT	Université de Lyon
Mr. WEBER M.	Université de Strasbourg
Mr. YEN K.	Université de Strasbourg
Mr. JAJTE R.	Université de Lodz (Pologne)

REGULARITE DES TRAJECTOIRES DES FONCTIONS ALEATOIRES GAUSSIENNES

PAR X. FERNIQUE

0.

INTRODUCTION

Ce cours a pour objet l'étude des trajectoires des fonctions aléatoires gaussiennes. Soient T un ensemble et $(\Omega, \mathcal{G}, P)$ un espace d'épreuves P-complet, on considère une famille $X = (X_t, t \in T)$ de variables aléatoires sur $(\Omega, \mathcal{G}, P)$ indexée par T telle que pour toute partie finie T_0 de T, la famille $(X_t, t \in T_0)$ soit un vecteur gaussien centré à valeurs dans $\mathbb{R}^{T_0}$; c'est une fonction aléatoire gaussienne sur T_0 ; à tout élément ω de Ω, on associe la ω-trajectoire de X, c'est-à-dire l'application : $t \to X_t(\omega) = X(\omega, t)$. La loi de la famille X dans $(\mathbb{R}^t, \underset{t \in T}{\otimes} \mathcal{B}_{\mathbb{R}_t})$ étant complètement définie par la fonction sur $T \times T : (s,t) \to \Gamma(s,t) = E\{X_s X_t\}$ qui est la covariance de X, on se propose d'étudier en fonction de cette covariance Γ, la régularité des trajectoires de X.

Exemple 0.1.

Supposons les trajectoires de X partiellement majorées au sens suivant :

$$\exists \varepsilon > 0,\ \exists M \in \mathbb{R}^+ : P\{\omega \in \Omega : \forall t \in T, |X(\omega, t| \leq M\} \geq \varepsilon \text{ ;}$$

on voit immédiatement que pour tout couple (s,t) d'éléments de T, $\Gamma(s,t)$ est majoré par $M^2/\Phi^2(\epsilon)$ où Φ est la fonction inverse de : $x \to \sqrt{\frac{2}{\pi}} \int_0^x e^{-\frac{u^2}{2}} du$; Γ est bornée sur $T \times T$. Par contre, supposons que $X = (X_t, t \in T)$ soit une famille indépendante de variables aléatoires gaussiennes centrées réduites ; alors les seuls sous-ensembles de T sur lesquels les trajectoires de X soient partiellement majorées sont les ensembles finis puisqu'une famille strictement dénombrable de variables aléatoires indépendantes de même loi n'est partiellement majorée (lemme de Borel-Cantelli) que si le support de cette loi est compact, ce qui n'est pas le cas de $\mathcal{N}(0,1)$. La majoration de Γ sur $T \times T$ n'est donc pas une condition suffisante pour que les trajectoires de X soient partiellement majorées, même dans le cas simple où T est dénombrable.

<u>Exemple</u> 0.2.

Supposons que T soit un espace topologique et que les trajectoires de X soient partiellement continues en un point t_0 de T au sens suivant :

$$\exists h > 0, \ \forall \epsilon > 0, \ \exists V \in \mathcal{V}(t_0) :$$
$$P\{\omega \in \Omega : \forall t \in V, |X(\omega, t) - X(\omega, t_0)| \leq \epsilon\} \geq h ;$$

on voit immédiatement que pour tout élément t de V, on a :

$$\Gamma(t,t) - 2\Gamma(t,t_0) + \Gamma(t_0,t_0) \leq \epsilon^2/\Phi^2(h) ,$$

X est continu en probabilité en t_0 et Γ est continue en (t_0, t_0). Par contre, supposons que $T = \bar{\mathbb{N}}$ muni de la topologie usuelle et que $X = (X_t, t \in T)$ soit une famille indépendante de variables aléatoires gaussiennes centrées de variances respectives :

$$\sigma_n^2 = \frac{1}{\log n} , \ \sigma_\infty^2 = 0,$$

on constate que X est continu en probabilité à $l'\infty$, que Γ est continu à (∞,∞) mais le lemme de Borel-Cantelli montre que pour tout $V \in \mathcal{V}(\infty)$, on a :

$$P\{\omega \in \Omega : \forall t \in V, |X(\omega,t) - X(\omega,\infty)| < 1\} = 0 ,$$

les trajectoires de X sont donc presque sûrement non continues à $l'\infty$. La continuité de Γ n'est pas une condition suffisante pour que les trajectoires de X soient presque sûrement continues, même dans le cas simple où T est dénombrable.

Exemple 0.3.

Soit T un ensemble fini, alors on majore facilement les trajectoires de X sur T ; on a en effet :

$$P\{\omega \in \Omega : \sup_T |X(\omega)| \geq M\} \leq \sqrt{\frac{2}{\pi}} \int_M^\infty \left(\sum_T \frac{1}{\sqrt{\Gamma(t,t)}} e^{-\frac{x^2}{2\Gamma(t,t)}}\right) dx$$

$$\leq [\mathrm{Card}\ (T)] \sqrt{\frac{2}{\pi}} \int_{M/\sup_T \sqrt{\Gamma(t,t)}}^\infty e^{-\frac{x^2}{2}} dx ;$$

dans la plupart des cas, cette majoration est trop grossière pour être utile. Dans le cas extrême où X_t est indépendant de t, le facteur $\mathrm{Card}(T)$ est superflu. Les utilisateurs ont donc besoin d'évaluations faisant intervenir la structure de Γ plutôt que le nombre d'éléments de T.

Ces exemples présentent la nature des problèmes étudiés dans ce cours : caractériser les fonctions aléatoires gaussiennes à trajectoires majorées ou continues ; obtenir des évaluations suffisamment précises et simples pour l'utilisation en dimension finie.

Ces problèmes se posent pour les fonctions aléatoires générales. Ils ont un sens si T est dénombrable ou si l'on fait des hypothèses adéquates de séparabilité sur X. Les méthodes présentées et les solutions apportées seront propres aux fonctions aléatoires gaussiennes ; elles permettent d'ailleurs des extensions au problème général que nous ne présenterons pas.

En fait, le vrai problème serait celui-ci : T étant l'espace $\mathbb{N}$, $X = (X_t, t \in \mathbb{N})$ une fonction aléatoire gaussienne centrée sur $\mathbb{N}$, évaluer la loi de $\sup_T X$. Ce problème n'est pas résolu.

<u>Notations</u> 0.4.

Pour l'étude d'une fonction aléatoire gaussienne $X = (X_t, t \in T)$, nous utiliserons souvent la fonction $d = d_X$ définie sur $T \times T$ par :

$$d(s,t) = \sqrt{E\{|X(s) - X(t)|^2\}}$$

Cette fonction vérifie l'inégalité triangulaire, mais n'est pas nécessairement une distance sur T puisque son noyau ne se réduit pas nécessairement à la diagonale ; nous l'appellerons <u>écart associé à</u> X <u>sur</u> T. Nous pourrons munir T de la topologie métrisable non nécessairement séparée associée à cet écart ; pour tout élément t de T et tout nombre $h > 0$, nous noterons $B(t,h)$ la boule ouverte de centre t et de rayon h. Nous pourrons munir T de la tribu $\mathcal{T}$ engendrée par ces boules.

Nous utiliserons souvent les fonctions aléatoires gaussiennes centrées $X = (X_t, t \in T)$ indépendantes, centrées réduites ; nous les appelons <u>famille gaussienne normale sur</u> T.

Notons enfin que toutes les fonctions aléatoires gaussiennes étudiées seront <u>centrées.</u> Nous omettrons souvent cet épithète.

1.

VECTEURS GAUSSIENS, LOIS ZERO-UN, INTEGRABILITE

1.1. Vecteurs gaussiens, définition, relations avec les fonctions aléatoires gaussiennes. ([4])

DEFINITION 1.1.1.- Soient E un espace vectoriel sur $\mathbb{R}$ et $\mathcal{B}$ une tribu sur E ; on dit que $\mathcal{B}$ est <u>compatible</u> avec la structure vectorielle de E et que $(E,\mathcal{B})$ est un <u>espace vectoriel mesurable</u> si la multiplication par les scalaires et l'addition vectorielle sont des applications mesurables de $(\mathbb{R}\times E, \mathcal{B}_{\mathbb{R}}\otimes\mathcal{B})$ et de $(E\times E, \mathcal{B}\otimes\mathcal{B})$ dans $(E,\mathcal{B})$.

On remarquera que la définition ne fait pas d'hypothèses sur la dimension de E ni sur l'existence d'une topologie sur E ; pourtant si E est un espace vectoriel topologique et $\mathcal{B}$ la tribu engendrée par sa topologie, $(E,\mathcal{B})$ est un espace vectoriel mesurable. La compatibilité de $\mathcal{B}$ avec la structure vectorielle de E signifie essentiellement que pour tout espace mesurable $(\Omega,\mathcal{G})$, tout couple (X,Y) d'applications mesurables de $(\Omega,\mathcal{G})$ dans $(E,\mathcal{B})$ et tout couple (λ,μ) d'applications mesurables de $(\Omega,\mathcal{G})$ dans $(\mathbb{R},\mathcal{B}_{\mathbb{R}})$, l'application $\lambda X+\mu Y$ est une application mesurable de $(\Omega,\mathcal{G})$ dans $(E,\mathcal{B})$.

DEFINITION 1.1.2.- Soient $(\Omega,\mathcal{G},P)$ un espace probabilisé et $(E,\mathcal{B})$ un espace vectoriel mesurable. On dit qu'une application mesurable X de $(\Omega,\mathcal{G})$ dans $(E,\mathcal{B})$ est un <u>vecteur gaussien à valeurs dans</u> E s'il vérifie la propriété suivante :

(G) Pour tout couple (X_1, X_2) de copies indépendantes de X et pour tout couple (s,t) de nombres réels tels que $s^2 + t^2 = 1$, le couple $(sX_1 + tX_2, tX_1 - sX_2)$ est un couple de copies indépendantes de X.

Exemple 1.1.3.

Soient E un espace vectoriel sur $\mathbb{R}$ et H un hyperplan de E ; on note $\mathcal{B}$ la tribu engendrée par $\{\tau_e H, e \in E\}$ où τ est l'opérateur de translation ; $(E, \mathcal{B})$ est un espace vectoriel mesurable. Soient $(\Omega, \mathcal{G}, P)$ un espace probabilisé et X une application de Ω dans E à valeurs dans H. On voit que X est un vecteur gaussien à valeurs dans E.

Exemple 1.1.4.

Soient E un espace vectoriel topologique localement convexe sur $\mathbb{R}$ et E' son dual topologique ; soit $\mathcal{B}$ la tribu engendrée sur E par $\{e \in E : \langle e,f \rangle \leq 1, f \in E'\}$; alors $(E, \mathcal{B})$ est un espace vectoriel mesurable. Soient $(\Omega, \mathcal{G}, P)$ un espace probabilisé et (X,Y) un couple d'applications mesurables de $(\Omega, \mathcal{G})$ dans $(E, \mathcal{B})$; la définition de $\mathcal{B}$ montre que pour que X et Y soient indépendantes, il faut et il suffit que pour toute famille finie F d'éléments de E', les vecteurs aléatoires $(\langle X,f \rangle, f \in F)$ et $(\langle Y,f \rangle, f \in F)$ à valeurs dans $(\mathbb{R}^F, \bigotimes_{f \in F} \mathcal{B}_{\mathbb{R}_f})$ le soient ; par ailleurs, la loi de X dans $(E, \mathcal{B})$ est déterminée par les lois des $(\langle X,f \rangle, f \in F)$ lorsque F décrit l'ensemble des parties finies de E'. Il en résulte que pour qu'une application mesurable X de $(\Omega, \mathcal{G}, P)$ dans $(E, \mathcal{B})$ vérifie la condition (G), il faut et il suffit que pour toute famille finie F de E', l'application $(\langle X,f \rangle, f \in F)$ la vérifie aussi. Les propriétés caractéristiques classiques des vecteurs gaussiens centrés usuels en dimension finie montrent que c'est le cas si et seulement si la famille

$(\langle X,f\rangle, f\in F)$ est une fonction aléatoire gaussienne sur F. Les fonctions gaussiennes centrées sur un espace T au sens de l'introduction sont donc des vecteurs gaussiens à valeurs dans $\mathbb{R}^T$ muni de la topologie localement convexe la plus fine au sens de la définition 1.1.2.

Exemple 1.1.5.

Soient μ la mesure de Lebesgue sur $[0,1]$, p un nombre appartenant à $]0,1[$ et E l'espace $L^p([0,1],\mu)$ sur lequel toute forme linéaire continue est identiquement nulle. Soit $\mathcal{B}$ la tribu topologique sur E, alors $(E,\mathcal{B})$ est un espace vectoriel mesurable. Soient T une partie finie de E et $(\lambda_t, t\in T)$ une famille gaussienne normale sur T, alors $X = \sum_T t\,\lambda_t$ est un vecteur gaussien à valeurs dans E au sens (1.1.2) qui n'est pas susceptible d'une représentation comme fonction aléatoire gaussienne.

1.2. Lois zéro-un. ([4], [14]).

THEOREME 1.2.1.- Soient $(E,\mathcal{B})$ un espace vectoriel mesurable et F un sous-espace vectoriel de E appartenant à $\mathcal{B}$; dans ces conditions, pour tout vecteur gaussien X à valeurs dans E, on a l'alternative :

$$P\{X\in F\} = 0 \quad \text{ou} \quad P\{X\in F\} = 1 .$$

Démonstration du théorème : Soit (X_1,X_2) un couple de copies indépendantes du vecteur gaussien X ; pour tout nombre θ compris entre 0 et $\frac{\pi}{2}$, nous notons :

$$A(\theta) = \{\omega : X_1(\omega)\cos\theta + X_2(\omega)\sin\theta \in F, X_1(\omega)\sin\theta - X_2(\omega)\cos\theta \notin F\} .$$

Si θ_1 et θ_2 sont différents et si $x_1\cos\theta_1 + x_2\sin\theta_1$ et $x_1\cos\theta_2 + x_2\sin\theta_2$ appartiennent tous deux à F, alors le déterminant

$$\begin{vmatrix} \cos\theta_1 & \sin\theta_1 \\ \cos\theta_2 & \sin\theta_2 \end{vmatrix}$$

étant non nul, x_1 et x_2 appartiennent à F et il en est de même de $x_1\sin\theta_1 - x_2\cos\theta_1$; dans ces conditions $A(\theta_1)$ et $A(\theta_2)$ sont disjoints. Par ailleurs, la propriété (G) montre que $A(\theta)$ a la même loi et donc la même probabilité que $A(0)$. Les ensembles $A(\theta)$ sont donc des ensembles disjoints et équiprobables indexés par un ensemble infini, leur probabilité est alors nulle et ceci s'écrit :

$$0 = P\{A(0)\} = P\{X \in F\} P\{X \notin F\} ;$$

c'est la conclusion du théorème.

Les applications du théorème utiliseront la notion de <u>pseudo-semi-norme</u> sur E : nous dirons qu'une application mesurable N de $(E, \mathcal{B})$ dans $(\overline{\mathbb{R}}, \mathcal{B}_{\overline{\mathbb{R}}})$ est une pseudo-semi-norme sur E si $N^{-1}(\mathbb{R})$ est un sous-espace vectoriel de E sur lequel N induit une semi-norme.

COROLLAIRE 1.2.2.- <u>Soient</u> N <u>une pseudo-semi-norme sur</u> E <u>et</u> X <u>un vecteur gaussien à valeurs dans</u> E ; <u>on a alors les alternatives</u> :

i) $P\{N(X) < \infty\} = 0$ <u>ou</u> $P\{N(X) < \infty\} = 1$,

ii) $P\{N(X) = 0\} = 0$ <u>ou</u> $P\{N(X) = 0\} = 1$.

En effet, les ensembles $\{x \in E, N(x) < \infty\}$ et $\{x \in E, N(x) = 0\}$ sont par hypothèse des sous-espaces vectoriels de E appartenant à $\mathcal{B}$.

1.2.3. Application à la continuité et la majoration des trajectoires des fonctions aléatoires gaussiennes.

Définitions : Soient T un ensemble et $(\Omega,\mathcal{G},P)$ un espace d'épreuves, soit $X = (X(\omega,t), \omega\in\Omega, t\in T)$ une fonction aléatoire gaussienne sur T. On dit que les trajectoires de X sont presque sûrement majorées (ou plus simplement que X est p.s. majoré) sur une partie S de T si $\{\omega : \sup_S X(\omega) < \infty\}$ est $\mathcal{G}$-mesurable et a pour probabilité 1. Supposons que S soit un espace topologique et notons $C(S)$ l'ensemble des fonctions continues sur S. On dit que les trajectoires de X sont presque-sûrement continues sur S (ou plus simplement que X est p.s. continu sur S) si $\{\omega : X(\omega) \in C(S)\}$ est $\mathcal{G}$-mesurable et a pour probabilité 1.

Supposons S dénombrable ; dans ces conditions, sur l'espace vectoriel mesurable $(\mathbb{R}^T, \bigotimes_{t\in T} \mathcal{B}_{\mathbb{R}_t})$ l'application : $x \to \sup |x(t)|$ est une pseudo-semi-norme ; par ailleurs si X est un vecteur gaussien à valeurs dans $\mathbb{R}^T$, la symétrie des lois de ses multi-marges montre que $\{\omega : \sup_{t\in S} X(\omega,t) < \infty\}$ et $\{\omega : \sup_{t\in S} [-X(\omega,t)] < \infty\}$ ont même probabilité si bien que pour que X soit p.s. majoré sur S, il faut et il suffit que $\{\omega : \sup_S |X(\omega)| < \infty\}$ ait pour probabilité 1. Le corollaire indique donc que pour que X soit p.s. majoré sur S, il faut et il suffit qu'il y soit partiellement majoré. La conclusion subsiste si S n'est pas dénombrable, mais X séparable en un sens adéquat. De la même manière et sous les mêmes hypothèses, pour que X soit p.s. continu sur S, il faut et il suffit que ses trajectoires soient partiellement continues sur S.

1.3. Intégrabilité des vecteurs gaussiens ([5], [6], [16]).

Exemple 1.3.1.

Soit $X = (X_j, 1 \le j \le n)$ un vecteur gaussien à valeurs dans $\mathbb{R}^n$ (n fini) ; X est "très fortement" intégrable ; en effet si σ est le maximum des écarts-type des composantes, on a :

$$\forall \alpha < 1/2\,\sigma^2, E[\exp(\alpha \sup_{j=1}^{n} |X_j|^2)] \le \sum_{j=1}^{n} E\{\exp \alpha |X_j|^2\} \le n(1-2\alpha\sigma^2)^{-\frac{1}{2}} < \infty$$

$$\forall \alpha \ge 1/2\,\sigma^2, E[\exp(\alpha \sup_{j=1}^{n} |X_j|^2)] \ge \sup_{j=1}^{n} E\{\exp \alpha |X_j|^2\} = \infty .$$

Le cadre de notre étude permet d'envisager l'extension de ces propriétés aux vecteurs gaussiens à valeurs dans les espaces vectoriels généraux puisque la fonction $x \to \sup_{j=1}^{n} |X_j|$ est le type des pseudo-semi-normes. Remarquons pourtant que la majoration écrite fait intervenir la dimension n, il n'y a donc pas à s'étonner que le résultat général soit récent malgré la simplicité de la démonstration.

THEOREME 1.3.2.- Soient $(E, \mathcal{B})$ un espace vectoriel mesurable, X un vecteur gaussien à valeurs dans E et N une pseudo-semi-norme sur E ; on suppose que $P\{N(X) < \infty\}$ est strictement positive ; dans ces conditions, il existe un nombre $\epsilon > 0$ tel que :

$$\forall \alpha < \epsilon \ , \ E[\exp(\alpha N^2(X))] < \infty$$

Démonstration : Soit (X_1, X_2) un couple de copies indépendantes de X. La propriété (G) et la mesurabilité de N montrent que $(N(X_1), N(X_2))$ et

$\left(N(\frac{X_1+X_2}{\sqrt{2}}), N\frac{X_1-X_2}{\sqrt{2}})\right)$ sont des couples de copies indépendantes de $N(X)$. On en déduit pour tout couple (s,t) de nombres réels :

$$(1) \qquad P\{N(X)\le s\}P\{N(X)>t\} = P\left\{ N\left(\frac{X_1-X_2}{\sqrt{2}}\right)\le s\, ,\ N\left(\frac{X_1+X_2}{\sqrt{2}}\right)>t\right\} ;$$

puisque N est une pseudo-semi-norme, on a

$$\sup_{i=1,2} \sqrt{2}\, N(X_i) \ge N\left(\frac{X_1+X_2}{\sqrt{2}}\right) - N\left(\frac{X_1-X_2}{\sqrt{2}}\right) ;$$

il en résulte que dans l'ensemble mesuré au second membre de (1), on a simultanément

$$N(X_1) > \frac{t-s}{\sqrt{2}}\, ,\ N(X_2) > \frac{t-s}{\sqrt{2}} .$$

Utilisant encore le fait que $(N(X_1),N(X_2))$ est un couple de copies indépendantes de $N(X)$, on obtient donc :

$$(2) \qquad P\{N(X)\le s\}\, P\{N(X)>t\} \le \{P[N(X)>\frac{t-s}{\sqrt{2}}]\}^2 .$$

Cette seule relation suffit pour établir la conclusion du théorème. En effet, la loi zéro-un (corollaire 1.2.2. (i)) permet de choisir un nombre positif s tel que :

$$q = P\{N(X)\le s\} > \frac{1}{2} ;$$

définissons à partir de s, une suite $(t_n, n\in\mathbb{N})$ par les relations de récurrence :

$$t_0 = s\, ,\ t_{n+1} - s = t_n\sqrt{2} ;$$

posons de plus :

$$P\{N(X)>t_n\} = q\,x_n\, ,\ x_0 = \frac{1-q}{q} < 1 ;$$

Dans ces conditions, l'application de (2) au couple (s, t_n) permet d'écrire :

$$x_n \leq (x_{n-1})^2 .$$

Par itération, on en déduit :

$$P\{N(X) > t_n\} \leq q\left[\frac{1-q}{q}\right]^{2^n} .$$

Par ailleurs, les relations définissant la suite $(t_n, n \in \mathbb{N})$ se résolvent facilement et on a :

$$t_n = (\sqrt{2}+1)[2^{\frac{n+1}{2}} - 1]s .$$

Ceci montre que $(t_n, n \in \mathbb{N})$ tend vers l'infini en croissant avec n et on en déduit :

$$E\{\exp(\alpha N^2(X))\} \leq q\left[\exp(\alpha s^2) + \sum_{n=0}^{\infty} \left(\frac{1-q}{q}\right)^{2^n} \exp[\alpha(\sqrt{2}+1)^2(2^{\frac{n+2}{2}} - 1)^2 s^2]\right],$$

si bien que le premier membre sera fini dès que la série de terme général :

$$\exp\left[2^n[\log \frac{1-q}{q} + 4(\sqrt{2}+1)^2 \alpha s^2]\right]$$

sera convergente. Il suffit pour cela de choisir α inférieur ou égal à $\frac{1}{24s^2} \log \frac{q}{1-q}$, c'est la conclusion du théorème.

Dans le cas où le vecteur gaussien X est à valeurs dans $\mathbb{R}^n$ et où $N(X) = \sup_1^n |X_j|$, on a pu déterminer exactement l'ensemble $\{\alpha : E[\exp \alpha N^2(X)] < \infty\}$ (exemple 1.3.1.) ; les composantes de X intervenaient explicitement par leur écart-type, il n'est donc pas possible d'envisager une extension de ce résultat dans le cadre général (Exemple 1.1.5.). On peut pourtant énoncer la meilleure extension possible :

THEOREME 1.3.3. [6], [17].- Soient $(E,\mathcal{B})$ un espace vectoriel mesurable et X un vecteur gaussien à valeurs dans E ; soit de plus N une pseudo-semi-norme sur E et $(y_n, n\in\mathbb{N})$ une suite de formes linéaires mesurables sur $(E,\mathcal{B})$ telles que :

$$P\{N(X) = \sup_{n\in\mathbb{N}} |<X,y_n>| < \infty\} = 1 .$$

On note σ la borne supérieure des écarts-type des variables aléatoires gaussiennes $<X,y_n>$. Dans ces conditions, l'ensemble $\{\alpha : E[\exp \alpha N^2(X)] < \infty\}$ est l'intervalle $(-\infty, \frac{1}{2\sigma^2}[\,)$.

Démonstration : (a) Pour tout $h\in]0,\sigma[$, il existe un entier k tel que l'écart-type de $<X,y_k>$ soit supérieur à $(\sigma-h)$; on en déduit

$$E\{\exp \frac{N^2(X)}{2\sigma^2}\} \geq \lim_{h\to 0} E\{\exp \frac{<X,y_k>^2}{2\sigma^2}\} \geq \lim_{h\to 0} \frac{1}{\sqrt{1-\frac{(\sigma-h)^2}{\sigma^2}}} = +\infty$$

(b) Il suffit donc de prouver que pour tout $\alpha < \frac{1}{2\sigma^2}$, $E\{\exp \alpha N^2(X)\}$ est fini. L'hypothèse liant N,X et $(y_n, n\in\mathbb{N})$ montre qu'il suffit de se placer dans le cadre suivant : E est l'espace ℓ^∞, $X=(X_n, n\in\mathbb{N})$ est une suite aléatoire gaussienne appartenant à ℓ^∞ et N est la norme de ℓ^∞.

On peut supposer de plus, par exemple à partir d'une triangulation itérative de la covariance qu'il existe une matrice $A=(a_{n,j}, n\in\mathbb{N}, j\in\mathbb{N})$ et une suite gaussienne normale $\Lambda=(\lambda_j, j\in\mathbb{N})$ telles que :

$$\forall n\in\mathbb{N},\ X_n = \sum_{j\in\mathbb{N}} a_{n,j}\lambda_j ,\ \sum_{j\in\mathbb{N}} a_{n,j}^2 = E(X_n^2) \leq \sigma^2 .$$

Pour tout $j\in\mathbb{N}$, nous notons A_j la j-ième colonne de A de sorte que l'on ait :

$$X = \sum_{j\in\mathbb{N}} A_j \lambda_j ;$$

nous posons :

$$X^{-n} = \sum_{i>n} A_i\lambda_i \;,\; Y^{-n} = \exp[\alpha\, N^2(X^{-n})] \;;$$

nous notons $\mathcal{B}_{-n}$ la tribu engendrée par $\{\lambda_i, i>n\}$.

Le théorème 1.3.2. et les propriétés des sommes de variables aléatoires indépendantes montrent qu'il existe un nombre $\alpha>0$, tel que pour tout entier $n\in\mathbb{N}$, la variable aléatoire Y^{-n} soit intégrable. Dans ces conditions, la convexité des fonctions $\exp(\alpha x^2)$ sur $\mathbb{R}$ et N sur E montre que :

$$E[Y^{-n+1}|\mathcal{B}_{-n}]=E[\exp \alpha\, N^2(\sum_{i>n-1} A_i\lambda_i)|\mathcal{B}_{-n}] \geq \exp \alpha\, N^2(E[\sum_{i>n-1} A_i\lambda_i|\mathcal{B}_{-n}]) \geq Y^{-n} .$$

Ceci signifie que $(Y^{-n}, \mathcal{B}^{-n}, n\in\mathbb{N})$ est une sous-martingale ; les inégalités des sous-martingales permettent donc d'écrire pour tout $s>0$:

$$P[\limsup_{n\in\mathbb{N}} N(\sum_{i>n} A_i\lambda_i) \geq s] \leq P[\sup_{n\in\mathbb{N}} N(\sum_{i>n} A_i\lambda_i) \geq s]$$

$$\leq \exp(-\alpha\, s^2) E[\exp \alpha\, N^2(X)] .$$

Par le choix de α, le dernier membre est fini ; on choisit s de sorte qu'il soit strictement inférieur à 1 . Comme la variable aléatoire $\limsup_{n\in\mathbb{N}} N(\sum_{i>n} A_i\lambda_i)$ est mesurable pour la tribu $\bigcap_{n\in\mathbb{N}} \mathcal{B}_{-n}$, c'est une variable aléatoire dégénérée ; étant partiellement majorée par s , elle l'est presque sûrement ; on a donc :

$$P[\limsup_{n\in\mathbb{N}} N(\sum_{i>n} A_i\lambda_i) \geq s] = 0 \;;$$

pour tout ε appartenant à $]0,\frac{1}{2}[$, il existe alors un entier n tel que :

$$P[N(\sum_{i>n} A_i\lambda_i) \geq s+1] \leq \varepsilon .$$

Le théorème 1.3.2. montre alors que $E[\exp \beta N^2(\sum_{i>n} A_i\lambda_i)]$ est fini dès que β est inférieur ou égal à $\frac{1}{24(s+1)^2} \log \frac{1-\epsilon}{\epsilon}$.

Soit alors $\alpha < 1/2\,\sigma^2$; choisissons $\gamma \in]\alpha, 1/2\,\sigma^2[$ et $\epsilon \in]0,1/2[$ tels que :

$$\beta = \frac{\alpha\,\gamma}{(\sqrt{\alpha}-\sqrt{\gamma})^2} \leq \frac{1}{24(s+1)^2} \log \frac{1-\epsilon}{\epsilon} ;$$

la convexité de la fonction $\exp x^2$ permet d'écrire :

$$\exp(\alpha N^2(X)) \leq \sqrt{\frac{\alpha}{\gamma}} \exp\left[\gamma N^2(\sum_{i\leq n} A_i\lambda_i)\right] + \left(1-\sqrt{\frac{\alpha}{\gamma}}\right)\exp\left[\beta N^2(\sum_{i>n} A_i\lambda_i)\right] ;$$

le second terme du second membre est intégrable ; quant au premier, son intégrale se majore par :

$$E\left\{\exp\left[\gamma N^2(\sum_{i\leq n} A_i\lambda_i)\right]\right\} \leq E\left\{\exp\left[\gamma(\sum_{i\leq n} \lambda_i^2)(\sup_{k\in\mathbb{N}} \sum_{i\leq n} a_{k_i}^2)\right]\right\}$$

$$\leq E\left\{\prod_{i\leq n} \exp(\gamma\,\sigma^2\lambda_i^2)\right\} \leq (1-2\,\gamma\,\sigma^2)^{-\frac{n}{2}} < \infty$$

On en déduit donc la conclusion du théorème.

1.3.4. Exemple d'application.

Soient $X = (X(\omega,t), \omega\in\Omega, t\in T)$ une fonction aléatoire gaussienne séparable sur un espace T et $(t_n, n\in\mathbb{N})$ une suite séparante ; on a alors :

$$P\left[\sup_T |X| = \sup_{\mathbb{N}} |X(t_n)|\right] = 1 .$$

On déduit donc du théorème 1.3.2. que si X est p.s. majoré sur T, alors pour tout α inférieur à $1/2 \sup_T E(X^2(t))$, la variable aléatoire $\exp\left[\alpha \sup_T X^2\right]$ est intégrable.

2.

COMPARAISON DE FONCTIONS ALEATOIRES GAUSSIENNES

2.1. On étudie ici le problème suivant : soit n un entier strictement positif, on pose $T=[1,n]$; soient X et Y deux fonctions aléatoires gaussiennes sur T, c'est-à-dire deux vecteurs gaussiens à valeurs dans $\mathbb{R}^T$, on se propose de comparer les lois de $\sup\limits_T X$ et $\sup\limits_T Y$ à partir des covariances Γ_X et Γ_Y et plus précisément à partir des écarts d_X et d_Y associés à X et Y sur T. Ces comparaisons trouvent leur origine dans un lemme de Slépian ([19]) :

LEMME 2.1.1.- <u>On suppose que</u> Γ_X <u>et</u> Γ_Y <u>sont liées par les conditions suivantes</u> :

$$\forall t \in T, \qquad \Gamma_X(t,t) = \Gamma_Y(t,t),$$

$$\forall (s,t) \in T\times T, \quad \Gamma_X(s,t) \leq \Gamma_Y(s,t) \ .$$

<u>Alors pour tout nombre réel positif</u> M, <u>on a</u> :

$$(2) \qquad P\left[\sup_T X \geq M\right] \geq P\left[\sup_T Y \geq M\right] .$$

Ce lemme a eu la plus grande importance pour la recherche de conditions nécessaires pour qu'une fonction aléatoire gaussienne soit p.s. majorée. Nous ne le démontrerons pas et nous ne l'utiliserons pas : nous établissons dans ce paragraphe des propriétés voisines et plus maniables.

THEOREME 2.1.2.- Soient T un ensemble fini de cardinal n, X et Y deux vecteurs gaussiens à valeurs dans $\mathbb{R}^T$, d_X et d_Y les écarts associés ; soit de plus f une fonction positive convexe croissante sur $\mathbb{R}^+$. On suppose que :

(1) $$\forall (s,t) \in T \times T, \quad d_Y(s,t) \leq d_X(s,t).$$

Dans ces conditions, on a aussi :

(2) $$E\left[f\left(\sup_{(s,t)\in T\times T} Y(s)-Y(t)\right)\right] \leq E\left[f\left(\sup_{(s,t)\in T\times T} X(s)-X(t)\right)\right].$$

COROLLAIRE 2.1.3.- Sous les mêmes hypothèses, on a aussi :

(3) $$E\left[\sup_T Y\right] \leq E\left[\sup_T X\right].$$

On notera que si X et Y sont liés par les conditions 2.1.1. (1), ils sont liés aussi par les conditions 2.1.2. (1). Pourtant la conclusion 2.1.1. (2) ne résulte pas de la conclusion 2.1.3. (3), ni inversement puisque $P\{\sup_T Y \geq 0\}$ n'est pas nécessairement égale à 1. Le corollaire 2.1.3. est une conséquence immédiate du théorème appliqué à la fonction $f(x) = x$; en effet, on a pour tout vecteur gaussien Z à valeurs dans T :

$$E\left[\sup_{(s,t)\in T\times T} Z(s)-Z(t)\right] = E\left[\sup_T Z + \sup_T (-Z)\right];$$

comme Z est centré et symétrique, il a même loi que $(-Z)$, on en déduit :

$$E\left[\sup_{(s,t)\in T\times T} Z(s)-Z(t)\right] = 2\, E\left[\sup_T Z\right];$$

en appliquant ce résultat à X et Y, on obtient la conclusion du corollaire.

On notera aussi qu'il n'est pas possible sous les hypothèses (1) de comparer $E\{\sup_T |X|\}$ et $E\{\sup_T |Y|\}$. Soit en effet λ une variable aléatoire centrée réduite gaussienne ; pour tout nombre réel x , définissons un vecteur gaussien Y_x à valeurs dans T par :

$$\forall t \in T , \quad Y_x(t) = X(t) + x\lambda ;$$

dans ces conditions, Y_x et X sont liées par les conditions (1) et $E[\sup_T |Y_x|]$ tend vers l'infini avec x et n'est donc pas majoré par $E[\sup_T |X|]$

La démonstration du théorème 2.1.2. utilisera plusieurs fois un lemme de dérivabilité.

LEMME 2.1.4. Soit $\mathcal{E}$ l'ensemble des matrices $(n \times n)$ symétriques, définies positives, inversibles ; pour toute fonction f mesurable à croissance lente sur $\mathbb{R}^T$, notons $\bar{f}$ la fonction définie sur $\mathcal{E}$ par :

$$\bar{f}(M) = \int_{\mathbb{R}^T} f(x)\exp[-\tfrac{1}{2}({}^t x M x)]dx ;$$

alors $\bar{f}$ est dérivable, sa dérivée est continue et on a :

$$\frac{d}{dM}\bar{f}(M) = \int_{\mathbb{R}^T} f(x)\left\{\frac{d}{dM}\exp[-\tfrac{1}{2}({}^t x M x)]\right\} dx .$$

Remarque : L'énoncé du lemme utilise la notion de dérivée de fonction de matrice. C'est une matrice définie, quand les dérivées partielles de la fonction par rapport aux termes de la matrice existent et sont continues, par :

$$\left[\frac{d}{dM}\bar{f}(M)\right]_{s,t} = \frac{\partial}{\partial m_{s,t}}\bar{f}(M) ;$$

Pour tout chemin continument dérivable : $u \to M(u)$ à valeurs dans $\mathcal{E}$, on a alors par dérivation composée :

$$\frac{d}{du} f \circ M = \mathrm{Tr}\left\{\left[\left(\frac{d}{dM}\bar{f}\right)\circ M\right] \times \frac{dM}{du}\right\}$$

où Tr est l'opérateur trace.

Démonstration du lemme : Soit M_0 un élément de $\mathcal{C}$; il existe un nombre $\varepsilon>0$ et un voisinage V de M_0 dans $\mathcal{C}$ tels que :

$$\forall M\in V,\ \forall x\in\mathbb{R}^T\ ,\ {}^t xMx\geq\varepsilon\,{}^t x\,x\ ;$$

dans ce voisinage V , on a donc :

$$\forall x\in\mathbb{R}^T,\ |f(x)|[\exp(-\tfrac{1}{2}\,{}^t xMx)-\exp(-\tfrac{1}{2}\,{}^t xM_0x)]\leq\tfrac{1}{2}\,|f(x)|[{}^t x(M-M_0)x]\exp(-\tfrac{\varepsilon}{2}\,{}^t x\,x).$$

La convergence de l'intégrale $\int|f(x)|\,{}^t x\,x\,\exp(-\frac{\varepsilon}{2}\,{}^t x\,x)dx$ et le théorème de convergence dominée permettent alors d'appliquer la formule de dérivation sous le signe somme qui donne les résultats du lemme.

Démonstration du théorème 2.1.2. : Elle comportera plusieurs étapes :

(a) Remarquons d'abord qu'il suffit d'établir le résultat 2.1.2. (2) en supposant que f est à croissance lente et deux fois continument dérivable par morceaux : en effet, toute fonction f positive convexe croissante sur $\mathbb{R}^+$ est enveloppe supérieure d'une suite dénombrable de fonctions affines telle que les enveloppes supérieures des familles finies extraites soient positives convexes croissantes à croissance lente sur $\mathbb{R}^+$ et deux fois continument dérivables par morceaux.

(b) Remarquons aussi qu'il suffit d'établir le résultat si Γ_X et Γ_Y sont inversibles ; supposons-le en effet établi dans ce seul cas et considérons deux vecteurs gaussiens X et Y à valeurs dans $\mathbb{R}^T$ dont les covariances Γ_X et Γ_Y ne soient pas nécessairement inversibles. Soit Λ un vecteur gaussien normal à valeurs dans $\mathbb{R}^T$ indépendant de X et de Y ; pour tout nombre réel u , posons :

$$X_u = X + u\Lambda\ ,\ Y_u = Y + u\Lambda\ ;$$

si u est non nul, les covariances Γ_{X_u} et Γ_{Y_u} sont inversibles puisque leurs valeurs propres sont minorées par u^2 ; de plus les écarts d_{X_u} et d_{Y_u} associés valent :

$$d^2_{X_u}(s,t) = d^2_X(s,t) + u^2\,(2 - 2\delta_{s,t}) ,$$

$$d^2_{Y_u}(s,t) = d^2_Y(s,t) + u^2\,(2 - 2\delta_{s,t}) ,$$

et sont donc liés par l'hypothèse 2.1.2. (1). X_u et Y_u vérifient donc la conclusion 2.1.2 (2). En faisant tendre u vers zéro, on constate que X et Y la vérifient aussi.

(c) Nous supposons donc f à croissance lente et deux fois continument dérivable par morceaux, Γ_X et Γ_Y inversibles. Nous supposons aussi X et Y réalisés indépendamment. Pour tout nombre $\alpha \in [0,1]$, nous posons :

$$X(\alpha) = \sqrt{\alpha}\,X + \sqrt{1-\alpha}\,Y,$$

$$X(0) = Y \quad , \; X(1) = X \; ;$$

$X(\alpha)$ est un vecteur gaussien à valeurs dans $\mathbb{R}^T$ et sa covariance $\Gamma(\alpha)$ est définie par :

$$\Gamma(\alpha) = \alpha\Gamma_X + (1-\alpha)\Gamma_Y ,$$

$$\Gamma(0) = \Gamma_Y,\; \Gamma(1) = \Gamma_X .$$

Nous aurons prouvé que X et Y vérifient la conclusion du théorème si nous montrons que la fonction h définie par :

$$h(\alpha) = E\Big[f\big(\sup_{(s,t)\in T\times T} X(\alpha)(s) - X(\alpha)(t)\big)\Big]$$

est une fonction croissante de α ; il suffit pour cela de montrer qu'elle est dérivable à dérivée positive sur $[0,1]$.

(d) Puisque Γ_X et Γ_Y sont inversibles, $\Gamma(\alpha)$ est aussi régulière et la loi de $X(\alpha)$ est définie par une densité g_α sur $\mathbb{R}^T$; on a

$$h(\alpha) = \int_{\mathbb{R}^T} f\Big[\sup_{(s,t)\in T\times T} (x_s - x_t)\Big] g_\alpha(x)dx ,$$

$$g_\alpha(x) = K_n \int_{\mathbb{R}^T} \exp\{i<x,y>\}\exp\{-\tfrac{1}{2}\,{}^t y\Gamma(\alpha)y\}dy,$$

$$g_\alpha(x) = \frac{1}{\sqrt{\text{Dét}[\Gamma(\alpha)]}} \exp\{-\tfrac{1}{2}\,{}^t x\,\Gamma^{-1}(\alpha)x\}$$

Puisque $\Gamma^{-1}(\alpha)$ et $\text{Dét}[\Gamma(\alpha)]$ sont des fonctions continûment dérivables de α, la dernière formule et le lemme 2.1.4. montrent que $h(\alpha)$ est dérivable et qu'on peut calculer sa dérivée par dérivation sous le signe somme dans la première formule. Puisque $\Gamma(\alpha)$ est aussi une fonction continument dérivable de α, la deuxième formule et le même lemme 2.1.4. montrent qu'on peut calculer la dérivée de g_α par rapport à α par dérivation sous le signe somme ; il est net qu'on peut opérer de la même manière pour calculer les diverses dérivées secondes de g_α par rapport à x ; on obtient en comparant ces deux résultats :

$$\frac{d}{d\alpha} g_\alpha = \frac{1}{2} \operatorname{Tr}\Big[\frac{d\Gamma(\alpha)}{d\alpha} \frac{d^2}{dx^2} g_\alpha\Big] ,$$

$$\frac{d}{d\alpha} h(\alpha) = \int_{\mathbb{R}^T} f\Big[\sup_{(s,t)\in T\times T} (x_s - x_t)\Big] \frac{d}{d\alpha} g_\alpha(x)dx .$$

La dérivée $\frac{d}{d\alpha} h(\alpha)$ apparaît donc comme la somme de $n\times n$ intégrales associées aux différents termes de $\frac{d}{d\alpha} g_\alpha$. Ces intégrales ont une nature différente suivant qu'elles proviennent d'une dérivée "carrée" ou d'une dérivée "rectangle". Par des intégrations par parties, chacune d'elles va être décomposée suivant différents domaines d'intégration. On obtient, pour les termes carrés :

$$\forall s \in T, \int_{\mathbb{R}^T} f\left(\sup_{(s,t)\in T\times T} (x_s - x_t)\right) \frac{\partial^2}{\partial x_s^2} g_\alpha(x)dx =$$

$$\sum_{r\neq s} \int \frac{dx}{dx_r dx_s} \left\{ \int_{x_r = x_s = \inf_T x = u} f'(\sup_T x - u) g_\alpha(x)du + \int_{x_r = x_s = \sup_T x = u} f'(u - \inf_T x)\, g_\alpha(x)du \right\} +$$

$$\sum_{r\neq s} \int \frac{dx}{dx_r dx_s} \left\{ \iint_{x_s = \inf_T x,\, x_r = \sup_T x} f''(x_r - x_s) g_\alpha(x)dx_r dx_s + \iint_{x_s = \sup_T x,\, x_r = \inf_T x} f''(x_s - x_r) g_\alpha(x)dx_r dx_s \right\}.$$

et pour tous les termes rectangles :

$$\forall (r,s) \in T\times T, \int_{\mathbb{R}^T} f\left(\sup_{(s,t)\in T\times T} (x_s - x_t)\right) \frac{\partial^2}{\partial x_r \partial x_s} g_\alpha(x)dx =$$

$$- \int \frac{dx}{dx_r dx_s} \left\{ \int_{x_r = x_s = \inf_T x = u} f'(\sup_T x - u) g_\alpha(x)du + \int_{x_r = x_s = \sup_T x = u} f'(u - \inf_T x) g_\alpha(x)du \right\} +$$

$$- \int \frac{dx}{dx_r dx_s} \left\{ \iint_{x_s = \inf_T x,\, x_r = \sup_T x} f''(x_r - x_s) g_\alpha(x)dx_r dx_s + \iint_{x_s = \sup_T x,\, x_r = \inf_T x} f''(x_s - x_r) g_\alpha(x)dx_r dx_s \right\}.$$

On constate donc que les termes carrés dans la somme $\frac{d}{d\alpha} h(\alpha)$ peuvent se répartir suivant les termes rectangles ayant un indice de dérivation commun. Une répartition symétrique permet alors d'écrire :

$$\frac{d}{d\alpha} h(\alpha) = \sum_{s\in T} \sum_{\substack{t\in T \\ t\neq s}} \frac{d}{d\alpha} \left[\Gamma(\alpha)(s,s) - 2\Gamma(\alpha)(s,t) + \Gamma(\alpha)(t,t)\right] J_{s,t} \quad ,$$

où les $J_{s,t}$ sont des intégrales toutes positives puisque g, f' et f'' le sont ; l'hypothèse 2.1.2 (1) et la valeur de $\Gamma(\alpha)$ montrent que les coefficients de ces intégrales sont positifs. La fonction $h(\alpha)$ est donc une fonction croissante sur $[0,1]$; X et Y vérifient le résultat 2.1.2. (2) . Le théorème et son corollaire sont établis.

2.2 On verra dans la suite que dans l'état actuel des recherches, le corollaire 2.1.3. est la clef des minorations des fonctions aléatoires gaussiennes et donc de l'étude des conditions nécessaires de régularité des trajectoires. On verra aussi que si cet outil est suffisant pour l'étude des fonctions aléatoires stationnaires, il s'adapte moins bien aux fonctions aléatoires non stationnaires. La détermination d'un meilleur outil reste ouverte. Dans cette ligne, nous allons donner une autre démonstration du corollaire 2.1.3. basée sur une étude plus directe.

Nous utiliserons les notations suivantes : n est un entier strictement positif et $T=[1,n]$; Λ est un vecteur gaussien normal à valeurs dans $\mathbb{R}^T$ et pour toute matrice carrée A sur $T\times T$, nous noterons X_A le vecteur gaussien $A\Lambda$ et $\Gamma_A = A^tA$ sa covariance. Si A est inversible, nous noterons G_A l'inverse de Γ_A et g_A la fonction sur $\mathbb{R}^T$ qui est la densité de la loi de X_A ; si A est inversible, pour tout couple (s,t) d'éléments de T différents, la probabilité $P[X_A(s)=X_A(t)]$ est nulle et on pourra définir p.s. une variable aléatoire σ_A par la relation :

$$\sigma_A = s \Leftrightarrow X(s) = \sup_T X ;$$

toujours dans ce même cas, nous poserons :

$$\forall (s,t) \in T\times T \text{ , } s \neq t \text{ ,}$$

$$J_A(s,t) = J_A(t,s) = \int \frac{dx}{dx_s dx_t} \int_{x_s = x_t = \sup_T x = u} g_A(x)du$$

$$J_A(s,s) = -\sum_{t \neq s} J_A(s,t) \quad ,$$

et nous noterons K_A la matrice $(-J_A)$. Nous omettrons l'indice A s'il n'est pas indispensable.

LEMME 2.2.1.- <u>Supposons</u> A <u>inversible, alors les propriétés suivantes sont vérifiées</u> :

(1) <u>pour tout couple</u> (s,t) <u>d'éléments de</u> T, <u>on a</u> :

$$E\left[(GX)_t \, I_{\sigma = s}\right] = -J_{s,t} \quad ;$$

(2) <u>pour toute matrice carrée</u> B <u>sur</u> $T \times T$, <u>on a</u> :

$$2E\left[X_B(\sigma_A)\right] = 2\,Tr(B\,{}^tA\,K_A) = \sum_{s \in T} \sum_{t \in T} \sum_{k \in T} (a_{sk} - a_{tk})(b_{sk} - b_{tk}) J_A(s,t) \; ;$$

(3) <u>en particulier, on a aussi</u> :

$$2E\left[\sup_T X\right] = 2\,Tr(\Gamma K) = \sum_{s \in T} \sum_{t \in T} d^2(s,t) J(s,t) \, .$$

<u>Démonstration</u> : il suffit de prouver la première propriété, les autres en résultant par un calcul immédiat ; il suffit même de la prouver si s et t sont différents puisque $E[(GX)_t]$ est nul pour tout t ; on a alors :

$$E\left[(GX)_t \, I_{\sigma = s}\right] = \int \frac{dx}{dx_s dx_t} \int_{x_s = \sup_{k \neq t} x_k} dx_s \int_{-\infty}^{x_s} \left(-\frac{\partial g}{\partial x_t}\right) dx_t \quad ;$$

le résultat s'ensuit en effectuant la dernière intégration.

LEMME 2.2.2.- Supposons A inversible, alors les propriétés suivantes sont vérifiées :

(1) L'espérance mathématique $E[\sup_T X]$ est continument dérivable par rapport à Γ et on a :

$$\frac{d}{d\Gamma}\{E(\sup_T X)\} = K .$$

(2) En particulier, pour toute application : $\alpha \to A(\alpha)$ continument dérivable, on a :

$$\frac{d}{d\alpha}\left\{E(\sup_T X)\right\} = \frac{1}{2} \sum_{s\in T} \sum_{\substack{t\in T\\ t\neq s}} (d^2_\alpha(s,t))' J_A(s,t)$$

$$= E\left[X_{\frac{dA}{d\alpha}}(\sigma_A)\right].$$

Démonstration : Nous démontrons seulement la première affirmation. Considérons pour cela l'application qui à toute matrice M régulière associe $E[X_A(\sigma_M)]$; par définition de σ, elle est maximale en A. Comme son expression explicite (2.2.1. (2)) et le lemme de dérivabilité 2.1.4. montrent qu'elle est dérivable, sa dérivée en A est la matrice nulle. Il suffit de développer cette dérivée à partir de 2.2.1 (2), puis de calculer $\frac{d}{d\Gamma}\{E \sup_T X\}$ à partir de 2.2.1. (3) pour obtenir le résultat.

Bien entendu, le corollaire 2.1.3. se démontre alors immédiatement à partir de 2.2.2. (2) et du signe des intégrales J_A .

2.3 Nous utiliserons systématiquement ces résultats de comparaison dans un chapitre ultérieur ; nous en donnons dès maintenant des applications simples.

2.3.1. Minoration de Sudakov.

Soit X une fonction aléatoire gaussienne sur un ensemble dénombrable T ; alors pour toute partie finie S de T, on a :

$$E\left[\sup_T X\right] \geq \sqrt{\frac{1}{2\pi} \text{ Ent } \log_2 \text{Card } S} \inf_{\substack{(s,t)\in S\times S \\ s\neq t}} d_X(s,t) ,$$

le symbole Ent désignant l'opérateur partie entière.

Démonstration : Soit S une partie finie de T ; on numérote de 0 à $n = \text{card } S - 1$ les éléments de S et on les confond avec leurs indices ; on utilise l'écriture binaire des éléments de S :

$$\forall t \in S, \ t = \sum_1^p \varphi_k(t) 2^{k-1} \quad , \quad p-1 < \log_2 \text{Card } S \leq p .$$

Notons que l'application $\varphi = (\varphi_k, 1 \leq k \leq p', p' = \text{Ent } \log_2 \text{Card } S)$ de S dans $\bigotimes_{k=1}^{p'} \{0,1\}_k$ est surjective.

Introduisons une suite gaussienne normale $(\lambda_1, \ldots, \lambda_{p'})$ et définissons une fonction aléatoire gaussienne auxiliaire Y sur S par :

$$\forall t \in S, \ Y(t) = \frac{1}{\sqrt{p'}} \left[\inf_{\substack{(s,t)\in S\times S \\ s\neq t}} d_X(s,t) \right] \sum_{k=1}^{p'} \varphi_k(t) \lambda_k ;$$

pour tout couple (s,t) d'éléments de S, on a alors :

$$E\left[Y(s)-Y(t)\right]^2 = \frac{1}{p'} \left[\inf_{\substack{(s,t)\in T\times T \\ s\neq t}} d_X^2(s,t) \right] \sum_{k=1}^{p'} \left[\varphi_k(s) - \varphi_k(t)\right]^2 \leq d_X^2(s,t).$$

On peut donc appliquer au couple (X,Y) de vecteurs gaussiens à valeurs dans $\mathbb{R}^S$ le théorème de comparaison 2.1.2. La minoration annoncée résultera alors du calcul explicite de $E\left[\sup_{(s,t)\in S\times S} Y(s)-Y(t)\right]$; soit en effet un élément ω de l'espace d'épreuves, associons-lui deux éléments $\sigma=\sigma(\omega)$, $\tau=\tau(\omega)$ de S par les relations :

$$\varphi_k(\sigma) = 1 \;,\quad \varphi_k(\tau) = 0 \quad \text{si} \quad \lambda_k(\omega) > 0 \;,$$

$$\varphi_k(\sigma) = 0 \;,\quad \varphi_k(\tau) = 1 \quad \text{si} \quad \lambda_k(\omega) \leq 0 \;;$$

on aura alors :

$$\sup_{(s,t)\in T\times T}\left[Y(\omega,s)-Y(\omega,t)\right] \geq Y(\omega,\sigma)-Y(\omega,\tau) \geq \frac{1}{\sqrt{p'}}\left[\inf_{\substack{(s,t)\in T\times T\\ s\neq t}} d_X(s,t)\right]\sum_{k=1}^{p'}|\lambda_k(\omega)|.$$

Il suffit alors d'intégrer pour obtenir le résultat.

Remarques : 1) Lorsque S a un ou deux éléments, on constate par un calcul direct que l'expression minorante est exactement égale à $E[\sup_S X]$.

2) On notera que dans le cas général, l'expression minorante n'est pas nécessairement une fonction croissante de S .

3) Quelque soit le cardinal de S , on peut associer à la minoration de Sudakov une majoration du même type pour $E[\sup_S X]$. Soit en effet un élément s de S , on a pour tout autre élément t de S .

$$\exp\left[\left(\frac{X(t)-X(s)}{2d(t,s)}\right)^2\right] \leq \sum_{u\in S} \exp\left[\left(\frac{X(u)-X(s)}{2d(t,s)}\right)^2\right] \quad ;$$

on en déduit par l'inégalité de Jensen :

$$E\left[\sup_S X\right] \le E\left[X(s)\right] + 2\left(\sup_{(s,t)\in S\times S} d(t,s)\right)\sqrt{\log \sum_{u\in S} E\left\{\exp\left[\left(\frac{X(u)-X(s)}{2d(t,s)}\right)^2\right]\right\}}$$

$$\le 2\left[\sup_{(s,t)\in S\times S} d(t,s)\right]\sqrt{\log(\sqrt{2}\,\mathrm{Card}\; S)}.$$

On a donc obtenu une excellente évaluation de $E[\sup_S X]$ lorsque $d(s,t)$ est constant hors de la diagonale. C'est le cas par exemple si X est une suite gaussienne normale sur S .

2.3.2. Application à la majoration des trajectoires sur $[0,1]$ des fonctions aléatoires gaussiennes stationnaires.

Soit X une fonction aléatoire gaussienne stationnaire et séparable sur $\mathbb{R}$; on pose $T=[0,1]$ et on suppose que l'écart associé $d_X(s,t)$ qui ne dépend que de $|s-t|$ est une fonction croissante de $|s-t|$; dans ces conditions, on peut énoncer :

THEOREME 2.3.2.- Pour que X soit presque sûrement majoré sur T , il faut que la fonction θ définie sur $]0,1]$ par :

$$\theta(h) = d_X(0,h)\sqrt{\log \frac{1}{h}}$$

soit bornée. Plus précisément, on a :

$$\sup_{h\in\,]0,\frac{1}{2}]} \theta(h) \le \sqrt{\frac{1}{\pi \log 2}}\; E\left\{\sup_T X\right\}$$

Démonstration : Soit n un entier positif, notons S_n l'ensemble $\left\{\frac{k}{n},\ 1\le k\le n\right\}$; alors on a :

$$\mathrm{Card}\; S_n = n\ ,\quad \inf_{\substack{(s,t)\in S_n\times S_n \\ s\ne t}} d_X(s,t) = d_X(0,\tfrac{1}{n})\ ;$$

la minoration de Sudakov s'écrit alors :

$$E\left\{\sup_T X\right\} \geq \sqrt{\frac{1}{2\pi}\,\mathrm{Ent}\,\log_2 n}\ \ d_X(0,\frac{1}{n}) .$$

En particulier, pour tout entier $p \geq 1$, on a :

$$E\left\{\sup_T X\right\} \geq \sqrt{\frac{p}{2\pi}}\ \ d_X(0,\frac{1}{2^p}) .$$

Soit alors un nombre $h \in]0,\frac{1}{2}]$, on lui associe l'entier $p \geq 1$ tel que :

$$\frac{1}{2^{p+1}} < h \leq \frac{1}{2^p} ;$$

dans ces conditions, on a :

$$\theta(h) = \sqrt{\log\frac{1}{h}}\ d_X(0,h) \leq \sqrt{\frac{2p}{\log 2}}\ d_X(0,\frac{1}{2^p}) .$$

Le résultat s'ensuit.

2.3.3. Minoration de Sudakov et exposants d'entropie. ([20])

Soient T un ensemble et d un écart sur T ; à tout nombre $\varepsilon > 0$, on peut associer le nombre $N(\varepsilon)$ qui est le cardinal minimal, fini ou non, d'un recouvrement de T par des d-boules de rayon ε. Alors l'exposant d'entropie r de T est défini par :

$$r = \limsup_{\varepsilon \to 0} \left\{\frac{\log[\log N(\varepsilon)]}{\log[\frac{1}{\varepsilon}]}\right\}$$

La minoration de Sudakov permet d'énoncer une condition nécessaire pour que les trajectoires de X soient p.s. majorées sur T exprimée en termes d'exposant d'entropie par rapport à l'écart d associé à X.

THEOREME 2.3.3.- Si X est presque sûrement majoré sur T, alors l'exposant d'entropie de T est inférieur ou égal à 2. En particulier, pour la structure uni-

<u>forme définie par</u> d , T <u>est pré-quasi-compact</u>.

<u>Démonstration</u> : Soient $M(\varepsilon)$ le cardinal maximal des familles de boules $B(s,\varepsilon)$ disjointes et $S(\varepsilon)$ la famille des centres associés ; la minoration de Sudakov permet d'écrire :

$$E = E\left\{\sup_T X\right\} \geq \sqrt{\frac{1}{2\pi}\,\text{Ent}\,\log_2 M(\varepsilon)}\cdot\varepsilon \quad ;$$

par ailleur, en vertu de la maximalité de $M(\varepsilon)$, la famille $\{B(s,2\varepsilon), s\in S(\varepsilon)\}$ est un recouvrement de T , on en déduit :

$$N(2\varepsilon) \leq M(\varepsilon) \; ;$$

combinant ces deux relations, on obtient :

$$\frac{\log[\,\text{Ent}\,\log_2 N(2\varepsilon)]}{\log[\frac{1}{\varepsilon}]} \leq 2 + \frac{\log(2\pi E^2)}{\log\frac{1}{\varepsilon}}$$

Le résultat s'ensuit en faisant tendre ε vers zéro ; il implique en particulier que pour tout $\varepsilon > 0$, $N(\varepsilon)$ est fini ; c'est la définition de la pré-quasi-compacité de T .

On notera que les théorème 2.3.2. et 2.3.3. sont des résultats temporaires qui seront nettement améliorés dans la suite.

3.

VERSIONS DE FONCTIONS ALEATOIRES GAUSSIENNES

3.1. Représentations de fonctions aléatoires gaussiennes.

3.1.1. Soient $(\Omega, \mathcal{G}, P)$ un espace d'épreuves, T un ensemble et $X = (X(\omega, t),\ \omega \in \Omega,\ t \in T)$ une fonction aléatoire gaussienne sur T. On peut associer à X une application $\bar{X}$ de T dans $L^2(\Omega, \mathcal{G}, P)$ par la relation :

$$\forall t \in T,\ \bar{X}(t) = \{\omega \to X(\omega, t)\}\ .$$

Certaines propriétés de la fonction aléatoire gaussienne X peuvent être basées sur l'étude de l'image $\bar{X}(T)$ de $\bar{X}$ dans $L^2(\Omega, \mathcal{G}, P)$ ou plus précisément sur l'étude du sous-espace vectoriel fermé $\mathfrak{X}_X$ engendré par cette image dans $L^2(\Omega, \mathcal{G}, P)$.

Nous munissons T de l'écart d associé à X ; $M_0(T)$ désignera l'ensemble des mesures sur T à support fini, bornées, de signe quelconque L'application $\bar{X}$ se prolonge en une application, de même notation, de $M_0(T)$ dans $\mathfrak{X}_X$ par la relation :

$$\forall \mu \in M_0(T),\ \bar{X}(\mu) = \int \bar{X}(t)\, d\mu(t) \in L^2(\Omega, \mathcal{G}, P)\ .$$

L'image réciproque sur $M_0(T)$ par $\bar{X}$ de la structure hilbertienne de $L^2(\Omega,\mathcal{G},P)$ est une structure préhilbertienne sur $M_0(T)$ définie par la forme bilinéaire, non nécessairement séparante, et la semi-norme :

$$< \mu, \nu > = E[\bar{X}(\mu)\bar{X}(\nu)] = \iint \Gamma(s,t)d\mu(s)d\nu(t),$$
$$\|\mu\|^2 = \iint \Gamma(s,t)d\mu(s)d\mu(t),$$

de sorte qu'on a en particulier :

$$< \varepsilon_s,\varepsilon_t > = \Gamma(s,t) \ , \ \|\varepsilon_s - \varepsilon_t\| = d(s,t) .$$

Nous notons $M(T)$ l'espace préhilbertien, non nécessairement séparé, complété de l'espace $M_0(T)$ pour cette structure. Comme tout filtre de Cauchy sur $M_0(T)$ saturé pour la structure préhilbertienne est l'image réciproque par $\bar{X}$ d'un filtre de Cauchy sur $\mathcal{K}_X$, l'application $\bar{X}$ de $M_0(T)$ dans $\mathcal{K}_X$ se prolonge en une application, de même notation, de $M(T)$ sur $\mathcal{K}_X$ et la structure de $M(T)$ est encore l'image réciproque par $\bar{X}$ de celle de $\mathcal{K}_X$; en prolongeant les notations, on a :

$$\forall (m,n) \in M(T) \times M(T) \ , < m,n > = E[\bar{X}(m)\bar{X}(n)],$$
$$\|m\|^2 = E[|\bar{X}(m)|^2] .$$

L'espace préhilbertien $M(T)$ est donc une représentation de $\mathcal{K}_X$. Nous allons construire une autre représentation plus concrète.

3.1.2. La covariance Γ de X définit une application linéaire $\bar{\Gamma}$ de l'espace vectoriel $M_0(T)$ dans l'espace vectoriel $\mathbb{R}^T$ des fonctions sur T par la relation :

$$\forall \mu \in M_0(T) \ , \ \bar{\Gamma}_\mu = \{s \to \int \Gamma(s,t)d\mu(t)\} \ ;$$

on aura en particulier :

$$\forall t\in T,\ \overline{\Gamma}_{\epsilon_t}=\overline{\Gamma}_t=\{s\to\Gamma(s,t)\}\ ,$$
$$\forall(\mu,\nu)\in M_0(T)\times M_0(T),\ <\mu,\nu>=\int\overline{\Gamma}_\mu(s)d\nu(s),$$
$$<\mu,\nu>=\int\overline{\Gamma}_\nu(s)d\mu(s)\ .$$

On en déduit :

$$\forall(\mu,\nu)\in M_0(T)\times M_0(T)\ ,\ \forall t\in T,$$
$$\overline{\Gamma}_\mu(t)-\overline{\Gamma}_\nu(t)=<\mu-\nu,\epsilon_t>\ .$$

Il en résulte que l'application $\overline{\Gamma}$ de $M_0(T)$ sur son image $H_0(X)$ dans $\mathbb{R}^T$ est compatible avec la structure préhilbertienne de $M_0(T)$; elle définit une structure préhilbertienne séparée sur $H_0(X)$. Muni de cette structure, $H_0(X)$ est une représentation de l'espace préhilbertien séparé associé à $M_0(T)$, la forme bilinéaire et la norme sur $H_0(X)$ étant définies par :

$$<\overline{\Gamma}_\mu,\overline{\Gamma}_\nu>=\int\overline{\Gamma}_\mu(s)d\nu(s)=<\mu,\nu>\ ,$$
$$\|\overline{\Gamma}_\mu\|^2\ =\iint\Gamma(s,t)d\mu(s)d\mu(t)\ ;$$

on en déduit en particulier :

$$\forall(\mu,\nu)\in M_0(T)\times M_0(T)\quad,\quad\left|\int\overline{\Gamma}_\mu(s)d\nu(s)\right|\le\|\overline{\Gamma}_\mu\|\ \|\nu\|\ ,$$
$$\forall\mu\in M_0(T),\forall t\in T\ ,\qquad|\overline{\Gamma}_\mu(t)|\le\|\overline{\Gamma}_\mu\|\ \sqrt{\Gamma(t,t)}\ ,$$
$$\forall\mu\in M_0(T),\forall(s,t)\in T\times T\ ,\qquad|\overline{\Gamma}_\mu(s)-\overline{\Gamma}_\mu(t)|\le\|\overline{\Gamma}_\mu\|d(s,t)\ .$$

Il en résulte que tout filtre de Cauchy sur $H_0(X)$ est un filtre de fonctions sur T uniformément d-équicontinues sur T convergeant simplement : l'espace hilbertien séparé et complet $H(X)$ associé à $H_0(X)$ est un espace de fonctions d-continues sur T et l'application $\overline{\Gamma}$ de $M_0(T)$ sur $H_0(X)$ se prolonge en une application, de même notation, de $M(T)$ sur $H(X)$. On a :

$$H(X)=\{f\in\mathbb{R}^T:\ \exists M=M(f),\forall\mu\in M_0(T),\ \left|\int f(s)d\mu(s)\right|\le M\|\mu\|\ \}\ ,$$
$$\forall(m,n)\in M(T)\times M(T)\ ,\ <\overline{\Gamma}_m,\overline{\Gamma}_n>=E[\overline{X}_m\overline{X}_n]\ .$$

L'espace hilbertien $H(X)$ est donc une représentation de K_X.

3.1.3. On peut caractériser les familles $(f_\alpha, \alpha \in A)$ orthonormales totales dans $H(X)$:

PROPOSITION 3.1.3.- Soit $(f_\alpha, \alpha \in A)$ une famille de fonctions sur T ; pour qu'elle soit orthonormale totale dans $H(X)$, il faut et il suffit que pour tout couple (s,t) d'éléments de T, la famille $(f_\alpha(s)f_\alpha(t), \alpha \in A)$ soit sommable et ait pout somme $\Gamma(s,t)$.

Démonstration : Si $(f_\alpha, \alpha \in A)$ est orthonormale totale dans $H(X)$, alors on a :

$$\forall t \in T \quad \sum_{\alpha \in A} < f_\alpha, \overline{\Gamma}_t >^2 = \Gamma(t,t),$$

la nécessité de la condition en résulte immédiatement.

Réciproquement, si la condition indiquée est réalisée, par combinaison d'un nombre fini de familles sommables, on en déduit que pour tout élément μ de $M_0(T)$, la famille $(|\int f_\alpha(s) d\mu(s)|^2, \alpha \in A)$ est sommable et a pour somme $\|\mu\|^2$; il en résulte que les f_α appartiennent à $H(X)$ et que pour tout élément $\overline{\Gamma}_\mu$ de $H_0(X)$, on a :

$$\sum_{\alpha \in A} < f_\alpha, \overline{\Gamma}_\mu >^2 = \|\overline{\Gamma}_\mu\|^2 ;$$

d'où la conclusion.

3.1.4. Le théorème suivant généralise un théorème de Jain et Kallianpur [13] puissant pour certaines applications.

THEOREME 3.1.4.- Soient $(f_\alpha, \alpha \in A)$ une famille orthonormale totale dans $H(X)$ et $(m_\alpha, \alpha \in A)$ une famille d'éléments associés dans $M(T)$. Dans ces conditions, les propriétés suivantes sont vérifiées :

(a) La famille $(\overline{X}(m(\alpha)),\alpha \in A)$ est gaussienne normale.

(b) Pour tout élément t de T, la famille $(\overline{X}(m_\alpha)f_\alpha(t), \alpha \in A)$ est presque sûrement sommable ; sa somme $\hat{X}(t)$ vérifie :

$$P[\hat{X}(t) = X(t)] = 1 .$$

(c) Soit K une partie d-quasi-compacte de T sur laquelle les trajectoires de X sont presque sûrement d-continues ; la famille $(\overline{X}(m_\alpha)f_\alpha, \alpha \in A)$ est presque sûrement uniformément sommable sur K ; sa somme $\hat{X}$ vérifie :

$$P[\forall t \in K,\ \hat{X}(t) = X(t)] = 1 .$$

Démonstration : L'affirmation (a) résulte de la construction de la structure hilbertienne sur $H(X)$. (b) Remarquons d'abord que sur toute partie quasi-compacte K de T, on peut réduire l'index A à une de ses parties dénombrables : en effet, pour tout élément t de T, la famille $(f_\alpha(t)^2,\alpha \in A)$ étant sommable est nulle hors d'une partie dénombrable A_t de A ; par ailleurs, K étant une partie quasi- compacte de l'espace métrisable T, il existe une partie T_0 de K dénombrable et partout dense. Posons alors $A_K = \bigcup_{t \in T_0} A_t$; A_K est dénombrable et pour tout indice α n'appartenant pas à A_K, f_α continue sur K nulle sur un sous-ensemble dense est nulle sur tout K.

Soient donc K une partie quasi-compacte de T, T_0 un sous-ensemble dénombrable dense dans K et $(f_n, n \in \mathbb{N})$ une numérotation de l'ensemble des f_α non identiquement nuls sur K ; pour tout élément t de K, la série de variables aléatoires indépendantes $\Sigma\, \overline{X}(m_n)f_n(t)$ s'écrit aussi $\sum_A \overline{X}(m_\alpha)\langle X(t),\overline{X}(m_\alpha)\rangle_{L^2(\Omega,\mathcal{G},P)}$; elle converge donc vers $\overline{X}(t)$ dans $L^2(\Omega,\mathcal{G},P)$; elle converge alors aussi presque sûrement vers $X(t)$; ceci démontre (b).

(c) L'affirmation (b) étant justifiée, il suffit pour établir (c) de démontrer que les sommes partielles :

$$S_n = \sum_1^n \bar{X}(m_k) f_k$$

sont presque sûrement uniformément équi-continues sur K .

Notons pour tout entier positif n et tout $\epsilon > 0$, $V_n(\epsilon)$ la variable aléatoire $\sup\limits_{\substack{T_0 \times T_0 \\ d(s,t) < \epsilon}} |S_n(s) - S_n(t)|$ et $\mathcal{B}_n$ la tribu engendrée par $\{\bar{X}(m_k), k \leq n\}$.

Les propriétés de convexité et d'intégrabilité montrent qu'il existe un nombre $\alpha > 0$ tel que la suite $\{(\exp[\alpha V_n^2(\epsilon)] - 1, \mathcal{B}_n), n \in \mathbb{N}\}$ soit une sous- martingale On aura alors :

$$P\left[\exists k \in \mathbb{N}, V_k(\epsilon) > M\right] \leq \frac{1}{\exp(\alpha M^2) - 1} E\left[\exp\left\{\alpha \sup_{\substack{T_0 \times T_0 \\ d(s,t) < \epsilon}} |\hat{X}(t) - \hat{X}(s)|^2\right\} - 1\right].$$

Comme les sommes partielles S_n sont continues sur K et que T_0 est dense et aussi dénombrable, $\hat{X}$ et X coïncidant presque sûrement sur T_0 d'après (b), on en déduit :

$$P\left[\exists k \in \mathbb{N}, \sup_{\substack{K \times K \\ d(s,t) < \epsilon}} |S_k(s) - S_k(t)| > M\right] \leq \frac{E\left[\exp\left\{\alpha \sup\limits_{\substack{K \times K \\ d(s,t) < \epsilon}} |X(t) - X(s)|^2\right\} - 1\right]}{\exp(\alpha M^2) - 1}$$

Pour tout entier p , la d-continuité presque sûre de X sur K permet de choisir un nombre $\epsilon_p > 0$ tel que :

$$E\left[\exp\left\{\alpha \sup_{\substack{K \times K \\ d(s,t) < \epsilon_p}} |X(t) - X(s)|^2\right\} - 1\right] < \frac{1}{p^4} ;$$

on constate alors en posant $M_p = \frac{1}{p}$:

$$\sum_{p \in \mathbb{N}} P\left[\sup_{k \in \mathbb{N}} \sup_{\substack{K \times K \\ d(s,t) < \epsilon_p}} |S_k(s) - S_k(t)| > \frac{1}{p}\right] < \infty ;$$

l'uniforme équicontinuité presque sûre des sommes partielles sur K étant ainsi établie, l'affirmation (c) en résulte.

Remarque 3.1.5. Pour illustrer ce théorème, on peut considérer l'exemple suivant : T est un ensemble quelconque et X une famille gaussienne normale sur T. Dans ces conditions, la d-topologie sur T est discrète, les seules parties compactes sont les parties finies, les trajectoires de X sont toutes d-continues sur T. Par contre, les seules parties de T sur lesquelles X soit p.s. majoré sont les parties finies. On peut former une famille orthonormale totale dans $H(X)$ à partir des indicatrices I_t des éléments de T ; les seules parties de T où cette famille définira une famille $(X(t)I_t, t \in T)$ presque sûrement uniformément sommable seront encore les parties finies.

3.2. Versions séparables et mesurables.

3.2.1. Les analyses habituelles des fonctions aléatoires gaussiennes étudient la régularité de leurs trajectoires relativement à une topologie initiale simple sur T, par exemple T est une partie de $\mathbb{R}$ munie de la topologie induite ; ces analyses se fondent sur l'existence de versions séparables et éventuellement mesurables par rapport à cette topologie. Ce n'est pas notre cadre d'étude puisque T est ici un ensemble arbitraire muni de la d-topologie liée à X ; la définition de la séparabilité ne pose pourtant pas de difficulté :

DEFINITIONS 3.2.1.- Soit $X = (X(\omega, t), \omega \in \Omega, t \in T)$ une fonction aléatoire gaussienne ; on dit que X est séparable s'il existe une partie dénombrable S de T, dite séparante, et une partie négligeable N_S telles que :

$$\forall \omega \notin N_S,\ \forall t \in T,\ \forall \varepsilon > 0,\ X(\omega,t) \in \overline{\{X(\omega,s),\ s \in S \cap B(t,\varepsilon)\}} .$$

On dit que X est mesurable si l'application : $(\omega,t) \to X(\omega,t)$ est une application mesurable de $(\Omega \times T, \mathcal{G} \otimes \mathcal{T})$ dans $(\bar{\mathbb{R}}, \mathcal{B}_{\bar{\mathbb{R}}})$, $\mathcal{T}$ étant la tribu définie sur T par les d-boules.

Bien entendu, l'existence de fonctions aléatoires gaussiennes séparables liées à un écart d donné implique l'existence de parties dénombrables S d-partout denses. La réciproque est simple :

THEOREME 3.2.2.- Soient X une fonction aléatoire gaussienne, sur un ensemble T et d l'écart associé ; les conditions suivantes sont équivalentes :

(a) L'espace (T,d) est séparable.

(b) L'espace de Hilbert $H(X)$ est séparable.

(c) Il existe une fonction aléatoire gaussienne $\hat{X}$ sur T séparable telle que :

$$\forall (s,t) \in T \times T,\ d_{\hat{X}}(s,t) = d_X(s,t) .$$

(d) Il existe une fonction aléatoire gaussienne $\bar{X}$ sur T séparable et mesurable telle que :

$$\forall t \in T,\ P[\bar{X}(t) = X(t)] = 1 .$$

(On dira que $\bar{X}$ est une version séparable et mesurable de X, elle est associée au même écart).

Démonstration : La seule implication non triviale est (a) ⇒ (d) . Sa démonstration suit de près les démonstrations des propriétés classiques de ce type : si la propriété (a) est vérifiée, il existe une partie S de T dénombrable, partout dense et séparée par d ; nous munissons S d'un dénombrement et pour tout entier $n \geq 0$, tout élément t de S, nous posons :

$$C(t, 1/2^n) = B(t, 1/2^n) \cap \Big[\bigcup_{\substack{s \in S \\ s < t}} B(s, 1/2^n) \Big]^c .$$

La famille $\{C(t, 1/2^n), t \in S\}$ est alors une partition $\mathcal{J}$-mesurable de T ; nous lui lions une fonction aléatoire gaussienne X_n en posant :

$$\forall t \in T,\ X_n(t) = X(s) \quad \text{si} \quad t \in C(s, 1/2^n),\ s \in S .$$

Les fonctions aléatoires gaussiennes X_n sont mesurables au sens 3.2.1. ; comme $\sqrt{E[|X_n(t)-X(t)|^2]}$ est majoré par $1/2^n$, la série $\Sigma\, P[|X_n(t)-X(t)| > \frac{1}{n}]$ est majorée par la série convergente $\Sigma\, n^2\, 2^{-2n}$ si bien que l'on a :

$$\forall t \in T,\ P[X_n(t) \text{ converge vers } X(t)] = 1 .$$

Définissons alors la fonction aléatoire gaussienne $\bar{X}$ par :

$$\forall \omega \in \Omega,\ \forall t \in T,\ \bar{X}(t) = \limsup_{n \to \infty} X_n(t) ;$$

on vérifie que $\bar{X}$ est mesurable au sens 3.2.1. et coïncide pour tout élément t de T presque sûrement avec X. Il reste à prouver que $\bar{X}$ est séparable ; notons d'abord que $\bar{X}$ coïncide avec X sur S puisque d sépare S ; dans ces conditions, pour tout entier n et tout élément t de T, notant $s_n(t)$ l'élément s de S tel que t appartienne à $C(s, 1/2^n)$, on aura :

$$\forall \omega \in \Omega,\ \bar{X}(\omega, t) = \limsup_{n \to \infty} X_n(\omega, t) = \limsup_{n \to \infty} X(\omega, s_n(t)) ,$$

$$\bar{X}(\omega, t) = \limsup_{n \to \infty} \bar{X}(\omega, s_n(t)),$$

$$d(s_n(t), t) < 1/2^n .$$

Par suite, pour tout $\epsilon > 0$, on aura :

$$\bar{X}(\omega,t) \in \overline{\{\bar{X}(\omega,s_n(t)),\ n\in\mathbb{N},\ d(s_n(t),t) < \epsilon\}},$$

$$\bar{X}(\omega,t) \in \overline{\{\bar{X}(\omega,s),\ s\in S\cap B(t,\epsilon)\}}\ .$$

Le résultat s'ensuit.

Remarque 3.2.3. Le lecteur se convaincra facilement en suivant pas à pas les démonstrations classiques, que les fonctions aléatoires gaussiennes séparables au sens présenté ici possèdent les propriétés usuelles des processus séparables ; en particulier toute suite dense dans T est séparante pour toute version de X d_X- séparable. Nous les utiliserons sans autre justification.

3.3. Oscillations des fonctions aléatoires gaussiennes. ([12'])

3.3.1. Les représentations des fonctions aléatoires gaussiennes présentées en 3.1.4. ont permis d'établir des propriétés remarquables. Dans ce paragraphe, on étudie l'une d'entre elles. Nous utiliserons les notions suivantes :

Soient (T,δ) un espace métrique, séparé ou non, associé ou non à une fonction aléatoire gaussienne, et f une fonction sur T, à valeurs dans $\mathbb{R}$ ou $\bar{\mathbb{R}}$; on appelle δ-oscillation de f et on note W_f la fonction sur T à valeurs dans $\mathbb{R}$ ou $\bar{\mathbb{R}}$ définie par :

$$\forall t\in T,\ W_f(t) = \lim_{\epsilon\to 0} \sup_{\begin{cases} s\in B(t,\epsilon)\\ s'\in B(t,\epsilon)\end{cases}} |f(s)-f(s')|\ .$$

A toute fonction f sur T, tout élément t de T et tout nombre $u>0$, nous associons de plus la δ-oscillation de f sur la boule $B(t,u)$ définie par

$$V(f,t,u) = \lim_{\epsilon \to 0} \sup_{\begin{cases} s \in B(t,u) \\ s' \in B(t,u) \\ \delta(s,s') < \epsilon \end{cases}} |f(s)-f(s')| \,.$$

On vérifie immédiatement que ces oscillations possèdent les propriétés suivantes :

(a) $V(f,t,u)$ est fonction convexe de f et croissante de u.

(b) Si f est uniformément continue sur (T,δ), alors $V(f,t,u)$ est nulle ; de plus pour toute autre fonction g, on a :

$$V(f+g,t,u) = V(g,t,u).$$

(c) Si $d(t,t')$ est inférieur à $\eta > 0$, alors $V(f,t,u)$ est inférieur à $V(f,t',u+\eta)$; en particulier, on a :

$$\lim_{\epsilon \downarrow 0} V(f,t,u-\epsilon) \leq \liminf_{t' \to t} V(f,t',u) \,,$$

$$\limsup_{t' \to t} V(f,t',u) \leq \lim_{\epsilon \downarrow 0} V(f,t,u+\epsilon) \,.$$

(d) $W_f(t) = \lim_{u \downarrow 0} V(f,t,u)$.

Les oscillations des fonctions aléatoires gaussiennes séparables sont des variables aléatoires. Leurs propriétés sont résumées par les théorèmes suivants :

THEOREME 3.3.2.- Soient (T,δ) un espace métrique séparable, $X = (X(\omega,t),\ \omega \in \Omega,\ t \in T)$ une fonction aléatoire gaussienne sur T ; soit de plus d l'écart défini par X sur T. On suppose que X est d-séparable ; on suppose aussi que l'application canonique de (T,δ) dans (T,d) est uniformément continue. Dans ces conditions, la δ-oscillation de X est presque sûrement non aléatoire, c'est-à-dire qu'il existe une partie N négligeable de Ω et une application α de T dans $\bar{\mathbb{R}}$ telles que :

$$\forall\omega\notin N,\ \forall t\in T,\ W_{X(\omega)}(t) = \alpha(t).$$

COROLLAIRE 1.- <u>Sous les mêmes hypothèses</u> , <u>pour tout</u> <u>élément</u> t <u>de</u> T , <u>il existe une partie</u> N_t <u>négligeable de</u> Ω <u>telle que</u> :

$$\forall\omega\notin N_t\ ,\ \liminf_{s\to t} X(\omega,s) = X(\omega,t) - \frac{1}{2}\,\alpha(t)\ ,$$

$$\limsup_{s\to t} X(\omega,s) = X(\omega,t) + \frac{1}{2}\,\alpha(t)\ .$$

COROLLAIRE 2.- <u>Sous les mêmes hypothèses, supposons qu'il existe un sous-ensemble ouvert</u> G <u>de</u> T, <u>un sous-ensemble dense</u> D <u>de</u> G <u>et un nombre</u> $a > 0$ <u>tels que</u> :

$$\forall t\in S\ ,\ \alpha(t) \geq a\ .$$

<u>Dans ces conditions, on a plus précisément</u> :

$$\forall t\in G,\ \alpha(t) = +\infty\ .$$

<u>Démonstration du théorème</u> : Notons S une suite partout dense dans (T,δ) donc dans (T,d) de sorte qu'elle est séparante pour X . Notons de plus $(f_n, n\in\mathbb{N})$ une suite orthonormale totale dans $H(X)$ et $(m_n, n\in\mathbb{N})$ l'ensemble des éléments de $M(T)$ associés, $\mathcal{B}_n$ la tribu P-complète engendrée par $\{\bar{X}(m_k), k\geq n\}$.

Pour tout élément ω de Ω n'appartenant pas à l'ensemble négligeable N_S associé (définition 3.2.1.) à la suite séparante S , pour tout élément s de S et tout nombre $u>0$, la séparabilité de X montre que la δ-oscillation de $X(\omega)$ sur la boule $B(s,u)$ est égale à la δ-oscillation de la restriction de $X(\omega)$ à S sur la même boule. Soit N_S' l'ensemble négligeable (théorème 3.1.4 (b)) en dehors duquel pour tout élément s de S , $\bar{X}(\omega\ s)$ est égal à $X(\omega,s)$; alors pour tout élément ω de $\dot{\Omega}$ n'appartenant pas à $N'(S)$, la δ-oscillation de la restriction de $X(\omega)$ à S sur la boule $B(s,u)$ est égale à celle de la restriction de $\bar{X}(\omega)$ à S sur la même boule. La d-uniforme continuité des fonctions f_n implique leur δ-uniforme continuité si bien que (3.3.1 (b)) la δ-oscillation de la restriction de $\bar{X}(\omega)$ à S sur la boule $B(s,u)$ est égale pour tout entier n à celle de la restriction à S de $\sum_{n+1}^{\infty} \bar{X}(m_k)(\omega)f_k$ sur la même boule ; celle-ci est $\bigcap_{n\in\mathbb{N}} \mathcal{B}_n$- mesurable, donc dégénérée. Soit $\alpha(s,u)$ sa valeur presque sûre, il existe une partie N négligeable de Ω telle que :

$$\forall\omega\notin N,\ \forall t\in S,\ \forall u\in\mathbb{Q}^+-\{0\},\ V(X(\omega),t,u) = \alpha(t,u)\ .$$

Tout élément t de T appartenant à une suite partout dense dans (T,δ) la fonction α est définie sur $T\times[\mathbb{R}^+-\{0\}]$; valeur presque sûre en tout point d'une oscillation, elle possède les propriétés suivantes :

(a') $\alpha(t,u)$ est une fonction croissante de u ,

(c') $\lim\limits_{\varepsilon\downarrow 0} \alpha(t,u-\varepsilon) \leq \liminf\limits_{\substack{s\to t\\ s\in S}} \alpha(s,u)$,

$\lim\limits_{\varepsilon\downarrow 0} \alpha(t,u+\varepsilon) \geq \limsup\limits_{\substack{s\to t\\ s\in S}} \alpha(s,u)$.

Soit alors $\omega\notin N$ et $t\in T$, les fonctions : $u\to\alpha(t,u)$ et $u\to V(X(\omega),t,u)$ étant croissantes en u sont simultanément continues hors d'un ensemble dénombrable ; la définition de l'ensemble négligeable N et les propriétés (c) et (c') montrent qu'elles coïncident en leurs points de continuité ; en un tel point, on a en effet :

$$V(X(\omega),t,u) = \lim_{\substack{s\to t\\ s\in S}} V(X(\omega),s,u) = \lim_{\substack{s\to t\\ s\in S}} \alpha(s,u) = \alpha(t,u)\ .$$

Dans ces conditions, on a :

$$\forall \omega \notin N,\ \forall t \in T,\ W_{X(\omega)}(t) = \lim_{u \downarrow 0} V(X(\omega),t,u) = \lim_{u \downarrow 0} \alpha(t,u) .$$

Le résultat annoncé s'ensuit en posant :

$$\forall t \in T,\ \alpha(t) = \lim_{u \downarrow 0} \alpha(t,u) .$$

Démonstration du corollaire 1 : Comme dans le théorème, on montre que pour tout élément t de T, la variable aléatoire $\limsup_{s \to t} [X(s)-X(t)]$ est dégénérée. La symétrie de la loi de X montre alors que $\limsup_{s \to t}[(-X(s))-(-X(t))]$ est aussi dégénérée et a la même valeur presque sûre $\beta(t)$. Comme on a, pour tout élément ω de Ω, la relation :

$$W_{X(\omega)}(t) = \limsup_{s \to t}[X(s)-X(t)] + \limsup_{s \to t}[-X(s)+X(t)] ,$$

le résultat s'en déduit.

Démonstration du corollaire 2 : Puisque S est partout dense dans G, on peut en extraire une suite S' séparante pour la restriction de X à G. On note $N_{S'}$ la partie négligeable associée à S' dans la séparation ; soient N et $N' = \bigcup_{s \in S'} N_s$ les parties négligeables énoncées dans le théorème 3.3.2. et le corollaire 1. Soient de plus t un élément de G et un élément $\omega \notin N_{S'} \cup N \cup N'$; supposons que $\alpha(t)$ soit fini. Par définition de l'oscillation et de la séparabilité, pour tout $\varepsilon > 0$, il existe deux éléments s et s' de S' tels que :

$$d(t,s) < \frac{\varepsilon}{2} ,\ d(t,s') < \frac{\varepsilon}{2} ,\ X(\omega,s)-X(\omega,s') > \alpha(t) - \frac{a}{4} .$$

Le corollaire 1 permet de construire deux éléments u et u' de G tels que :

$$d(u,s) < \frac{\varepsilon}{2} ,\ X(\omega,u) - X(\omega,s) > \frac{1}{2}\,\alpha(s) - \frac{a}{8} ,$$

$$d(u',s) < \frac{\varepsilon}{2} ,\ X(\omega,s') - X(\omega,u') > \frac{1}{2}\,\alpha(s') - \frac{a}{8} ;$$

On aura alors :

$$u \in B(t,\epsilon) \ , \ u' \in B(t,\epsilon) \ , \ X(\omega,u)-X(\omega,u') > \alpha(t) + \frac{a}{2} \ .$$

Ceci n'est compatible, pour tout $\epsilon > 0$, avec la définition de α que si a est négatif, d'où l'absurdité et la conclusion du corollaire.

3.3.3. Les propriétés énoncées ci-dessus montrent que l'étude de la régularité des trajectoires des fonctions aléatoires générales se simplifie considérablement dans le cas des fonctions aléatoires gaussiennes séparables à covariance uniformément continue sur un espace métrique séparable. Dans le cas général, une fonction aléatoire séparable peut être presque sûrement continue en tout point sans que ses trajectoires soient presque sûrement continues du fait de l'existence éventuelle d'irrégularités aléatoires. Au contraire si elle est gaussienne et presque sûrement continue en tout point, sa fonction d'oscillation α est nulle en tout point et le théorème 3.3.1. montre que les trajectoires sont presque sûrement continues.

Le corollaire 2 trouve son importance lorsque les propriétés de X montrent que son oscillation est une constante indépendante de t ; elle est alors nulle ou infinie si bien que les trajectoires seront presque sûrement non bornées au voisinage de tout point ou bien continues : c'est le cas si la fonction aléatoire X sur $\mathbb{R}^n$ est stationnaire. Ceci prouve une alternative de Belyaev [1].

On remarquera aussi que la fonction d'oscillation α peut être évaluée sous la forme

$$\forall t \in T, \ \alpha(t) = 2 \lim_{\epsilon \downarrow 0} E[\sup_{\delta(t,s)<\epsilon} X(s)] \ ;$$

elle dépend de l'écart δ défini sur T. Elle est maximale pour δ équivalent à d.

4.

MAJORATIONS DE FONCTIONS ALEATOIRES GAUSSIENNES

LA METHODE DE P. LEVY

([7])

4.1. Le théorème de majoration.

4.1.1. Nous allons présenter successivement trois méthodes de majoration des trajectoires. La méthode présentée ici exploite les procédés utilisés dans le cas brownien. Elle vaut surtout pour son importance historique : pendant une dizaine d'années entre 1950 et 1960, les chercheurs avaient surtout étudié les fonctions gaussiennes stationnaires à partir de leur stationnarité et des mesures spectrales associées ; les résultats obtenus étaient décevants et les méthodes délicates [11] se révélaient inefficaces. C'est l'exploitation [2] [7] entre 1960 et 1965 des calculs présentés bien avant dans le cas brownien qui a fait naître l'étude directe des fonctions aléatoires gaussiennes à partir du seul caractère gaussien sans hypothèse de dimension ni de stationnarité. Des résultats plus fins par une méthode semblable ont été obtenus par Dudley [3], ils ne seront pas développés ici et seront énoncés au corollaire 6.2.4.

Les propriétés présentées ici utilisent le cadre classique : X est une fonction aléatoire gaussienne séparable au sens usuel sur $T=[0,1]^n$ muni de la distance usuelle :

$$\forall (s,t) \in T \times T \ , \ \delta(s,t) = |s-t| = \sup_{1}^{n} |s_i - t_i| \ ;$$

A la covariance Γ de X, on associe la fonction φ sur $[0,1]$ à valeurs dans $\mathbb{R}^+$ définie par :

$$\varphi(h) = \sup_{\substack{(s,t)\in T\times T \\ |s-t|\leq h}} \sqrt{\Gamma(s,s)-2\Gamma(s,t)+\Gamma(t,t)} \; .$$

THEOREME 4.1.1.- *On suppose que l'intégrale* $\int^{\infty} \varphi(e^{-x^2})dx$ *est convergente ; sous cette hypothèse, les trajectoires de* X *sont presque sûrement continues. De plus pour tout entier* $p \geq 2$ *et tout nombre réel* $x \geq \sqrt{1+4n \log p}$, *on a* :

$$P\left[\sup_T |X| \geq x\left[\sup_{T\times T} \sqrt{\Gamma} + (2+\sqrt{2})\int_1^{\infty} \varphi(p^{-u^2})du\right]\right] \leq \frac{5}{2}\, p^{2n} \int_x^{\infty} e^{-\frac{u^2}{2}} du \; .$$

Remarques : La fonction $\varphi(e^{-x^2})$ est décroissante sur $\mathbb{R}^+$, donc intégrable sur tout intervalle fini ; l'hypothèse du théorème porte sur la convergence à l'infini. Elle implique que $\lim_{x\downarrow 0} \varphi(x)$ est nulle, donc que la covariance est nulle, donc que la covariance est continue. Si $\varphi(x)$ est équivalente au voisinage de l'origine à $\dfrac{1}{\sqrt{\log(1/x)}}$, l'hypothèse n'est pas vérifiée (cf. 2.3.2.). Pour qu'elle soit vérifiée, la covariance doit être "assez" continue. On notera que les $\int^{\infty} \varphi(p^{-u^2})du$, $p > 1$, ont toutes même nature.

Nous présenterons la démonstration en deux étapes : nous commencerons par établir la majoration, puis démontrerons la continuité.

4.1.2. Démonstration du théorème, première étape.

Pour simplifier l'écriture, pour toute fonction f sur $S = T$ ou $T \times T$, nous poserons :

$$\|f\| = \sup_S |f| \; .$$

Soit m un entier >0, nous notons I_m l'ensemble de multi-indices entiers $\{i=(i_j), 1\leq j\leq n, 0\leq i_j<m\}$; pour tout élément i de I_m, nous posons :

$$A_i^m = \{x\in[0,1[^n : \forall j\in[1,n],\ i_j\leq m\,x<i_j+1\},$$

$$a_i^m = \left(\frac{2i_j+1}{m},\ 1\leq j\leq n\right) .$$

A l'entier m, nous associons une approximation X_m de X sur $[0,1[^n$ en posant :

$$\forall i\in I_m,\ \forall x\in A_i^m,\ X_m(x) = X(a_i^m) ;$$

dans ces conditions, $\|X_m\|$ est le maximum de m^n valeurs absolues de variables gaussiennes d'écart-type majoré par $\sqrt{\|\Gamma\|}$, on en déduit :

$$(1)\qquad \forall y\in\mathbb{R}^+,\ P\left[\|X_m\|\geq y\sqrt{\|\Gamma\|}\right]\leq m^n\sqrt{\frac{2}{\pi}}\int_y^\infty e^{-\frac{u^2}{2}}du .$$

Considérons maintenant deux entiers m_1 et m_2, m_2 étant divisible par m_1 de sorte que la partition $\{A_i^{m_2}, i\in I_{m_2}\}$ soit plus fine que $\{A_i^{m_1}, i\in I_{m_1}\}$; dans ces conditions, $\|X_{m_1}-X_{m_2}\|$ sera le maximum de $(m_2)^n$ valeurs absolues de variables gaussiennes d'écart-type majoré par $\varphi(\frac{1}{2m_1})$, on en déduit :

$$(2)\qquad \forall y\in\mathbb{R}^+, P\left[\|X_{m_1}-X_{m_2}\|\geq y\,\varphi(\frac{1}{2m_1})\right]\leq (m_2)^n\sqrt{\frac{2}{\pi}}\int_y^\infty e^{-\frac{u^2}{2}}du .$$

Soient alors une suite strictement croissante $(m_k, k\in\mathbb{N})$ d'entiers successivement divisibles et une suite $(y_k, k\in\mathbb{N})$ de nombres réels positifs, les relations (1) et (2) permettent d'écrire :

$$(3)\qquad P\left[\|X_{m_1}\|+\sum_1^\infty\|X_{m_k}-X_{m_{k+1}}\|\geq y_0\sqrt{\|\Gamma\|}+\sum_1^\infty y_k\varphi(\frac{1}{2m_k})\right]\leq\sqrt{\frac{2}{\pi}}\sum_0^\infty(m_{k+1})^n\int_{y_k}^\infty e^{-\frac{u^2}{2}}du.$$

Posons $A = \bigcup_k \left\{a_i^{m_k}, i \in I_{m_k}\right\}$; c'est un sous-ensemble dénombrable dense de $[0,1]^n$ et donc une suite séparante pour X . Par suite, la variable aléatoire $\|X\|$ a même loi que $\sup_A |X|$ qui est majorée par $\|X_{m_1}\| + \sum_1^{\infty} \|X_{m_k} - X_{m_{k+1}}\|$; on en déduit :

$$(4) \qquad P\left[\|X\| \geq y_0\sqrt{\|\Gamma\|} + \sum_1^{\infty} y_k\varphi\left(\frac{1}{2m_k}\right)\right] \leq \sqrt{\frac{2}{\pi}} \sum_0^{\infty} (m_{k+1})^n \int_{y_k}^{\infty} e^{-\frac{u^2}{2}} du$$

La majoration (4) sera efficace si les deux séries intervenant sont convergentes ; les seules fonctions φ (croissantes, positives) pour lesquelles il existe des suites (y_k) positives et des suites croissantes (m_k) de nombres entiers divisibles telles que les deux séries associées soient convergentes sont celles pour lesquelles l'intégrale $\int^{\infty} \varphi(e^{-x^2})dx$ est convergente ; c'est notre hypothèse.

Soit alors un entier $p \geq 2$, posons :

$$\forall k \geq 0, \ m_k = p^{(2^k)} \ , \ y_k = x\,2^{\frac{k}{2}} \ , \ x \geq \sqrt{1+4n \log p} \ , \ x_k = 2^{\frac{k}{2}} \ ;$$

on aura les majorations :

$$\forall k \geq 1, \ y_k\varphi\left(\frac{1}{2m_k}\right) \leq x(2+\sqrt{2})(x_k - x_{k-1})\,\varphi\left(\frac{1}{2}\,p^{-x_k^2}\right) \leq x(2+\sqrt{2})\int_{x_{k-1}}^{x_k} \varphi\left(\frac{1}{2}\,p^{-u^2}\right)du \ ,$$

$$\sum_{k=1}^{\infty} y_k\varphi\left(\frac{1}{2m_k}\right) \leq x(2+\sqrt{2})\int_1^{\infty} \varphi\left(\frac{1}{2}\,p^{-u^2}\right)du \ .$$

On aura aussi :

$$\forall k \geq 0, (m_{k+1})^n \int_{y_k}^{\infty} e^{-\frac{u^2}{2}} du = \int_x^{\infty} \exp\left[n\,2^{k+1} \log p + \frac{k}{2} \log 2 - \frac{v^2}{2}\,2^k\right]dv \ ,$$

cet exposant est majoré par :

$$\left[-\frac{v^2}{2} + 2n \log p + \frac{1}{2}(k \log 2 + 1 - 2^k)\right] ;$$

on en déduit :

$$\sum_0^\infty (m_{k+1})^n \int_{y_k}^\infty e^{-\frac{u^2}{2}} du \le p^{2n} \sum_0^\infty 2^{\frac{k}{2}} e^{-\frac{2^k-1}{2}} \int_x^\infty e^{-\frac{u^2}{2}} du \,.$$

Pour obtenir la majoration énoncée, il suffit de reporter ces deux évaluations dans (4) et de calculer $\sum_0^\infty 2^{\frac{k}{2}} e^{-\frac{2^k-1}{2}}$ qui est inférieur à (2,8). Le résultat de la première étape est établi.

4.1.3. Dans la seconde étape, nous utiliserons le lemme suivant qui résulte de la majoration démontrée, par translation et homothétie sur $\mathbb{R}^n$.

LEMME.- Soit X une fonction aléatoire gaussienne séparable sur $T=[a,b]^n$; on a alors, avec les notations 4.1.1. :

$$P\left[\sup_T |X| \ge x\left(\sqrt{\|\Gamma\|} + (2+\sqrt{2})\int_1^\infty \varphi\left(\frac{b-a}{2}\, p^{-u^2}\right)du\right)\right] \le \frac{5}{2}\, p^{2n} \int_x^\infty e^{-\frac{u^2}{2}} du \,.$$

Démonstration du théorème, deuxième étape.

Soient un nombre entier $p \ge 2$, t_0 un élément de $T=[0,1]^n$ et h un nombre positif ; on peut évaluer à partir du lemme la loi de $\sup_{|t-t_0|\le h} |X(t)-X(t_0)|$ et donc son espérance mathématique en intégrant. Soit α la fonction d'oscillation de X pour la distance usuelle, on a (3.3.3) :

$$\alpha(t_0) \le 2\, E\Big\{\sup_{|t-t_0|\le h} X(t)\Big\} \le 2\, E\Big\{\sup_{|t-t_0|\le h} |X(t)-X(t_0)|\Big\}$$

$$\alpha(t_0) \le \left[\varphi(h) + (2+\sqrt{2})\int_1^\infty \varphi(hp^{-u^2})du\right]\left[\sqrt{1+4n\log p} + \frac{5}{2\sqrt{e}}\right] ;$$

en faisant tendre h vers zéro, on en déduit que α est nulle sur $[0,1]^n$; les trajectoires de X sont donc presque sûrement continues.

4.2 Le théorème et sa majoration permettent de préciser le comportement asymptotique, le module uniforme ou local de continuité des trajectoires. Nous ne présentons pas de résultats maximaux, nous donnons deux énoncés à titre d'exemple.

4.2.1. Application au module local de continuité.

THEOREME 4.2.1.- Soit X une fonction aléatoire gaussienne séparable sur $[0,1]^n$; on suppose que les conditions suivantes sont vérifiées :

(a) $\int^{\infty} \varphi(e^{-x^2})dx < \infty$,

(b) $\limsup_{\substack{h \downarrow 0 \\ q \downarrow 1}} \frac{\varphi(hq)}{\varphi(h)} = 1$.

Dans ces conditions, pour tout entier $p \geq 2$ tout élément t_0 de $[0,1]^n$ et tout nombre $c > 1$, il existe une variable aléatoire $\varepsilon = \varepsilon(\omega)$ presque sûrement strictement positive telle que, indépendamment de la dimension n :

$$|t-t_0| < \varepsilon(\omega) \Rightarrow$$

$$|X(\omega,t)-X(\omega,t_0)| \leq c\sqrt{2\log\log\frac{1}{|t-t_0|}}\left[\varphi(|t-t_0|)+(2+\sqrt{2})\int_1^{\infty}\varphi(|t-t_0|p^{-u^2})du\right]$$

Démonstration : L'hypothèse (a) permet d'appliquer le lemme 4.1.3. pour majorer $\sup_{|t-t_0|\leq h} |X(t)-X(t_0)|$; l'hypothèse (b) permet de choisir un nombre $\eta > 0$ tel que :

$$\left.\begin{array}{l} 0 < h \leq \eta \\ 0 < 1-q \leq \eta \end{array}\right\} \Rightarrow \left\{\begin{array}{l} \varphi(hq) \leq \sqrt{c}\,\varphi(h), \\ \int_1^{\infty}\varphi(hqp^{-u^2})du \leq \sqrt{c}\int_1^{\infty}\varphi(hp^{-u^2})du . \end{array}\right.$$

Soit alors la suite $(h_k, x_k, k \in \mathbb{N})$ définie par :

$$h_k = \frac{1}{(1+\eta)^k}\ ,\ x_k = \sqrt{2c \log\log \frac{1}{h_k}}\ ;$$

dans ces conditions, la série de terme général $\frac{5}{2}\, p^{2n} \int_{x_k}^{\infty} e^{-\frac{u^2}{2}} du$ est convergente ; comme à partir d'un certain rang, h_k est inférieur à η et x_k inférieur à $\sqrt{1+4n\log p}$, il existe une variable aléatoire $k = k(\omega)$ presque sûrement finie telle que :

$$k \geq k(\omega) \Rightarrow \sup_{|t-t_0| \leq h_k} |X(\omega,t)-X(\omega,t_0)| \leq x_k\Big[\varphi(h_k)+(2+\sqrt{2})\int_1^{\infty} \varphi(h_k p^{-u^2})du\Big]\ ;$$

Posons alors $\varepsilon(\omega) = \frac{1}{(1+\eta)^{k(\omega)+1}}$; pour tout nombre positif h inférieur à $\varepsilon(\omega)$, on pourra définir un entier k supérieur ou égal à $k(\omega)+1$ tel que h appartienne à $]h_{k+1}, h_k]$, on aura

$$\sup_{|t-t_0|\leq h} |X(\omega,t)-X(\omega,t_0)| \leq \sup_{|t-t_0|\leq h_k} |X(\omega,t)-X(\omega,t_0)|\ ;$$

Comme le rapport h_k/h est inférieur à $(1+\eta)$, on en déduit le résultat.

4.2.2. <u>Application au module uniforme de continuité.</u>

THEOREME 4.2.2.- *Soit X une fonction aléatoire gaussienne séparable sur $[0,1]^n$; on suppose que l'intégrale $\int^{\infty} \varphi(e^{-x^2})dx$ est convergente ; dans ces conditions, pour tout nombre $c > 1$, il existe une variable aléatoire $\varepsilon = \varepsilon(\omega)$ presque sûrement strictement positive telle que :*

$$\forall (s,t) \in [0,1]^n \times [0,1]^n\ ,\ |t-s| < \varepsilon(\omega) \Rightarrow$$

$$|X(\omega,t)-X(\omega,s)| \leq \sqrt{2cn\log\frac{1}{|t-s|}}\ \varphi(c|t-s|)+20\sqrt{\frac{cn}{c-1}}\int_0^{\infty} \varphi(|t-s|e^{-x^2})dx\ .$$

<u>Démonstration</u> : Soient m un entier ≥ 1 et $h \in]0,1[$; on peut construire sur $[0,1]^n$ une famille de m^n points $(t_i, 1 \leq i \leq m^n)$ telle que pour tout couple (t,t') d'éléments de $[0,1]^n$ de distance inférieure ou égale à h, il existe un couple (t_i, t_j) de la famille tel que :

$$|t-t_i| \leq \frac{1}{m}, \ |t'-t_j| \leq \frac{1}{m}, \ |t_i - t_j| \leq h \ ;$$

On en déduit en majorant $\sup_{|t_i - t_j| \leq h} |X(t_i) - X(t_j)|$ à partir du nombre d'éléments de la famille intervenant et en majorant $\sup_{|t-t_i| \leq \frac{1}{m}} |X(t) - X(t_i)|$ à partir du lemme 4.1.3. :

$$\forall x \geq \sqrt{1+4n \log p}, \quad \forall p \geq 2,$$

$$P\left[\sup_{|t-s| \leq h} |X(t)-X(s)| \geq x\left[\varphi(h) + 2\varphi(\tfrac{1}{m}) + 2(2+\sqrt{2}) \int_1^\infty \varphi(\tfrac{1}{m} p^{-u^2}) du\right]\right]$$

$$\leq \left[5m^n p^{2n} + m^n(2mh+1)^n\right] \int_x^\infty e^{-\frac{u^2}{2}} du \ .$$

Soit alors un nombre $c > 1$; choisissons un nombre $\alpha \in]0, \frac{c-1}{4}[$; pour tout entier $k \in \mathbb{N}$, nous posons :

$$h_k = c^{-k}, \ p_k = \mathrm{Ent}\left[c^{\alpha(k+1)}\right], \ m_k = \mathrm{Ent}\left[c^{(1+2\alpha)(k+1)}\right],$$

$$x_k = \sqrt{2c\, n\, k \log c} \ ;$$

on constate immédiatement la convergence de la série de terme général

$$\left[5m_k^n p_k^{2n} + m_k^n(2m_k h_k + 1)^n\right] \int_{x_k}^\infty e^{-\frac{u^2}{2}} du \ .$$

Il existe donc une variable aléatoire $k = k(\omega)$ presque sûrement finie telle que

$k \geq k(\omega) \Rightarrow$

$$\begin{cases} \sup\limits_{|t-s|\leq h_k} |X(t)-X(s)| \leq x_k\Big[\varphi(h_k) + 2\varphi(\frac{1}{m_k}) + 2(2+\sqrt{2})\int_1^\infty \varphi(\frac{1}{m_k}\, p_k^{-u^2})du\Big], \\ \\ \frac{k}{k+1} > \frac{1}{1+2\alpha}. \end{cases}$$

Posons alors $\epsilon(\omega) = c^{(-k(\omega))}$ et à tout nombre $h \in]0, \epsilon(\omega)[$ associons l'entier k tel que :

$$k \geq k(\omega)\ ,\ c^{-(k+1)} \leq h < c^{-k}\ .$$

On aura simultanément :

$$x_k \leq \sqrt{2c\, n \log \frac{1}{h}}\ ,\ \varphi(h_k) \leq \varphi(c\,h)\ ,$$

$$2\varphi(\frac{1}{m_k}) + 2(2+\sqrt{2})\int_1^\infty \varphi(\frac{1}{m_k}\, p_k^{-u^2})du \leq 2(2+\sqrt{2})\int_0^\infty \varphi(h_k^{1+2\alpha+\alpha u^2})du \leq \frac{4(1+\sqrt{2})}{\sqrt{\alpha \log \frac{1}{h_k}}}\int_0^\infty \varphi(he^{-x^2})dx.$$

On en déduit le résultat annoncé en posant par exemple :

$$\alpha = \frac{(1+\sqrt{2})^2}{25}\,(c-1)\ .$$

Remarques : Dans les calculs présentés, on a veillé à ne pas surévaluer le premier terme des majorations et son coefficient ; les précautions prises ont fourni un terme "principal" qui est le meilleur possible comme on le constate en considérant les modules de continuité du mouvement brownien à un ou plusieurs paramètres. On constatera pourtant en considérant des fonctions φ peu régulières du genre :

$$\varphi(h) = \frac{1}{\sqrt{\log \frac{1}{h}}}\ \frac{1}{(\log \log \frac{1}{h})^\alpha}$$

que le terme intégral des majorations peut devenir plus important.

5.

MAJORATIONS DE FONCTIONS ALEATOIRES GAUSSIENNES
LA METHODE D'ORLICZ.

([61])

5.1. Etude de certains espaces d'Orlicz.

La méthode précédente étudie la régularité des trajectoires des fonctions aléatoires gaussiennes sur des parties bien régulières de $\mathbb{R}^n$ en fonction du module de continuité de leur covariance. Si dans ce cadre les résultats obtenus sont satisfaisants, ils permettent mal d'étudier les majorations d'une fonction aléatoire gaussienne sur un ensemble fini ou sur une partie irrégulière de $\mathbb{R}^n$ ou à valeurs dans un espace fonctionnel. La méthode qui va être développée n'a pas ces inconvénients. Présentée en 1971, elle a été très peu utilisée jusqu'ici, sa forme trop abstraite introduisant difficilement aux applications pratiques. Une méthode de majoration, différente en apparence, mais très semblable au fond a été présentée par Garsia dans [10] ; nous n'en parlerons pas, bien qu'il eut été utile d'analyser leurs parentés pour comparer leurs efficacités.

5.1.1. Cette méthode a son origine dans un calcul simple de majoration :

Calcul fondamental : Soient x et y deux nombres positifs ; les implications suivantes sont évidentes :

$$x \leq \exp\left(\frac{y^2}{2}\right) - 1 \quad \Rightarrow \quad xy \leq y\left[\exp\left(\frac{y^2}{2}\right) - 1\right],$$

$$x \geq \exp\left(\frac{y^2}{2}\right) - 1 \quad \Rightarrow \quad xy \leq x\sqrt{2\log(1+x)}\,.$$

Par suite, quelque soit le couple (x,y), on a :

$$xy \leq x\sqrt{2\log(1+x)} + y\left[\exp\left(\frac{y^2}{2}\right) - 1\right],$$

(1) $$xy \leq x\sqrt{2\log(1+x)} + \frac{\exp(y^2)-1}{2}$$

puisque

$$\sup_{y\in\mathbb{R}^+} \frac{y\left[\exp\left(\frac{y^2}{2}\right) - 1\right]}{\exp(y^2)-1} = \sup_{y\in\mathbb{R}^+} \frac{y}{\exp\left(\frac{y^2}{2}\right)+1} \leq \sup_{y\in\mathbb{R}^+} \frac{y}{2+\frac{y^2}{2}}\,.$$

Soient alors $(k_m,\ m\in\mathbb{N})$ une suite de nombres strictement positifs de somme 1, $(\lambda_m,\ m\in\mathbb{N})$ une suite (non nécessairement gaussienne) de variables gaussiennes centrées de variance inférieure ou égale à 1/3 ; soit de plus $(a_n,\ n\in\mathbb{N}, m\in\mathbb{N})$ une suite numérique double, on pose :

$$\forall n\in\mathbb{N}\ ,\ \mu_n = \sum_{m=1}^{\infty} a_{n,m}\lambda_m\ ,$$

et on se propose de majorer $(\mu_n,\ n\in\mathbb{N})$.

On utilise la formule (1) en substituant $\left|\frac{a_{n,m}}{k_m}\right|$ à x et $|\lambda_m|$ à y ; on obtient :

$\forall n \in \mathbb{N}$, $\forall \omega \in \Omega$,

$$(2) \qquad |\mu_n(\omega)| \le \sum_{m=1}^{\infty} |a_{n,m}| \sqrt{2 \log \left(1 + \frac{|a_{n,m}|}{k_m}\right)} + \sum_{m=1}^{\infty} k_m \frac{\exp(\lambda_m^2(\omega)) - 1}{2}$$

La seconde série, indépendante de n, est presque sûrement convergente puisque la série des espérances mathématiques a une somme majorée par $\frac{\sqrt{3}-1}{2}$; la première série est indépendante de ω ; si les coefficients sont liés par la relation :

$$\sup_{n \in \mathbb{N}} \sum_{m=1}^{\infty} |a_{n,m}| \sqrt{\log \left(1 + \frac{|a_{n,m}|}{k_m}\right)} < \infty$$

alors la suite $(\mu_n, n \in \mathbb{N})$ est presque sûrement majorée explicitement.

5.1.2. En fait, la majoration écrite est maladroite : elle est additive ; la théorie des espaces hilbertiens est basée sur la majoration multiplicative :

$$\left| \Sigma\, a_j\, b_j \right| \le \sqrt{\Sigma\, a_j^2}\ \sqrt{\Sigma\, b_j^2}\ ,$$

beaucoup plus maniable que l'inégalité additive :

$$2 \left| \Sigma\, a_j b_j \right| \le \Sigma\, a_j^2 + \Sigma\, b_j^2 \ .$$

De la même manière, c'est ici l'adaptation de la théorie générale des espaces d'Orliez qui nous permettra d'obtenir de bonnes inégalités multiplicatives. On trouvera l'exposé de cette théorie dans [15] ; nous ne nous y référerons pas, nous présenterons directement les notions minimum indispensables ; on trouvera un exposé plus complet, comportant des erreurs de calcul, dans [6] .

THEOREME 5.1.2.- Soient T un espace métrisable, non nécessairement séparé, $\mathcal{J}$ la tribu engendrée par les boules de T et μ une mesure de probabilité sur $(T, \mathcal{J})$.

<u>Pour toute fonction</u> f <u>mesurable sur</u> $(T,\mathcal{T})$ <u>à valeurs réelles, on pose</u>

$$N_\mu(f) = N(f) = \inf\left\{\alpha > 0 : \int_T \exp\left(\frac{f^2}{\alpha^2}\right) d\mu \leq 2\right\} ,$$

<u>et on note</u> $G = G(T,\mathcal{T},\mu)$ <u>l'ensemble</u> :

$$G = \left\{f : \exists \beta > 0, \int_T \exp(\beta f^2) d\mu < \infty\right\} ;$$

<u>dans ces conditions, les quatre propriétés sont vérifiées</u> :

(a) <u>L'ensemble</u> G <u>est un sous-espace vectoriel de</u> $\mathbb{R}^T$.

(b) <u>Pour qu'une fonction mesurable</u> f <u>appartienne à</u> G , <u>il faut et il suffit que</u> $N(f)$ <u>soit fini.</u>

(c) <u>La fonction</u> N <u>est une norme sur</u> G .

(d) <u>Soit</u> G^* <u>le dual topologique de</u> (G,N) <u>et</u> N^* <u>la norme duale ; pour toute fonction</u> f_0 <u>mesurable sur</u> $(T,\mathcal{T})$ <u>telle que</u> $|f_0|\sqrt{\log^+|f_0|}$ <u>soit</u> μ-<u>intégrable, l'application</u> : $g \to \int f_0 g \, d\mu$ <u>est une forme linéaire continue</u> f <u>sur</u> (G,N) <u>et on a</u> :

$$\frac{1}{3} N^*(f) \leq \int_T |f_0| \sqrt{\log\left[1 + \frac{|f_0|}{\int_T |f_0| d\mu}\right]} \, d\mu \leq N^*(f) .$$

<u>Démonstration</u> : (a) Le résultat se déduit immédiatement de la convexité des fonctions : $x \to \exp(\beta x^2)$.

(b) La suffisance est évidente ; démontrons la nécessité. Si une fonction f mesurable appartient à G , alors la fonction : $\beta \to \int_T \exp(\beta f^2) d\mu$ est finie sur un intervalle $[0,\beta_0[$, $\beta_0 > 0$; le théorème de convergence dominée montre qu'elle est continue sur cet intervalle ; prenant la valeur 1 à l'origine, elle prend donc des valeurs inférieures ou égales à 2 sur une partie non vide de $]0,\beta_0[$. L'ensemble $\left\{\alpha \in]0,\infty[\;:\; \int_T \exp(\frac{f^2}{\alpha^2})d\mu \leq 2\right\}$ est alors non vide, sa borne inférieure $N(f)$ est finie ; c'est le résultat.

(c) Le résultat se déduit immédiatement du fait que la fonction : $x \to \exp(x^2)-1$ est convexe croissante sur $\mathbb{R}^+$, nulle à l'origine.

(d) Soit f_0 une fonction mesurable sur $(T,\mathcal{T})$ vérifiant l'hypothèse indiquée ; pour toute fonction g mesurable, on a d'après l'inégalité 5.1.1. (1) :

$$|f_0 \cdot g| \leq |f_0|\sqrt{2\log\left(1+\frac{|f_0|}{\int_T |f_0|d\mu}\right)} + \frac{1}{2}\left(\int_T |f_0|d\mu\right)\left[\exp(g^2)-1\right] ;$$

en intégrant, on en déduit :

$$(1) \qquad \int_T |f_0 g|d\mu \leq \int_T |f_0|\sqrt{2\log\left(1+\frac{|f_0|}{\int_T |f_0|d\mu}\right)}d\mu + \frac{1}{2}\left(\int_T |f_0|d\mu\right)\int_T\left[\exp(g^2)-1\right]d\mu \; .$$

Par ailleurs, on a pour tout $t \in]0,1[$:

$$\int_T |f_0|d\mu \leq \int_{\{|f_0|<t\int_T |f_0|d\mu\}} |f_0|d\mu + \int_{\{f_0 \geq t\int_T |f_0|d\mu\}} |f_0|d\mu \quad ;$$

La première intégrale du second membre est inférieure à $t\int_T |f_0|d\mu$; la seconde est inférieure à

$$\int_T |f_0| \frac{\sqrt{\log(1+\frac{|f_0|}{\int_T |f_0|d\mu})}}{\sqrt{\log(1+t)}} d\mu \; .$$

Ceci montre que la fonction f_0 est intégrable. L'inégalité (1) montre alors que pour tout élément de la boule unité de G, $f_0 g$ est intégrable, donc par homothétie pour tout élément de G . Plus précisément, écrivant (1) pour un élément g de la boule unité de G , on obtient (en substituant à t la valeur 1/3) :

$$|\int_T f_0 g\, d\mu| \le (\tfrac{3}{2} + \sqrt{2}) \int_T |f_0| \sqrt{\log(1 + \frac{|f_0|}{\int_T |f_0| d\mu})}\, d\mu \;.$$

La continuité de $: g \to \int f_0 g d\mu$ sur G et l'inégalité de gauche de l'énoncé en résultent immédiatement.

Pour prouver l'inégalité de droite, il suffit d'associer à f_0 une fonction mesurable g définie sur T par :

$$|g| = \sqrt{\log\left(1 + \frac{|f_0|}{\int_T |f_0| d\mu}\right)} \;,\; g\, f_0 \ge 0 \;,$$

qui vérifie donc :

$$\int_T \exp(g^2) d\mu = 2, \quad N(g) \le 1 \;;$$

on aura par suite :

$$|\int_T f_0 g d\mu| = \int_T |f_0| \sqrt{\log(1 + \frac{|f_0|}{\int_T |f_0| d\mu})}\, d\mu \le N(g) N^*(f) \le N^*(f) \;,$$

c'est le résultat.

5.1.3. Nous serons amenés à utiliser des produits d'éléments de G et d'indicatrices d'ensembles mesurables ; ce sont des éléments de G, plus précisément :

PROPOSITION 5.1.3.- <u>Soit</u> g <u>un élément de</u> G ; <u>pour tout couple</u> (A,B) <u>d'éléments de</u> $\mathcal{J}$, <u>on a</u> :

$$A \subset B \Rightarrow N\left[I_A g\right] \le N\left[I_B g\right] \le N(g).$$

<u>De plus pour tout nombre</u> $\beta > 0$ <u>tel que</u> $\exp(\beta\, g^2)$ <u>soit intégrable, il existe un nombre</u> $\eta > 0$ <u>tel que</u> :

$$A \in \mathcal{J} \;,\; \mu(A) < \eta \Rightarrow N\left[I_A g\right] \le 1/\sqrt{\beta} \;.$$

Démonstration : La première affirmation résulte de la définition de N ; la seconde résulte d'une propriété générale des fonctions intégrables qui montre que $\int_A \exp(\beta g^2) d\mu$ tend vers zéro avec $\mu(A)$.

5.1.4. Nous montrons maintenant que certaines fonctions aléatoires gaussiennes ont presque sûrement leurs trajectoires dans G :

THEOREME 5.1.4.- Soient T un espace métrisable non nécessairement séparé, $\mathcal{J}$ la tribu engendrée par les boules de T et μ une mesure de probabilité sur $(T,\mathcal{J})$. Soient de plus $(\Omega,\mathcal{G},P)$ un espace d'épreuves et $X=(X(\omega,t),\omega\in\Omega,t\in T)$ une fonction aléatoire gaussienne sur T qui soit $\mathcal{G}\times\mathcal{J}$-mesurable ; on suppose que la covariance Γ_X est majorée par 1. Dans ces conditions, on a les propriétés suivantes :

(a) Les trajectoires de X appartiennent presque sûrement à G.

(b) Pour tout $x>\sqrt{2+\frac{1}{\log 2}}$, on a :

$$P\left\{N(X)>x\right\} \leq x\sqrt{e\log 2}\; 2^{-\frac{x^2}{2}} , \quad E\left[N(x)\right] \leq \frac{5}{2} .$$

(c) Pour tout $\varepsilon>0$, il existe une variable aléatoire $\eta=\eta(\omega)$ presque sûrement strictement positive telle que :

$$A\in\mathcal{J},\ \mu(A)<\eta(\omega) \Rightarrow N\left[I_A X(\omega)\right] \leq (1+\varepsilon)\sqrt{2} .$$

Démonstration : (a) Le théorème de Fubini et la mesurabilité de X permettent d'écrire pour tout $\beta<\frac{1}{2}$:

$$E\left[\int_T \exp(\beta X^2) d\mu\right] = \int_T E\left[\exp(\beta X^2(t))\right] d\mu(t) = \int_T \frac{d\mu(t)}{\sqrt{1-2\beta\Gamma(t,t)}} < \infty .$$

Le résultat s'ensuit par la définition de G.

(b) Pour tout nombre $p > 1$ et tout $x > \sqrt{2 + \frac{1}{\log 2}}$, l'inégalité de Čebičev permet d'écrire :

$$P\left[N(X) > x\right] \leq P\left[\int_T \exp(\frac{X^2}{x^2}) d\mu \geq 2\right] \leq \frac{1}{2^p} E\left[|\int_T \exp(\frac{X^2}{x^2}) d\mu|^p\right].$$

L'inégalité de Hölder majore le dernier terme par :

$$\frac{1}{2^p} E\left[\int_T \exp\left(p \frac{X^2}{x^2}\right) d\mu\right]$$

Si p varie sur $]1, \frac{x^2}{2}[$, cette dernière expression est finie et majorée par

$\dfrac{1}{2^p \sqrt{1-2\frac{p}{x^2}}}$ qui atteint son minimum pour $p = \frac{x^2}{2} - \frac{1}{2 \log 2}$; en substituant cette valeur à p, on obtient le résultat annoncé.

(c) Posons $\beta = \dfrac{1}{2(1+\epsilon)^2}$; d'après (a), $\exp[\beta X^2(t)]$ est presque sûrement intégrable ; le résultat se déduit alors de la proposition 5.1.3.

5.2. Application à la majoration des fonctions aléatoires gaussiennes.

Le paragraphe précédent permet de construire des majorations de fonctions aléatoires gaussiennes à partir de représentations intégrales :

THEOREME 5.2.1.- Soient S un espace métrisable non nécessairement séparé, $\mathcal{S}$ la tribu engendrée par les boules de S et μ une mesure de probabilité sur $(S, \mathcal{S})$; soient de plus $(\Omega, \mathcal{G}, P)$ un espace d'épreuves et $Y = (Y(\omega, s), \omega \in \Omega, s \in S)$ une fonction aléatoire gaussienne sur S, $\mathcal{G} \otimes \mathcal{S}$-mesurable ; soit enfin T un ensemble et f une fonction sur $S \times T$. Pour tout $t \in T$, on note f_t

la fonction : $s \to f(s,t)$ sur S.

Dans ces conditions, les propriétés suivantes sont vérifiées :

(a) On suppose que l'application : $t \to f_t$ est une application bornée de T dans $G^*(S,\mu)$ et que la covariance de Y est majorée par 1 ; alors la fonction aléatoire gaussienne X sur T définie par :

$$X(\omega,t) = \int_S Y(\omega,s) f(s,t) d\mu(s)$$

est presque sûrement majorée.

(b) Si de plus T est un espace topologique et si l'application : $t \to f_t$ est faiblement continue de T dans $G^*(S,\mu)$, alors X est presque sûrement continue.

Exemple 5.2.2. Soient $X = (X_n, n \in \mathbb{N})$ une suite gaussienne à termes indépendants et $(\sigma_n, n \in \mathbb{N})$ la suite des écarts-type associés. On sait que pour que X soit p.s. majorée, il faut et il suffit qu'il existe un nombre A tel que la série de terme général $\exp[-A^2/\sigma_n^2]$ soit convergente. Supposons cette condition réalisée, il existe alors un nombre a tel que :

$$\sum_{n=0}^{\infty} \frac{1}{\exp\left[a^2/\sigma_n^2\right]-1} = 1 .$$

Dans ces conditions, sur $S = \mathbb{N}$, définissons une mesure de probabilité μ par :

$$\mu = \sum_{n=0}^{\infty} \frac{\varepsilon_n}{\exp\left[a^2/\sigma_n^2\right]-1} ,$$

une fonction aléatoire gaussienne Y par :

$$\forall m \in \mathbb{N} \quad , \quad Y_m = \frac{X_m}{\sigma_m} \quad , \quad E[Y_m^2] = 1 ,$$

une fonction f sur $S \times \mathbb{N}$ par :

$$f(m,n) = \begin{cases} 0 & \text{si } m \neq n , \\ \sigma_n[\exp(a^2/\sigma_n^2)-1] & \text{si } m = n . \end{cases}$$

On a alors :

$$\forall \omega \in \Omega , \forall n \in \mathbb{N} , X_n(\omega) = \int_{m \in S} Y_m(\omega) f(m,n) d\mu(m) , N^*(f_n) \leq 3|a| .$$

On constate donc dans ce cas, que pour que X soit p.s. majorée, il faut et il suffit que X possède une représentation intégrale du type indiqué.

Exemple 5.2.3. Pour construire des fonctions aléatoires gaussiennes très irrégulières à covariance continue, on utilise souvent la théorie des séries trigonométriques lacunaires. Les théorèmes de Szidon ([21]) montrent en effet que pour qu'une fonction aléatoire gaussienne X sur $[0,2a]$ ayant une covariance de la forme :

$$\Gamma(s,t) = \sum_n a_n^2 \sin^2(2^n s)\sin^2(2^n t) ,$$

ait des trajectoires presque sûrement continues, il faut et il suffit que la série $\sum_n |a_n|$ soit convergente, alors que Γ est continue dès que $\sum_n a_n^2$ l'est. Supposons que $\sum_n |a_n|$ soit convergente et montrons que X possède une représentation intégrale du type indiqué. Nous posons :

$$S = [0,2\pi] \quad , \quad d\mu = \frac{ds}{2\pi} \quad ,$$

$$Y(\omega,s) = \sum_n \sqrt{|a_n|}\ \lambda_n(\omega) \sin(2^n s) \ ,$$

$$f(s,t) = 2 \sum_n \sqrt{|a_n|} \sin(2^n s) \sin(2^n t) \ ,$$

où (λ_n) est une suite gaussienne normale.

Dans ces conditions, la covariance de Y est majorée par $\sum_n |a_n|$, l'application : $t \to f_t$ à valeurs dans $L^2(S,\mu)$ est faiblement continue, à fortiori dans $G^*(S,\mu)$ et on vérifie que $\int Y(\omega,s) f(s,t) d\mu(s)$ est une représentation intégrale du type indiqué d'une fonction aléatoire gaussienne ayant Γ pour covariance.

Remarque. On pourrait aussi analyser la méthode de majoration de P. Lévy pour montrer qu'en fait elle construit des représentations intégrales pour les fonctions aléatoires gaussiennes qu'elle majore.

6.

MAJORATION DE FONCTIONS ALEATOIRES GAUSSIENNES
LA METHODE DES MESURES MAJORANTES

([19])

On présente ici une forme particulière de majoration déduite des représentations intégrales 5.2.1. En effet la construction de telles représentations intégrales demande un peu d'habileté, au contraire les formules de ce paragraphe seront d'application simple.

6.1. Le théorème de majoration.

THEOREME 6.1.1.- Soient T un ensemble, X une fonction aléatoire gaussienne sur T, d l'écart défini par X sur T ; soient de plus μ une mesure de probabilité sur (T,d) et S une partie $\mathcal{J}$-mesurable de T. On suppose que X est séparable et mesurable (3.2.1.) et que :

(1) $$\mu\otimes\mu\left\{(u,v)\in S\times S\ :\ d(u,v)\neq 0\right\}>0\ ;$$

on définit une variable aléatoire Y_S par :

(2) $$Y_S = N_{\mu\otimes\mu}\left[I_S(u)I_S(v)I_{d(u,v)\neq 0}\ \frac{X(u)-X(v)}{d(u,v)}\right]\ ;$$

on note $D(S)$ le diamètre de S et on définit une fonction f_S sur T à valeurs dans $\bar{\mathbb{R}}$ par :

(3) $$f_S(t) = \int_0^{\frac{D(S)}{2}} \sqrt{\log(1+\frac{1}{\mu[B(t,u)\cap S]})}du\ .$$

Dans ces conditions, il existe une partie négligeable N telle que :

$\forall\omega\notin N,\ \forall t\in T,$

(4) $$|X(\omega,t)-\int_S X(\omega,s)\frac{d\mu(s)}{\mu(S)}| \leq 30\ Y_S(\omega)\ \limsup_{\tau\to t} f_S(\tau)\ .$$

Remarques 6.1.1. (a) La fonction $I_{d(u,v)\neq 0}\ \frac{X(u)-X(v)}{d(u,v)}$ est une fonction aléatoire gaussienne mesurable et séparable sur $T\times T$ muni de la probabilité $(\mu\otimes\mu)$; sa covariance est majorée par 1 ; Y_S est donc une variable aléatoire dont on sait évaluer la loi en fonction de S (5.1.4). L'ensemble $\{\omega : Y_S(\omega)=0\}$ est un ensemble de probabilité zéro ou un (1.2.2) ; pour qu'il soit de probabilité 1, il faudrait que :

$$E\left[\iint\left[\frac{X(u)-X(v)}{d(u,v)}\right]^2 I_{d(u,v)\neq 0}\ I_S(u)I_S(v)d\mu(u)d\mu(v)\right]=0\ .$$

Ceci est contradictoire avec l'hypothèse (1) ; il est donc de probabilité nulle. Dans ces conditions, le second membre de (4) est presque sûrement non indéterminé, fini ou non ; en particulier, si :

$$\limsup_{\tau\to t} f_S(\tau) = +\infty$$

le second membre est infini presque sûrement.

(b) La majoration (4) n'est efficace qu'aux éléments t de T tels que :

$$\limsup_{\tau\to t} f_S(\tau) < \infty ;$$

ceci exige, d'après la formule (3) qu'il existe un voisinage V de t tel que :

$$\forall \tau\in V,\ \forall u>0,\ \mu[s : d(\tau,s)<u] > 0 ,$$

c'est-à-dire que t appartienne à l'intérieur du support de la mesure $I_S.\mu$. On appliquera donc par exemple la formule (4) sans difficulté quand S est un ouvert pour la topologie de T inclus dans le support de μ ; on obtiendra alors une majoration presque sûre des restrictions à S des trajectoires de X . Si T est un ensemble fini et μ une mesure chargeant chaque point de T , l'application de (4) sera particulièrement simple.

(c) Nous dirons qu'une mesure μ sur T est une <u>mesure majorante</u> pour X sur S si :

$$\sup_{t\in S}\left[\limsup_{\tau\to t} f_S(\tau)\right] < \infty .$$

Sur un ensemble fini, toute mesure chargeant chaque point est une mesure majorante. Il résultera du dernier paragraphe que la mesure de Lebesgue sur $[0,1]^n$ est une mesure majorante pour toute fonction aléatoire gaussienne stationnaire à trajectoires presque sûrement majorées sur $[0,1]^n$. Je ne connais pas d'exemple de fonctions aléatoires gaussiennes à trajectoires presque sûrement majorées et ne possédant pas de mesure majorante. On notera que sur un ensemble fini, la fonction semi-continue inférieurement (et convexe) qui à toute mesure de probabilité μ associe $\left[\sup f_{T,\mu}(t)\right]$ atteint sa borne inférieure ; on peut alors définir des "meilleures" mesures majorantes.

6.1.2. Démonstration du théorème.

(a) Il suffit de prouver que pour tout élément τ du support de $I_S \cdot \mu$, il existe un ensemble négligeable N_τ tel que :

$$\forall \omega \notin N_\tau, \quad \left|X(\omega,\tau) - \int_S X(\omega,s)\,\frac{d\mu(s)}{\mu(S)}\right| \leq 30\; Y_S(\omega) f_S(\tau) .$$

En effet, ceci étant établi, si t appartient à l'intérieur du support de $I_S \cdot \mu$, choisissant une suite $(\tau_n, n \in \mathbb{N})$ séparante pour X et notant N_0 la partie négligeable associée (3.2.1.) à cette partie séparante, on aura :

$$\forall \omega \notin N_0 \cup \left[\bigcup_n N_{\tau_n}\right] ,$$

$$\left|X(\omega,t) - \int_S X(\omega,s)\,\frac{d\mu(s)}{\mu(S)}\right| \leq \limsup_{\tau_n \to t} \left|X(\omega,\tau_n) - \int_S X(\omega,s)\,\frac{d\mu(s)}{\mu(S)}\right| ,$$

et le résultat général s'en suivra. Nous démontrerons donc la seule propriété ci-dessus.

(b) On définit une variable aléatoire Y et une suite $(\rho_k, k \in \mathbb{N})$ de fonctions sur T en posant :

$$\forall \omega \in \Omega, \quad Y(\omega) = X(\omega,\tau) - \int_S X(\omega,s)\,\frac{d\mu(s)}{\mu(S)} ,$$

$\forall k \in \mathbb{N}, \quad \forall u \in T,$

$$\rho_k(u) = \frac{1}{\mu[B(\tau, D(S)/2^k) \cap S]} \quad \text{si} \quad u \in B(\tau, D(S)/2^k) \cap S ,$$

$\rho_k(u) = 0$ ailleurs,

de sorte que,

$$\forall k \in \mathbb{N}, \quad \int \rho_k(u)d\mu(u) = 1 .$$

De plus, pour tout entier k, nous notons Z_k la variable aléatoire :

$$\forall \omega \in \Omega, \ Z_k(\omega) = \int X(\omega,u)\rho_k(u)d\mu(u) - \int_S X(\omega,s)\frac{d\mu(s)}{\mu(S)} .$$

Le moment du second ordre de $(Z_k - Y)$ se majore facilement ; on a en effet :

$$E\left[|Z_k - Y|^2\right] = E\left\{\left[\int (X(\tau)-X(u))\rho_k(u)d\mu(u)\right]^2\right\}$$

$$= \frac{1}{\mu^2[B(\tau,D(S)/2^k)\cap S]} \iint\limits_{\substack{u\in B(\tau,D(S)/2^k)\cap S \\ v\in B(\tau,D(S)/2^k)\cap S}} E\left[(X(u)-X(\tau))(X(v)-X(\tau))\right]d\mu(u)d\mu(v),$$

et dans l'ensemble d'intégration, la fonction à intégrer est majorée par $D^2(S)/2^{2k}$; on a donc :

$$\sum_k E\left[|Z_k - Y|^2\right] \leq \sum_k D^2(S)/2^{2k} < \infty ;$$

la suite $(Z_k, k \in \mathbb{N})$ converge donc presque sûrement vers Y ; nous notons N_τ l'ensemble négligeable complémentaire de cet ensemble de convergence.

(c) Il suffit maintenant de majorer uniformément la suite $(Z_n, n \in \mathbb{N})$; les propriétés de la suite $(\rho_k, k \in \mathbb{N})$ montrent que l'on a :

$$\forall n \in \mathbb{N}, \ \forall \omega \in \Omega,$$

$$2\, Z_n(\omega) = \iint\limits_{\substack{u\in S, v\in S \\ d(u,v)\neq 0}} \left[\frac{X(\omega,u)-X(\omega,v)}{d(u,v)}\right] \sum_{k=1}^{n} d(u,v)\left[\rho_k(u)\rho_{k-1}(v)-\rho_{k-1}(u)\rho_k(v)\right]d\mu(u)d\mu(v) ;$$

la définition de Y_S implique donc :

$$\forall n \in \mathbb{N}\ ,\ \forall \omega \in \Omega,$$

$$|Z_n(\omega)| \leq \frac{1}{2}\, Y_S(\omega) N^*_{\mu\otimes\mu}\Big[d(u,v) I_S(u) I_S(v) I_{d(u,v)\neq 0} \sum_1^n (\rho_k(u)\rho_{k-1}(v) - \rho_{k-1}(u)\rho_k(v))\Big]$$

et on aura démontré le théorème quand on aura majoré le dernier facteur du second membre par 60 $f_S(\tau)$.

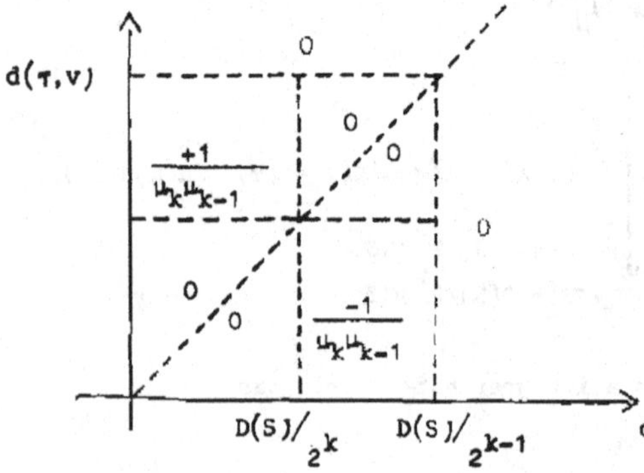

(d) Posons pour simplifier :

$\forall k \geq 0,\ \mu_k = \mu[B(\tau, D(S)/2^k) \cap S]$; l'étude du support de $\rho_k(u)\rho_{k-1}(v) - \rho_{k-1}(u)\rho_k(v)$ et l'inégalité triangulaire appliquée à N^* et à d montrent que :

$$N^*_{\mu\otimes\mu}\Big[d(u,v) I_S(u) I_S(v) I_{d(u,v)\neq 0} \sum_1^n (\rho_k(u)\ \rho_{k-1}(v) - \rho_{k-1}(u)\rho_k(v))\Big] \leq 2 \sum_1^n N^*_{\mu\otimes\mu}(g_k),$$

où les g_k valent $(3D(S)/2^k \mu_k\mu_{k-1})$ dans leurs supports qui ont pour mesures respectives $\mu_k(\mu_{k-1} - \mu_k)$. Par suite, on déduit du théorème 5.1.2. (d) :

$$\frac{1}{3} N^*_{\mu\otimes\mu}(g_k) \leq \frac{3D}{2^k}\, \frac{\mu_{k-1} - \mu_k}{\mu_{k-1}} \sqrt{\log\Big(1 + \frac{1}{\mu_k(\mu_{k-1} - \mu_k)}\Big)}\ ;$$

Le sens de variation de la fonction : $x \to x\sqrt{\log\big(1 + \frac{1}{\mu_k\mu_{k-1}x}\big)}$ montre que :

$$\frac{1}{3} N^*_{\mu\otimes\mu}(g_k) \leq \frac{3D}{2^k}\sqrt{\log\Big(1 + \frac{1}{\mu_k\mu_{k-1}}\Big)} \leq \frac{3D\sqrt{2}}{2^k}\sqrt{\log\Big(1 + \frac{1}{\mu_k}\Big)}\ .$$

En majorant la série par l'intégrale associée, on en déduit :

$$N^*_{\mu\otimes\mu}\left[d(u,v)I_S(u)I_S(v)I_{d(u,v)\neq 0}\sum_1^n(\rho_k(u)\rho_{k-1}(v)-\rho_{k-1}(u)\rho_k(v))\right]$$

$$\leq 36\sqrt{2}\int_0^{\frac{1}{2}D(S)}\sqrt{\log\left(1+\frac{1}{\mu[B(\tau,u)\cap S]}\right)}du\ ;$$

c'est le résultat annoncé.

Remarques : La démonstration montre que dans le cas où T est dénombrable, on peut substituer au second membre de (4) la quantité plus simple $[30\ Y_S(\omega)f_S(t)]$.

On remarquera aussi que la condition (1) du théorème 6.1.1. signifie que la restriction de $\mu\otimes\mu$ à $S\times S$ n'est pas portée par un seul atome ; dans le cas contraire, majorer X sur S à partir de μ revient à majorer une seule variable aléatoire et n'a donc pas d'intérêt.

Nous énonçons sans démonstration un résultat particulier quand $S=T$.

COROLLAIRE - Soient T un ensemble, X une fonction aléatoire gaussienne sur T et d l'écart associé ; on suppose que X est séparable. Soit de plus μ une mesure de probabilité sur T telle que :

$$\iint\Gamma(s,t)d\mu(s)d\mu(t)=0\ .$$

Dans ces conditions, pour que les trajectoires de X soient presque sûrement majorées sur T, il suffit que

$$\sup_{t\in T}\int_0^{\frac{D(T)}{2}}\sqrt{\log\left(1+\frac{1}{\mu(B(t,u))}\right)}\,du<\infty\ ,$$

et on a alors :

$$\sup_{t\in T}\left|\frac{X(\omega,t)}{\limsup_{\tau\to t}\int_0^{\frac{D(T)}{2}}\sqrt{\log\left(1+\frac{1}{\mu[B(\tau,u)]}\right)}\,du}\right| = Y(\omega)$$

où la loi de Y vérifie :

$$\forall x > \sqrt{2+\frac{1}{\log 2}}\ ,\ P[Y>30x] \leq x\sqrt{e\log 2}\ \ 2^{-\frac{x^2}{2}} .$$

6. 2. Etude des accroissements, continuité.

L'application du théorème 6.1.1. à $T\times T$ permet d'évaluer les accroissements de X ; nous utiliserons les notations suivantes :

$$T' = T\times T \quad , \quad \mu' = \mu\otimes\mu \quad , \quad X'(u,v) = X(u)-X(v) \quad , \quad d' = d_{X'} \quad .$$

THEOREME 6.2.1.- Soient T un ensemble, X une fonction aléatoire gaussienne sur T et d l'écart associé à X sur T ; soient de plus μ une mesure de probabilité sur T non concentrée sur un seul atome ; on suppose X séparable et mesurable. Pour tout $\epsilon > 0$, on définit une variable aléatoire Y_ϵ par :

$$Y_\epsilon = N_{(\mu\otimes\mu)\otimes(\mu\otimes\mu)}\left[\frac{X'(u,v)-X'(u',v')}{d(u,v;u',v')}\, I_{d(u,v;u',v')\neq 0}\ I_{d(u,u')<2\epsilon}\ I_{d(v,v')<2\epsilon}\right]$$

Dans ces conditions, il existe une partie négligeable N telle que :

$\forall\omega\notin N,\ \forall\varepsilon>0,\ d(t,t')<\varepsilon \Rightarrow$

$$|X(\omega,t)-X(\omega,t')| \le 120\ Y_\varepsilon(\omega)\Big\{\limsup_{\tau\to t}\int_0^{d(t,t')}\sqrt{\log\Big(1+\frac{1}{\mu[B(\tau,u)]}\Big)}\,du$$

$$+\limsup_{\tau\to t'}\int_0^{d(t,t')}\sqrt{\log\Big(1+\frac{1}{\mu[B(\tau,u)]}\Big)}\,du\Big\}\ .$$

Démonstration : Pour tout $\varepsilon>0$, nous posons :

$$S' = S'(\varepsilon) = \{(t,t')\in T' ;\ d(t,t')<2\varepsilon\}\ ;$$

notons que le d'-diamètre de S' est inférieur à 4ε. Choisissons un élément (t,t') de T' tel que $d(t,t')$ soit inférieur à ε. L'application du théorème précédent permet de construire un ensemble négligeable $N(\varepsilon\,;\,t,t')$ tel que :

$\forall\omega\notin N(\varepsilon\,;\,t,t')$,

$$|X(\omega,t)-X(\omega,t')| \le 30\ Y_\varepsilon(\omega)\int_0^{2\varepsilon}\sqrt{\log\Big(1+\frac{1}{\mu'[B(t,t'\,;u)]}\Big)}\,du\ .$$

Utilisant les relations liant d et d', μ et μ', on en déduit :

$$|X(\omega,t)-X(\omega,t')| \le 120\ Y_\varepsilon(\omega)\Big[\int_0^{\frac{\varepsilon}{2}}\Big(\sqrt{\log\Big(1+\frac{1}{\mu[B(t,u)]}\Big)}+\sqrt{\log\Big(1+\frac{1}{\mu[B(t',u)]}\Big)}\Big)\,du\Big]\ .$$

Introduisant alors une suite $(\tau_n,\ n\in\mathbb{N})$ séparante dans T, N_0 l'ensemble négligeable associé à cette suite séparante et $(\varepsilon_n, n\in\mathbb{N})$ une suite partout dense sur $]0,D(T)]$, on obtient le résultat du théorème en posant :

$$N = N_0 \cup \Big[\bigcup_{n,m,p} N(\varepsilon_n\,;\,t_m,t_p)\Big]\ .$$

COROLLAIRE 6.2.2.- Sous les mêmes hypothèses, il existe une variable aléatoire $\epsilon = \epsilon(\omega)$ presque sûrement strictement positive telle que :

$$d(t,t') < \epsilon(\omega) \Rightarrow$$

$$|X(\omega,t)-X(\omega,t')| \leq 170\Big[\limsup_{\tau\to t} \int_0^{d(t,t')} \sqrt{\log(1+\frac{1}{\mu(B(\tau,u))})}\, du$$

$$+ \limsup_{\tau\to t'} \int_0^{d(t,t')} \sqrt{\log(1+\frac{1}{\mu(B(\tau,u))})}\, du\Big]$$

Démonstration du corollaire : Le résultat se déduit immédiatement du théorème 6.2.1. et de la propriété 5.1.4. (c) ; en effet quand ϵ tend vers zéro,

$$(\mu\otimes\mu)\otimes(\mu\otimes\mu)[d(u,u')<2\epsilon, d(v,v')<2\epsilon, d'(u,u';v,v') \neq 0]$$

tend aussi vers zéro si bien qu'on a :

$$\limsup_{\epsilon\downarrow 0} Y_\epsilon(\omega) = \sqrt{2} \text{ p.s.}$$

COROLLAIRE 6.2.3.- Soient T un ensemble, X une fonction aléatoire gaussienne sur T et d l'écart défini par X sur T ; on suppose que X est d-séparable. Dans ces conditions, pour que les trajectoires de X soient presque sûrement continues sur T, il suffit qu'il existe une mesure de probabilité majorante μ sur T telle que :

$$\lim_{\epsilon\to 0} \sup_{t\in T} \int_0^{\epsilon} \sqrt{\log(1+\frac{1}{\mu(B(t,u))})}\, du = 0 .$$

De plus, il existe alors une variable aléatoire $\epsilon = \epsilon(\omega)$ presque sûrement strictement positive telle que :

$d(t,t') < \varepsilon(\omega) \Rightarrow$

$$|X(\omega,t)-X(\omega,t')| \leq 340 \sup_{\tau\in T} \int_0^{d(t,t')} \sqrt{\log(1+\frac{1}{\mu[B(\tau,u)]})}\, du .$$

COROLLAIRE 6.2.4.- ([3]). Soient T un ensemble, X une fonction aléatoire gaussienne sur T et d l'écart défini par X sur T ; on suppose que X est d-séparable. Pour tout $h>0$, on note $N(h)$ le nombre minimal de d-boules de rayon h recouvrant T. Dans ces conditions, pour que les trajectoires de X soient presque sûrement continues, il suffit que la série de terme général $\sqrt{\log(N(2^{-n}))}$ soit convergente. De plus, il existe alors une variable aléatoire $\varepsilon=\varepsilon(\omega)$ presque sûrement strictement positive telle que :

$d(t,t')<\varepsilon(\omega) \Rightarrow$

$$|X(\omega,t)-X(\omega,t')| \leq 680 \int_0^{d(t,t')} \sqrt{\log(1+\frac{N(u)}{u})}\, du .$$

C'est le cas si l'exposant d'entropie de T est strictement inférieur à 2 .

Démonstration du corollaire 6.2.4. Pour tout entier $n>0$, notons S_n la famille minimale des centres des boules de rayon 2^{-n} recouvrant T et défonissons une probabilité μ sur T par :

$$\mu = \sum_n \frac{1}{2^n} \sum_{s\in S_n} \frac{\varepsilon_s}{N(2^{-n})} ;$$

on aura alors pour tout élément τ de T et tout entier n :

$$2^{-(n+1)} < u \leq 2^{-n} \Rightarrow \mu[B(\tau,u)] \geq 2^{-(n+1)} \frac{1}{N(2^{-(n+1)})} .$$

On en déduit :

$$\int_0^{2^{-n}} \sup_{\tau\in T}\sqrt{\log(1+\frac{1}{\mu[B(\tau,u)]})}\,du \le \sum_{k=n+1}^{\infty} \frac{1}{2^k}\sqrt{\log(1+2^k N(2^{-k}))} \;;$$

Sous l'hypothèse indiquée, la série dont le reste d'ordre n figure au second membre est convergente ; le corollaire 6.2.3. montre donc que les trajectoires de X sont presque sûrement d-continues. Plus précisément, on a alors, pour tout $h>0$:

$$\sup_{\tau\in T}\int_0^h \sqrt{\log(1+\frac{1}{\mu[B(\tau,u)]})}\,du \le 2\int_0^h \sqrt{\log(1+\frac{N(u)}{u})}\,du \,,$$

et l'inégalité annoncée s'ensuit.

COROLLAIRE 6.2.5.- <u>Soient</u> $T=[0,1]^n$, X <u>une fonction aléatoire gaussienne séparable sur</u> T <u>à covariance continue pour la topologie usuelle ; soit de plus</u> φ <u>une fonction strictement croissante sur</u> $\mathbb{R}^+$ <u>continue telle que</u> :

$$\forall (s,t)\in T\times T,\; d_X(s,t)\le \varphi(|s-t|) \,.$$

<u>On suppose que l'intégrale</u> $\int^{\infty}\varphi(e^{-x^2})\,dx$ <u>est convergente. Dans ces conditions, les trajectoires de</u> X <u>sont presque sûrement continues et il existe une variable aléatoire</u> $\varepsilon=\varepsilon(\omega)$ <u>presque sûrement strictement positive telle que</u> :

$|s-t|<\varepsilon(\omega) \Rightarrow$

$$|X(\omega,s)-X(\omega,t)| \le 550\Big[\varphi(|s-t|)\sqrt{\log\frac{1}{|s-t|}} + \int_{\sqrt{\log\frac{1}{|s-t|}}}^{\infty} \varphi(e^{-v^2})\,dv\Big]\sqrt{n} \,.$$

<u>Démonstration du corollaire</u> : Puisque la covariance de X est continue, la mesure de Lebesgue μ sur $[0,1]^n$ est une mesure de probabilité sur (T,d_X) et pour montrer la continuité des trajectoires, il suffit d'établir leur d_X- continuité.

Notons Ψ la fonction inverse de φ ; alors pour tout élément t de T et tout élément u de $]0,\varphi(\frac{1}{2})[$, on a :

$$\mu[B(t,u)] \geq \mu[s : \varphi(|s-t|<u] \geq [\Psi(u)]^n ;$$

on en déduit pour tout $h \in]0,\varphi(\frac{1}{2})[$:

$$\int_0^h \sup_{\tau\in T}\sqrt{\log(1+\frac{1}{\mu[B(\tau,u)]}}\,du \leq \sqrt{n} \sup_{0<u<h} \frac{\sqrt{\log(1+\frac{1}{\Psi(u)}}}{\sqrt{\log(\frac{1}{\Psi(u)})}} \int_0^h \sqrt{\log(\frac{1}{\Psi(u)})}\,du$$

le second membre se majore par :

$$\sqrt{n}\ \frac{\log 3}{\log 2}\left[h\sqrt{\log \frac{1}{\Psi(h)}} + \int_{\sqrt{\log \frac{1}{\Psi(h)}}}^{\infty} \varphi(e^{-v^2})dv \right] .$$

Le corollaire 6.2.5. résulte alors immédiatement de 6.2.3.

<u>Remarques</u>. Le corollaire 6.2.4. établit le résultat de Dudley [3] annoncé en 4.1.1., il a eu une importance majeure pour le développement de l'étude de la régularité des trajectoires des fonctions aléatoires gaussiennes. C'était en effet le premier résultat qui faisait intervenir la géométrie définie sur T par l'écart d ; c'est donc lui qui a donné naissance au cadre d'étude développé dans ce cours.

Le corollaire 6.2.5. compare les majorations obtenues par la méthode de Lévy et celles obtenues par la méthode des mesures majorantes : les mesures majorantes fournissent des majorations ayant un champ d'application plus vaste et un "ordre de grandeur" au moins aussi fin. Par contre, quand la covariance est assez régulière, la méthode de Lévy donne des majorations plus précises pour le terme "principal". On pourrait obtenir la même précision et améliorer la méthode des mesures majorantes en décomposant X en une partie régulière étagée et un reste auquel on appliquerait cette méthode.

7.

MINORATIONS DES FONCTIONS ALEATOIRES GAUSSIENNES

([9] , [8])

7.1. Méthodes de minoration.

7.1.1. Dans les chapitres 4, 5 et 6, on a énoncé des majorations de fonctions aléatoires gaussiennes et donc des conditions suffisantes de régularité de leurs trajectoires. On étudie maintenant des minorations et donc des conditions nécessaires de régularité. La démarche comporte deux étapes : construire des exemples de fonctions aléatoires gaussiennes dont on sache mesurer l'irrégularité, utiliser les propriétés de comparaison de 2. pour mesurer l'irrégularité de classes plus larges. Dans ce domaine, les résultats restent fragmentaires et ne permettent des caractérisations que dans le cas particulier stationnaire. Encore, dans ce cas, sait-on minorer le module de continuité locale, mais non pas le module de continuité uniforme.

Pendant plusieurs années, les exemples efficaces de fonctions aléatoires gaussiennes irrégulières ont été construits à partir des séries trigonométriques lacunaires (Exemple 5.2.3) [7], [18]. Ces exemples ont permis à Marcus et Shepp de caractériser la continuité des trajectoires des processus gaussiens stationnaires X sur $\mathbb{R}^n$ dont l'écart associé $d_X(s,t)$ est une fonction croissante de $|s-t|$. En fait, nous ne les utiliserons pas ici, d'autres exemples s'étant révélés plus efficaces dans le cas fini, le cas non stationnaire et même le cas stationnaire.

THEOREME 7.1.2.- <u>Soient</u> A <u>un ensemble fini et</u> $T = \mathcal{P}(A)$ <u>l'ensemble de ses parties ; soient de plus</u> μ <u>une mesure positive bornée sur</u> A <u>et</u> $(\lambda_a, a \in A)$ <u>une suite gaussienne normale. On considère une fonction aléatoire gaussienne</u> X <u>sur</u> T <u>définie par</u> :

$$\forall (s,t) \in T \times T,\ \Gamma_X(s,t) = \int_{a \in s \cap t} d\mu(a) .$$

<u>Dans ces conditions, on a</u> :

$$E\left[\sup_T X\right] = \frac{1}{\sqrt{2\pi}} \sum_{a \in A} \sqrt{\mu\{a\}} .$$

<u>Démonstration</u> : Puisque A et T sont finis, il existe une fonction f sur A telle que :

$$\mu = \sum_{a \in A} f^2(a)\, \varepsilon_a \ , \quad X(t) = \sum_{a \in t} \lambda_a f(a) \ ; \quad \forall a \in A,\ f(a) \geq 0 .$$

Soit ω un élément arbitraire de l'espace d'épreuves ; associons-lui les deux parties $t^+(\omega)$ et $t^-(\omega)$ de A définies par :

$$a \in t^+(\omega) \Leftrightarrow \lambda_a(\omega) \geq 0 \ , \quad a \in t^-(\omega) \Leftrightarrow \lambda_a(\omega) < 0 .$$

On aura alors :

$$\sum_{a \in A} |\lambda_a(\omega)| f(a) \geq \sup_{(s,t) \in T \times T} [X(\omega,s) - X(\omega,t)] \geq X(\omega,t^+(\omega)) - X(\omega,t^-(\omega)) = \sum_{a \in A} |\lambda_a(\omega)| f(a).$$

On en déduit en intégrant :

$$E\Big[\sup_T X\Big] = \frac{1}{2} E\Big[\sup_{(s,t)\in T\times T}[X(s)-X(t)]\Big] = \frac{1}{\sqrt{2\pi}} \sum_{a\in A} f(a),$$

c'est le résultat.

Remarque : On pourra constater qu'on a déjà utilisé une forme réduite du théorème 7.1.2. dans la démonstration de la minoration de Sudakov ; en effet, considérer sur un ensemble fini l'écriture binaire de ses éléments, c'est y construire des sous-ensembles homéomorphes à des ensembles de parties :

COROLLAIRE 7.1.4 - Soient T un ensemble fini de cardinal 2^p et $(\varphi_k, k\in K, K=[1,p])$ une numération binaire de T ; on définit une fonction aléatoire gaussienne X sur T à partir d'une suite gaussienne normale $(\lambda_k, k\in K)$ et d'une famille de nombres $(a_k, k\in K)$ par la relation :

$$\forall t\in T,\ X(t) = \sum_{k\in K} a_k\, \varphi_k(t)\, \lambda_k .$$

Dans ces conditions, on a

$$E\Big[\sup_T X\Big] = \frac{1}{\sqrt{2\pi}} \sum_{k\in K} |a_k| .$$

7.2. Le théorème de minoration

7.2.1. Les minorations que nous allons déduire de l'exemple 7.1.3. utiliseront la géométrie définie sur l'ensemble T par l'écart d associé à une fonction aléatoire gaussienne X sur T. Nous avons déjà utilisé des notions relativement grossières de ce type pour l'exploitation de la minoration de Sudakov ; les nombres notés $N(\delta)$, $M(\delta)$, $r(T)$ analysent en effet un éparpillement global de T

pour l'écart d. Au contraire, nous introduisons des notions analysant localement l'éparpillement de T.

Pour toute partie S de T et tout nombre $\delta > 0$, on notera $N(S,\delta)$ le nombre minimal de d-boules ouvertes de rayon δ recouvrant S. $M(S,\delta)$ désignera le nombre maximal de d-boules ouvertes de rayon δ centrées dans S et disjointes dans T ; on notera $B(S,\delta)$ la réunion $\bigcup_{s \in S} B(s,\delta)$.

Pour tout élément t de T, tout nombre $\delta > 0$, tout nombre $q \geq 2$ et tout entier n, on notera $K(t,\delta,n,q)$ le nombre maximal de d-boules ouvertes de rayon δq^{-n} centrées dans $B(t,\delta q^{-(n-1)})$ et disjointes dans T. Pour toute partie S de T, on notera $K(S,\delta,n,q)$ la borne inférieure sur $B(S,\delta)$ de $K(t,\delta,n,q)$. On notera que si les trajectoires de X sont presque sûrement majorées sur T, tous ces nombres sont finis (minoration de Sudakov) ; on va préciser ce résultat :

THEOREME 7.2.2.- Supposons que X soit presque sûrement majoré sur T ; dans ces conditions, pour toute partie S de T, tout nombre $\delta > 0$, tout nombre $q \geq 2$, on a :

$$\frac{\delta}{8\sqrt{2\pi}}\left[\sqrt{\operatorname{Ent}\log_2 M(S,\delta)} + \sum_{n=1}^{\infty} \frac{1}{q^n}\sqrt{\operatorname{Ent}\log_2 K(S,\delta,n,q)}\right] \leq E\left[\sup_T X\right].$$

En particulier, toutes les séries du premier membre sont convergentes.

Remarque : La minoration de Sudakov correspond au seul premier terme du premier membre ; l'énoncé actuel l'améliore. Par ailleurs $K(S,\delta,n,q)$ n'est pas nécessairement une fonction croissante de S ; la seule minoration pour $S = T$ serait dont éventuellement moins fine que la minoration énoncée.

La démonstration du théorème procédera en trois étapes : construire une famille de parties S_n de T bien adaptées à l'écart d, construire une famille de fonctions aléatoires gaussiennes $(Y_n, n \in \mathbb{N})$ sur les parties $(S_n, n \in \mathbb{N})$ définissant des distances comparables à d, conclure à partir du lemme de Slépian et du calcul effectif de $E[\sup_{S_n} Y_n]$.

7.2.3. <u>Première étape, construction de</u> $(S_n, n \in \mathbb{N})$.

Soient S, δ et q vérifiant les conditions de l'énoncé ; nous construisons la suite $(S_n, n \in \mathbb{N})$ par récurrence :

• S_0 est incluse dans S, les boules de rayon δ centrées dans S_0 sont disjointes dans T, le cardinal de S_0 est une puissance entière 2^{p_0} ; S_0 est maximale sous ces conditions de sorte que p_0 est égal à $\mathrm{Ent}\, \log_2 M(S, \delta)$.

• Pour tout entier positif n, à tout élément s de S_{n-1}, on associe une famille $S(n,s)$ de centres de boules de rayon δq^{-2n} centrées dans $B(s, \delta q^{-(2n-1)})$ disjointes dans T ayant pour cardinal 2^{p_n} où p_n est égal à $\mathrm{Ent}\, \log_2 K(S, \delta, 2n, q)$; S_n est la réunion $\bigcup_{s \in S_{n-1}} S(n,s)$.

Remarquons que si $t \in S(n,s)$, la boule $B(t, \delta q^{-2n})$ est incluse dans $B(s, \delta q^{-(2n-2)})$; on en déduit par récurrence que les boules $\{B(t, \delta q^{-2n}), t \in S_n\}$ sont disjointes. Il en résulte aussi qu'on peut construire une application Ψ_{n-1}^n de S_n dans S_{n-1} par la relation :

$$\Psi_{n-1}^n(t) = s \Leftrightarrow t \in S(n,s) .$$

Nous noterons Ψ_k^n l'application composée $\Psi_k^{k+1} \circ \ldots \circ \Psi_{n-1}^n$ de S_n dans S_k $(k \leq n)$.

La construction est fabriquée pour qu'on puisse évaluer l'écart de deux éléments t, t' de S_n à partir des applications Ψ^n_k. Notons d'abord que $d(t, \Psi^n_{n-1}(t))$ étant majoré par $\delta q^{-(2n-1)}$, $d(t, \Psi^n_k(t))$ sera inférieur ou égal par l'inégalité triangulaire à $\frac{2}{3} \delta q^{-2k}$. Supposons alors que $\Psi^n_k(t)$ et $\Psi^n_k(t')$ soient différents ; les boules $B(t, \frac{1}{3} \delta q^{-2k})$ et $B(t', \frac{1}{3} \delta q^{-2k})$ seront respectivement incluses dans des boules disjointes ; elles seront elles-même disjointes si bien que $d(t, t')$ sera supérieur à $\frac{1}{3} \delta q^{-2k}$.

7.2.4. Deuxième étape, construction des fonctions aléatoires gaussiennes $(Y_n, n \in \mathbb{N})$.

Pour tout entier n, nous allons construire une fonction aléatoire gaussienne Y_n sur S_n par récurrence.

● A l'ensemble S_0 de cardinal 2^{P_0}, nous associons une numération binaire $(\varphi^0_k, 1 \leq k \leq p_0)$ et une suite gaussienne normale $(\lambda^0_k, 1 \leq k \leq p_0)$ de même index et nous posons :

$$\forall t \in S_0 \ , \ Y_0(t) = \frac{\delta}{4\sqrt{P_0}} \sum_{j=1}^{P_0} \varphi^0_j(t) \, \lambda^0_j \ .$$

● Pour tout entier positif n, utilisant le fait que le cardinal de $S(n,s)$ est indépendant de s dans S_{n-1}, nous définissons une suite $(\varphi^n_k, 1 \leq k \leq p_n)$ de fonctions sur S_n coïncidant sur chaque $S(n,s)$ avec une numération binaire ; nous lui associons une suite gaussienne normale $(\lambda^n_k, 1 \leq k \leq p_n)$ de même index et indépendante de Y_{n-1} et nous posons :

$$\forall t \in S_n \ , \ Y_n(t) = Y_{n-1}(\Psi^n_{n-1}(t)) + \frac{\delta}{4 q^{2n}\sqrt{P_n}} \sum_{j=1}^{P_n} \varphi^n_j(t) \, \lambda^n_j \ .$$

On peut comparer les écarts définis sur S_n par X et Y_n. Prenons en effet deux éléments t, t' de S_n et supposons que les $\Psi_j^n(t)$, $\Psi_j^n(t')$, $k \leq j \leq n$, soient différents et que k soit nul ou que $\Psi_{k-1}^n(t) = \Psi_{k-1}^n(t')$. On aura alors :

$$E[\,|Y_n(t) - Y_n(t')|^2] = \sum_{\ell=k}^{n} \frac{\delta^2}{16q^{4\ell} p_\ell} \sum_{j=1}^{p_\ell} |\varphi_j^\ell \circ \Psi_\ell^n(t) - \varphi_j^\ell \circ \Psi_\ell^n(t')|^2$$

Cette somme se majore par $\frac{\delta^2}{15q^{4k}}$, elle est donc inférieure ou égale à $E[\,|X(t) - X(t')|^2]$ qui est supérieur (7.2.3) à $\frac{\delta^2}{9q^{4k}}$.

7.2.5. Troisième étape, calcul de $E[\sup_{S_n} Y_n]$, conclusion.

Pour tout élément t de S_n, on a par construction :

$$Y_n(t) = \sum_{k=0}^{n} \sum_{j=1}^{p_k} \frac{\delta}{4q^{2k}\sqrt{p_k}} \varphi_j^k \circ \Psi_k^n(t) \lambda_j^k .$$

Par construction aussi, la suite $(\varphi_j^k \circ \Psi_k^n,\ 1 \leq j \leq p_k,\ 0 \leq k \leq n)$ est une numération binaire de S_n. Le corollaire 7.1.3. permet donc d'écrire :

$$E[\sup_{S_n} Y_n] = \frac{1}{\sqrt{2\pi}} \sum_{k=0}^{n} \frac{\delta}{4q^{2k}} \sqrt{p_k} .$$

D'après 7.2.4, on en déduit :

$$E[\sup_T X] \geq \frac{\delta}{4\sqrt{2\pi}} \left[\sqrt{\text{Ent } \log_2 M(S,\delta)} + \sum_{k=1}^{\infty} \frac{1}{q^{2k}} \sqrt{\text{Ent } \log_2 K(S,\delta,2k,q)} \right] .$$

En substituant $\frac{\delta}{q}$ à δ , on obtient aussi :

$$E\left[\sup_T X\right] \geq \frac{\delta}{4\sqrt{2\pi}} \sum_{k=1}^{\infty} \frac{1}{q^{2k-1}} \sqrt{\text{Ent} \log_2 K(S,\delta,2k-1,q)} \; .$$

Le résultat annoncé s'ensuit en additionnant.

Remarques 7.2.6. Nous ne détaillons pas les minorations de $E[\sup_{d(t,t_0)<\delta} |X(t)-X(t_0)|]$ qui se déduisent immédiatement du théorème 7.2.2.

Remarquons pourtant que pour minorer efficacement $E[\sup_{d(t,s)<\delta} (X(t)-X(s))]$, il faudrait utiliser les nombres liés à la géométrie de $T\times T$, puis les exprimer en fonction de ceux qui sont liés à la géométrie de T . De tels calculs seraient intéressants pour minorer les modules de continuité uniforme. Ils restent à faire.

8.

REGULARITE DES FONCTIONS ALEATOIRES GAUSSIENNES STATIONNAIRES SUR $\mathbb{R}^n$ A COVARIANCE CONTINUE

([8])

8.1 Les résultats énoncés en 6 et 7 permettent d'écrire des conditions nécessaires et suffisantes pour que les trajectoires d'une fonction aléatoire gaussienne stationnaire (ou à accroissements stationnaires) soient presque sûrement majorées sur toute partie bornée de $\mathbb{R}^n$ ou soient presque sûrement continues sur $\mathbb{R}^n$, d'évaluer aussi l'ordre de grandeur du maximum. Nous présentons ici la solution de ces problèmes posés il y a une vingtaine d'années par Kolgomorof et résolus l'an dernier par moi-même grâce aux contributions principales de Belyaev Delporte, Dudley et Marcus.

THEOREME 8.1.1.- Soit X une fonction aléatoire gaussienne centrée séparable stationnaire sur $\mathbb{R}^n$ à covariance continue. Pour que X soit presque sûrement majorée sur toute partie bornée T de $\mathbb{R}^n$, il faut et il suffit qu'il existe un nombre $q>1$ et un voisinage V de l'origine dans $\mathbb{R}^n$ pour la topologie usuelle tels que la série $\sum_k \frac{1}{q^k}\sqrt{\log N(V,q^{-k})}$ soit convergente. Les trajectoires de X sont alors presque sûrement continues.

Remarques. 1) Des contre-exemples montrent qu'il est exclu qu'un tel résultat soit vrai pour les processus non stationnaires.

2) Pour tout nombre $\delta>0$ et tout nombre $q>1$, la convergence de la série $\sum \frac{1}{q^k}\sqrt{\log N(\delta\, q^{-k})}$ est équivalente à celle de l'intégrale $\int_0 \sqrt{\log N(x)}dx$; toutes ces séries ont donc même nature.

3) La compacité locale de $\mathbb{R}^n$ et la stationnarité de X montrent de même que les séries associées à deux ensembles T_1, T_2 possédant des points intérieurs ont même nature.

4) La compacité locale de $\mathbb{R}^n$ montre aussi que pour que X soit presque sûrement majoré sur toute partie bornée T de $\mathbb{R}^n$, il faut et il suffit qu'il le soit sur au moins un voisinage de l'origine. Pour démontrer le théorème, compte tenu des résultats énoncés en 6., il suffit donc de prouver que si X est presque sûrement majoré sur un voisinage V de l'origine bien choisi, il existe un nombre $\delta>0$ tel que la série $\sum_k \frac{1}{4^k}\sqrt{\log N(V,\delta 4^{-k})}$ soit convergente.

8.1.2. Pour la démonstration du théorème, nous procéderons en deux étapes : dans la première étape, nous réduirons le cas général à une situation plus simple où nous saurons mieux comparer la topologie usuelle et la topologie définie par l'écart d associé à X ; nous démontrerons ensuite le théorème dans ce cas simple.

<u>Démonstration du théorème, première étape</u> : Puisque X est stationnaire sur $\mathbb{R}^n$, les boules $B_{\mathbb{R}^n}(t,\delta)$ définies par d sur $\mathbb{R}^n$ sont stables par translation ; ce n'est pas nécessairement le cas pour les traces $B_T(t,\delta)$ de ces boules sur une partie T de $\mathbb{R}^n$. La situation générale se simplifie pourtant si X est périodique dans n directions et si T est un bloc-période à condition de définir correctement les translations ; elle se simplifie aussi si l'écart d est une fonction continue croissante de la distance usuelle et si le rayon δ et le vecteur de translation sont assez petits relativement à la position de t dans l'intérieur de T ; nous allons montrer qu'elle se simplifie aussi si l'ensemble fermé $O_d = \{x : d(0,x) = 0\}$ ne contient aucun sous-espace vectoriel différent de $\{0\}$:

LEMME 8.1.2.- <u>Soit</u> X <u>une fonction aléatoire gaussienne stationnaire sur</u> $\mathbb{R}^n$ <u>à covariance continue ; on suppose que</u> O_d <u>ne contient aucun sous-espace vectoriel différent de</u> $\{0\}$. <u>Dans ces conditions, il existe deux nombres</u> $\ell > 0$, $\delta_0 > 0$ <u>tels que pour tout nombre</u> $\delta < \delta_0$, <u>les traces sur</u> $[-\ell, +\ell]^n$ <u>des boules</u> $B(t,\delta)$ <u>centrées dans</u> $B([-\frac{\ell}{8}, +\frac{\ell}{8}]^n, \delta_0) \cap [-\ell, +\ell]^n$ <u>soient stables par translation.</u>

<u>Démonstration du lemme</u> 8.1.2. : L'ensemble O_d est un sous-groupe additif fermé de $\mathbb{R}^n$; puisqu'il ne contient aucun sous-espace vectoriel différent de $\{0\}$, l'origine y est isolée dans la topologie usuelle ; choisissons $\ell > 0$ tel que :

$$[-2\ell, +2\ell]^n \cap O_d = \{0\} .$$

Pour tout couple (s,t) de $[-\ell, +\ell]^n$ tel que $d(s,t)$ soit nul, $(t-s)$ appartiendra à $[-2\ell, +2\ell]^n \cap O_d$ si bien que t sera égal à s ; dans ces conditions, l'écart d définit sur le compact $[-\ell, +\ell]^n$ une structure uniforme séparée moins fine que la structure uniforme usuelle et donc équivalente ; il existe donc un nombre δ_0 tel que :

$$|s| \leq \ell \ , \ |t| \leq \ell \ , \ d(s,t) < \delta_0 \Rightarrow |s-t| < \frac{\ell}{8} \ .$$

Pour vérifier que le couple (ℓ,δ_0) possède les propriétés indiquées, nous considérons un nombre $\delta < \delta_0$, un couple (s,t) d'éléments de $B([-\frac{\ell}{8},+\frac{\ell}{8}]^n, \delta_0) \cap [-\ell,+\ell]^n$, un élément u de $B(s,\delta) \cap [-\ell,+\ell]^n$ et nous montrons que $(u+t-s)$ appartient à $B(t,\delta) \cap [-\ell,+\ell]^n$; par la stationnarité, il suffit de montrer qu'il appartient à $[-\ell,+\ell]^n$. Nous majorons pour cela $|u+t-s|$ par $|u-s| + |t|$ et nous notons t' un élément de $[-\frac{\ell}{8}, +\frac{\ell}{8}]^n$ appartenant à $B(t,\delta_0)$.

On a alors :

$$d(t,t') < \delta_0 \ , \quad |t| \leq \ell \ , \quad |t'| \leq \ell \ ,$$
$$d(s,u) < \delta_0 \ , \quad |s| \leq \ell \ , \quad |u| \leq \ell \ ;$$

la définition de δ_0 montre donc que $|t-t'|$ et $|s-u|$ sont majorés par $\frac{\ell}{8}$ on a donc :

$$|u+t-s| \leq |t'| + |t-t'| + |s-u| \leq \frac{3\ell}{8} \leq \ell \ ,$$

d'où le résultat du lemme 8.1.2.

8.1.3. Montrons qu'il suffit de démontrer le théorème 8.1.1. dans le cas où X vérifie l'hypothèse du lemme 8.1.2. Soient en effet X une fonction aléatoire gaussienne stationnaire sur $\mathbb{R}^n$, O_{d_X} l'ensemble $\{x : d_X(0,x) = 0\}$, F le plus grand sous-espace vectoriel de $\mathbb{R}^n$ contenu dans O_{d_X} et R la relation d'équivalence définie par F sur $\mathbb{R}^n$. Nous notons $\mathbb{R}^{n'}$ l'espace vectoriel quotient et φ l'application canonique de $\mathbb{R}^n$ sur $\mathbb{R}^{n'}$ définie par R. La version $\bar{X}$ d-séparable et mesurable de X construite au théorème 3.2.1. est compatible avec la relation d'équivalence R, nous notons $\hat{X}$ la fonction aléatoire gaussienne associée à $\bar{X}$ sur $\mathbb{R}^{n'}$; alors $\hat{X}$ est une fonction aléatoire gaussienne séparable sur $\mathbb{R}^{n'}$ vérifiant l'hypothèse du lemme 8.1.2 ; pour que $\bar{X}$ soit p.s. majorée sur une partie T de $\mathbb{R}^n$, il faut et il suffit que $\hat{X}$ le soit sur $\varphi(T)$. De plus, pour tout voisinage V de l'origine dans $\mathbb{R}^n$, $\varphi(V)$ est un voisinage de l'origine dans $\mathbb{R}^{n'}$ et on a :

$$\forall\, \delta>0, \quad N_{d_X}(V,\delta) = N_{d_{\hat{X}}}(\varphi(V),\delta) .$$

Ceci montre donc que les énoncés du théorème 8.1.1. pour X et pour $\hat{X}$ sont logiquement équivalents et termine la première étape de la démonstration.

8.1.4. Deuxième étape.

Soient X une fonction aléatoire gaussienne stationnaire sur $\mathbb{R}^n$ vérifiant les hypothèses du lemme 8.1.2. et (ℓ,δ_0) un couple de nombres vérifiant ses conclusions. Nous posons :

$$T=[-\ell,+\ell]^n \quad , \quad S=[-\frac{\ell}{8}, +\frac{\ell}{8}]^n = V ,$$

nous supposons que X est p.s. majoré sur T et nous allons montrer que $\sum_k \frac{1}{4^k} N(V,\delta_0 4^{-k})$ est convergente.

Le lemme 8.1.2. nous assure que pour tout $\delta \le \delta_0$, les nombres $K(t,\delta,n,4)$ sont indépendants de t dans $B(S,\delta_0)$ et donc égaux à $K(S,\delta,n,4)$. Il est net que si les $B(s_i,\delta_0 4^{-n})$ forment une famille maximale disjointe dans $B(t,\delta_0 4^{-(n-1)})$, alors les $B(s_i,2\delta_0 4^{-n})$ en vertu de la maximalité recouvrent $B(t,\delta_0 4^{-(n-1)})$, on a donc les inégalités :

$$N[S,\delta_0 4^{-(n-1)}]\; K[S,\delta_0,n,4] \ge N[S,2\,\delta_0 4^{-n}] ,$$

$$N[S,2\,\delta_0 4^{-n}] \quad K[S,2\,\delta_0, n+1,4] \ge N[S,\delta_0 4^{-n}] ;$$

en multipliant, on en déduit :

$$K(S,\delta_0,n,4)K(S,\frac{\delta_0}{2},n,4) \geq \frac{N\left[S,\delta_0 4^{-n}\right]}{N\left[S,\delta_0 4^{-(n-1)}\right]} .$$

Les conclusions du théorème 7.2.2. appliquées à δ_0 et à $\frac{\delta_0}{2}$ impliquent alors la convergence de la série $\sum_n \frac{1}{4^n}\sqrt{\log\left(\frac{N(S,\delta_0 4^{-n})}{N(S,\delta_0 4^{-(n-1)})}\right)}$, puis par un regroupement **simple des termes la convergence de la série $\sum_n \frac{1}{4^n}\sqrt{\log N(S,\delta_0 4^{-n})}$. C'est le résultat du théorème.**

Références

[1] BELYAEV, Yu.K. Continuity and Hölder conditions for sample functions of stationnary gaussian processes.
Proc. Fourth Berkeley Symp. Math. Statist. Prob. 2 , (1961), pp. 22-33.

[2] DELPORTE, L. Fonctions aléatoires presque sûrement continues sur un intervalle fermé.
Ann. Inst. H. Poincaré, Sec. B, 1 (1964), pp. 111-215.

[3] DUDLEY, R.M. The sizes of compact subsets of Hilbert space and continuity of gaussian processes.
J. Functional Analysis, 1 (1967), pp. 290-330.

[4] FERNIQUE, X. Certaines propriétés des éléments aléatoires gaussiens.
Instituto Nazionale di Alta Matématica, 9 (1972), pp. 37-42.

[5] FERNIQUE, X. Intégrabilité des vecteurs gaussiens.
C.R. Acad. Sc. Paris, Série A, 270 (1970), pp. 1698-1699.

[6] FERNIQUE, X. Régularité de processus gaussiens.
Invent. Math. 12 (1971), pp. 304-320.

[7] FERNIQUE, X. Continuité des processus gaussiens.
C.R. Acad. Sc. Paris, 258 (1964), pp. 6058-6060.

[8] FERNIQUE, X. Des résultats nouveaux sur les processus gaussiens.
Preprint, 1973.

[9] FERNIQUE, X. Minorations des fonctions aléatoires gaussiennes.
Ann. Inst. Fourier, Grenoble, à paraître.

[10] GARSIA, A., RODEMICH, E., and RUMSEY, H. Jr.
A real variable lemma and the continuity of paths of some Gaussian Processes.
Indiana Univ. Math. J., 20 (1970), pp. 565-578.

[11] HUNT, G.A. Random Fourier transforms.
Trans. Amer. Math. Soc., 71 (1951), pp. 38-69.

[12] ITO, K., and NISIO, M.
On the oscillation functions of Gaussian processes.
Math. Scand., 22 (1968), pp. 209-223.

[13] JAIN, N.C., and KALLIANPUR, G.
Norm convergent expansions for gaussian processes in Banach spaces.
Proc. Amer. Math. Soc. 25 (1970), pp. 890-895.

[14] KALLIANPUR, G. Zero-one laws for Gaussian processes.
Trans. Amer. Math. Soc. 149 (1970), pp. 199-211.

[15] KRASNOSELSKY, M.A. and RUTITSKY, Y.B.
Convex functions and Orlicz spaces.
Dehli, Publ. Hindustan Corp. (1962).

[16] LANDAU, H.J., and SHEPP, L.A.
On the supremum of a gaussian process.
Sankhya, Série A, 32 (1971), pp. 369-378.

[17] MARCUS, M.B. and SHEPP, L.A.
Sample behavior of gaussian processes.
Proc. Sixth Berkeley Symp. Math. Statist. Prob., 2 (1971), pp. 423-442.

[18] MARCUS, M.B. and SHEPP, L.A.
Continuity of gaussian processes.
Trans. Amer. Math. Soc. 151 (1970), pp. 377-392.

[19] SLEPIAN, D. The one-sided barrier problem for gaussian noise.
Bell system Techn. J. 41 (1962), pp. 463-501.

[20] SUDAKOV, V.N. Gaussian random processes and measures of solid angles in Hilbert space.
Dokl. Akad. Nauk. S.S.S.R. 197 (1971), pp. 43-45.

[21] ZYGMUND, A. Trigonometrical series.
Oxford, University Press, 1955.

SYSTEMES TOPOLOGIQUES ET METRIQUES

EN THEORIE ERGODIQUE

PAR J.P. CONZE

INTRODUCTION

Ce cours est une introduction élémentaire à certains aspects de la Théorie Ergodique des systèmes dynamiques. Nous nous plaçons dans le cadre topologique et dans le cadre de la théorie de la mesure, en cherchant, à travers les exemples et dans l'étude de l'entropie, à montrer les relations entre ces deux aspects de la théorie.

Un système dynamique est ici soit formé d'un espace topologique compact et d'un semi-groupe G de transformations continues de X, soit formé d'un espace probabilisé $(X,\mathcal{A},\mu)$ et d'un semi-groupe G de transformations mesurables de X conservant μ.

Pratiquement, nous nous restreignons au cas où G est le semi-groupe $\{T^n, n\geq 0\}$ engendré par une unique transformation, et la notation (X,T), resp. $(X,\mathcal{A},\mu,T)$, désigne le système dynamique <u>topologique</u>, resp. <u>mesuré</u>, correspondant.

Deux systèmes $(X,\mathcal{A},\mu,T)$ et $(Y,\mathcal{B},\nu,S)$ sont dits <u>isomorphes</u> (au sens de la mesure) s'il existe une application φ de X dans Y telle que $\varphi T = S\varphi$, qui établit un isomorphe entre les espaces mesurés $(X,\mathcal{A},\mu)$ et $(Y,\mathcal{B},\nu)$.

I - THEOREMES ERGODIQUES ET PROPRIETES SPECTRALES

Les théorèmes ergodiques que nous rappelons dans ce chapitre constituent un outil essentiel pour la Théorie Ergodique. Nous rappelons également quelques notions classiques de la théorie spectrale des systèmes dynamiques.

1.- THEOREMES ERGODIQUES

Commençons par un résultat "abstrait" sur les opérateurs d'un espace de Hilbert.

Théorème 1 (Von Neumann 1931)

Soit T une contraction d'un espace de Hilbert H. Alors

$$\lim_n \frac{1}{n} \sum_0^{n-1} T^k f = \bar{f}$$

existe pour tout $f \in H$, et l'application $f \longmapsto \bar{f}$ est la projection orthogonale de H sur le sous-espace des vecteurs invariants $H_T = \{f \in H : Tf = f\}$.

Démonstration

1) L'adjoint T^* de T est aussi une contraction et a les mêmes points fixes que T. En effet, pour une contraction T, $Tf = f$ équivaut à $\langle Tf, f\rangle = ||f||^2$.

2) Soit $H_0 = \overline{\{g - Tg, g \in H\}}$. Montrons que $H = H_0 \oplus H_T$.

D'après 1), on a, pour $f \in H_T$:

$$\langle f, g-Tg\rangle = \langle f,g\rangle - \langle f,Tg\rangle = \langle f,g\rangle - \langle T^*f, g\rangle = 0 .$$

D'où $H_0 \perp H_T$. D'autre part, si f est orthogonal à H_0, on a :

$$o = \langle f, g-Tg\rangle = \langle f-T^*f, g\rangle \quad \text{pour tout } g \in H ,$$

d'où $T^{*}f = f$, et donc $T f = f$. On a donc $H_0^{\perp} = H_T$.

3) Une vérification immédiate montre que le théorème est vérifié pour les vecteurs de la forme $f + g - Tg$, avec $f \in H_T$ et $g \in H$.

4) D'après 2), ces vecteurs sont denses dans H . Comme les opérateurs $S_n = \frac{1}{n} \sum_{0}^{n-1} T^k$, barycentres de contractions, sont des contractions, l'ensemble des vecteurs pour lesquels le théorème est vérifié est fermé dans H . Il est donc égal à H .

Opérateur associé à un système dynamique, ergodicité

Soit $(X,\mathcal{A},\mu,T)$ un système dynamique mesuré. Faisons opérer T sur $L^2(\mu)$ en posant $Tf(x) = f(Tx)$. La mesure μ étant invariante, l'opérateur T sur $L^2(\mu)$ est une isométrie et le théorème de Von Neumann peut lui être appliqué.

La projection de f sur le sous-espace des fonctions invariantes par T coïncide ici avec l'espérance conditionnelle $E(f|\mathcal{J})$ de f par rapport à la tribu $\mathcal{J} = \{A \in \mathcal{A},\ T^{-1}A=A\}$ formée des sous ensembles invariants par T . On a donc, pour toute $f \in L^2(\mu)$

$$\text{limite dans } L^2 \text{ de } \frac{1}{n} \sum_{0}^{n-1} f(T^k x) = \bar{f}(x) \text{ , avec } \bar{f} = E(f|\mathcal{J}) \text{ .}$$

Un cas particulier important est celui où la tribu $\mathcal{J}$ est triviale, c'est-à-dire de façon équivalente, le cas où les seules fonctions invariantes sont les constantes. Le sous espace H_T est alors de dimension 1 et pour toute $f \in L^1(\mu)$, on a

$$E(f|\mathcal{J}) = \mu(f) \quad .$$

Dans ce cas, on dit que le système $(X,\mathcal{A},\mu,T)$ est <u>ergodique</u> : il n'est pas possible de décomposer l'espace X en deux sous ensembles mesurables disjoints invariants par T , de mesure non nulle.

D'après le théorème de Von Neumann, les conditions suivantes sont équivalentes :

a) le système $(X,\mathcal{Q},\mu,T)$ est ergodique

b) limite dans L^2 de $\frac{1}{n}\sum_0^{n-1} f(T^k x) = \mu(f)$

c) $\lim_n \frac{1}{n}\sum_0^{n-1} \langle T^k f,g\rangle = \mu(f)\,\mu(g)$, $f,g \in L^2(\mu)$,

d) $\lim_n \frac{1}{n}\sum_0^{n-1} \mu(T^{-n} A\cap B) = \mu(A)\,\mu(B)$, quels que soient $A,B \in \mathcal{Q}$.

Théorème 2 (Birkhoff 1931)

Soit $(X,\mathcal{Q},\mu,T)$ un système dynamique mesuré. Pour toute $f \in L^1(\mu)$

$$\lim_n \frac{1}{n}\sum_0^{n-1} f(T^k x) = \bar{f}(x)$$

existe presque partout et dans $L^1(\mu)$, et on a $\bar{f} = E(f\,|\mathcal{J})$.

Démonstration

Posons $S_n f(x) = \frac{1}{n}\sum_0^{n-1} f(T^k x)$, $f \in L^1(\mu)$, et

$$S f(x) = \sup_{n\geq 1} S_n f(x) \text{ , pour } f \in L^1_+(\mu) .$$

1) Le théorème est vérifié pour un sous ensemble dense L de $L^1(\mu)$. En effet, soit L l'ensemble des fonctions de la forme $f+g-Tg$, avec $Tf = f$ et $g \in L^\infty(\mu)$. Comme $L^\infty(\mu)$ est dense dans $L^2(\mu)$ et $L^2(\mu)$ dense dans $L^1(\mu)$, on déduit de la démonstration du théorème de Von Neumann que L est dense dans $L^1(\mu)$.

D'autre part, on a bien

$$|S_n (f+g-Tg) - f| = \frac{|g-T^n_g|}{n} \leq \frac{2\,||g||_\infty}{n} \to 0 \text{ , } n\to\infty \text{ ,}$$

et $f = E(f+g-Tg\,|\mathcal{J})$

2) Les opérateurs S_n étant des contractions de $L^1(\mu)$, il résulte de 1) que $S_n f$ converge dans $L^1(\mu)$ pour toute $f \in L^1(\mu)$, vers une limite. Cette limite est égale à $E(f\,|\mathcal{J})$ pour $f \in L$, donc aussi pour toute $f \in L^1(\mu)$.

3) Lemme maximal : pour toute $f \in L^1(\mu)$ et tout $\lambda > 0$, on a

$$\mu(\{ S^* f > \lambda\}) \leq \frac{1}{\lambda} \|f\|_1 .$$

Démonstration (d'après Garsia)

Posons $f_N = \sup_{1 \leq n \leq N} (\sum_0^{n-1} T^k f)$, $f_N^+ = \sup(0, f_N)$, $E_N = \{f_N > 0\}$.

On a : $f + T f_N^+ \geq f_{N+1} \geq f_N$

d'où $f + T f_N^+ \geq f_N^+$ sur E_n.

Il en résulte : $\int_{E_N} f \, d\mu + \int_{E_N} T f_N^+ \, d\mu \geq \int_{E_N} f_N^+ \, d\mu$,

et, comme f_N^+ est nulle en dehors de E_N et $Tf_N^+ \geq 0$,

$$\int_{E_N} f \, d\mu + \int_X T f_N^+ \, d\mu \geq \int_X f_N^+ \, d\mu .$$

On a obtenu ainsi : $\int_{E_N} f \, d\mu \geq 0$.

Considérons l'ensemble $E = \bigcup_N E_N = \{\sup_{n \geq 1} \sum_0^{n-1} T^k f > 0\}$, qui est réunion croissante des E_N. En passant à la limite dans l'inégalité précédente, on en déduit :

$$\int_E f \, d \geq 0 .$$

Le lemme maximal s'obtient à partir de cette inégalité en remplaçant f par $f - \lambda$. On trouve $\int_{\{S^* f > \lambda\}} (f-\lambda) \, d\mu \geq 0$,

d'où $\mu(\{S^* f > \lambda\}) \leq \frac{1}{\lambda} \int_{\{S^* f > \lambda\}} f \, d\mu \leq \frac{1}{\lambda} \|f\|_1$.

4) Montrons que l'ensemble des fonctions $f \in L^1(\mu)$ telles que $S_n f$ converge presque partout, est fermé dans $L^1(\mu)$.

Soit $f \in L^1(\mu)$ et soit $g \in L^1(\mu)$ telle que $S_n g$ converge presque partout. On a :

$$0 \leq \limsup S_n f - \liminf S_n f = \limsup S_n(f-g) - \liminf S_n(f-g) \leq 2 S^*(|f-g|)$$

D'après le lemme maximal, pour tout $\lambda > 0$, on a :

$$\mu(\{S^*(|f-g|) > \lambda\}) \leq \frac{1}{\lambda} \|f-g\|_1 ,$$

d'où $\mu(\{\limsup S_n f - \liminf S_n f > \lambda\}) \leq \frac{1}{\lambda} \|f-g\|_1$

Il en résulte que, si f est limite dans $L^1(\mu)$ de fonctions g telles que $S_n g$ converge presque partout, on a bien

$$\limsup S_n f = \liminf S_n f \quad \text{, presque partout.}$$

5) Terminons la démonstration du théorème en observant que d'après 1) et 4) la suite $S_n f$ converge presque partout pour toute $f \in L^1(\mu)$. D'après 2), la convergence a lieu également dans $L^1(\mu)$, et la limite est identifiée comme étant égale à $E(f \mid \mathcal{J})$.

2.- PROPRIETES SPECTRALES

Soit $(X, \mathcal{A}, \mu, T)$ un système dynamique mesuré. Soit U_T l'opérateur associé dans $L^2(\mu)$: $U_T f(x) = f(Tx)$. Rappelons le résultat établi au §1 comme corollaire du théorème de Von Neumann :

Théorème 3

Le système $(X, \mathcal{A}, \mu, T)$ est ergodique si et seulement si, pour toutes

(1) $f, g \in L^2(\mu)$: $\lim_n \frac{1}{n} \sum_{k=0}^{n-1} \langle U_T^k f, g \rangle = \langle f, 1 \rangle \langle 1, g \rangle$.

Cette condition est équivalente à la condition exprimée pour les fonctions caractéristiques d'ensembles :

(1') *pour tous* $A, B \in \mathcal{A}$, $\lim_n \frac{1}{n} \sum_{0}^{n-1} (T^{-k} A \cap B) = \mu(A)\, \mu(B)$

La propriété (1') exprime que, sous l'action de la transformation T, l'espace X est "mélangé" convenablement. Nous allons renforcer la condition de mélange dans (1') en remplaçant la convergence en moyenne de Césaro, par un type de convergence plus fort.

Définition 1

Le système $(X, \mathcal{A}, \mu, T)$ est faiblement mélangeant, si pour toutes g et $f \in L^2(\mu)$, on a

(2) $$\lim_{n} \sum_{0}^{n-1} \left|\langle U_T^n f,g\rangle - \langle f,1\rangle\langle 1,g\rangle\right| = 0$$

Cette condition équivaut à :

(2') pour tous $A,B\in\mathcal{A}$, $\lim_{n} \frac{1}{n} \sum_{0}^{n-1} \left|\mu(T^{-n}A\cap B) - \mu(A)\ \mu(B)\right| = 0$

Elle implique que le système est ergodique.

Définition 2

Un système $(X,\mathcal{A},\mu,T)$ est à spectre continu si les constantes sont les seules fonctions propres du système.

La restriction de U_T à l'orthogonal de la fonction 1 a alors un spectre continu.

Théorème 4

Les conditions suivantes sont équivalentes pour un système dynamique mesuré :

a) le système est faiblement mélangeant

b) le système produit $(X,\mathcal{A},\mu,T) \times (X,\mathcal{A},\mu,T)$ est ergodique

c) pour toutes $f,g\in L^2(\mu)$ avec $\langle f,1\rangle = 0$, il existe une suite croissante d'entiers S, de densité 1, telle que

$$\lim_{n\to\infty,\, n\in S} \langle T^n f,g\rangle = 0$$

d) le système est à spectre continu.

Démonstration

1) L'ergodicité du système produit est équivalente à la condition (1) du théorème 1, exprimée sur les fonctions décomposées de $L^2(\mu\times\mu)$, soit :

$$\lim_{n} \frac{1}{n} \sum_{0}^{n-1} \langle U_T^n f,g\rangle\langle U_T^n f',g'\rangle = 0$$

pour toutes $f,g,f',g'\in L^2(\mu)$, orthogonales à 1 .

Par polarisation, il suffit de vérifier cette condition sur les fonctions de la forme $f \otimes f$, $g \otimes g$, soit :

$$\lim_n \frac{1}{n} \sum_0^{n-1} |\langle U_T^n f,g \rangle|^2 = 0 \quad \text{pour toutes} \quad f,g \in L^2(\mu) ,$$

orthogonales à 1 .

2) L'équivalence entre les conditions a), b) et c) résulte alors du lemme 1 ci-dessous, appliqué aux suites bornées $|\langle U_T^n f,g \rangle|$.

3) l'implication de d) par a), b) ou c) est évidente.

4) Supposons inversement qu'on ait d), et montrons que le système produit est ergodique.

Dans le cas contraire, il existerait une fonction φ mesurable sur $X \times X$ invariante par $T \times T$ et non constante. On peut supposer φ bornée et symétrique $(\varphi(x,y) = \varphi(y,x))$. Soit K l'opérateur intégral associé à φ dans $L^2(\mu)$:

$$K_\varphi f(x) = \int \varphi(x,y)\ f(y)\ d\mu\ (y) \ .$$

C'est un opérateur compact dont les sous espaces propres correspondant aux valeurs propres non nulles sont de dimension finie. Comme φ est non constante, certains de ces sous-espaces, pour des valeurs propres différentes de 1 , sont non nuls. L'invariance de φ par $T \times T$ implique que K commute avec U_T , et donc U_T laisse ces sous espaces invariants. Ceci implique que T a des fonctions propres non constantes, contrairement au fait que le système est à spectre continu.

Lemme

Soit (a_n) une suite bornée de réels positifs. Les conditions suivantes sont équivalentes :

a) $\lim_n \frac{1}{n} \sum_1^n a_n = 0$,

b) $\lim_n \frac{1}{n} \sum_1^n a_k^2 = 0$,

c) il existe une suite croissante d'entiers positifs S , de densité 1, telle que $\lim_{n\in S, n\to\infty} a_n = 0$.

Démonstration

Soit $M = \sup_n |a_n| < \infty$. On a $\frac{1}{n}\sum_1^n a_k^2 \leq M \frac{1}{n}\sum_1^n a_k$ et donc a) implique b) .

De l'inégalité $\frac{1}{n}\sum_1^n a_n \leq (\frac{1}{n}\sum a_n^2)^{1/2}$ (inégalités de Schwartz) résulte que b) implique a) .

La suite (a_n) étant bornée, il est clair que c) implique a) et b). Inversement, supposons qu'on ait $\lim_n \frac{1}{n}\sum_1^n a_k = 0$, et construisons une suite S , de densité 1, telle que

$$\lim_{n\in S, n\to\infty} a_n = 0 .$$

Rappelons que la densité d'une suite S est la limite, si elle existe, de la suite $\frac{1}{n}\sum_1^n 1_S(k)$, où 1_S est la fonction caractéristique de la suite S considérée comme sous-ensemble de N .

Pour tout $k > 0$, soit $N_k = \{\inf N : \frac{1}{N}\sum_1^n a_n \leq 1/_{k^2}\}$.

Posons $S^c = \bigcup_{k=1}^{\infty} \{[N_k, N_{k+1}[\cap \{n : |a_n| > 1/k\}\}$. Soit S le complémentaire de S . Il est clair que $\lim_{n\in S, n\to\infty} a_n = 0$.

Montrons que S^c est de densité nulle. Pour $N \in [N_k, N_{k+1}[$, on a $a_n > 1/_k$, si n est dans S^c avec $n < N$. On a donc

$$\frac{1}{N}\sum_{n=1}^{N} 1_{S^c}(n) \leq \frac{1}{N}\sum_{n=1}^{N} k\, a_n \leq 1/k .$$

Définition 3

Un système dynamique $(X,\mathcal{Q},\mu,T)$ est <u>fortement mélangeant</u>, si pour toutes $f,g \in L^2(\mu)$, $\lim_n \langle U_T^n f,g\rangle = \langle f,1\rangle\langle 1,g\rangle$, ou de façon équivalente : pour tous $A,B \in \mathcal{Q}$, $\lim_n \mu(T^{-n} A\cap B) = \mu(A)\,\mu(B)$.

Il est clair que la propriété de mélange fort implique celle de mélange faible. Nous allons définir une propriété spectrale qui est à son tour plus forte que celle du mélange fort.

Définition 4

Un système dynamique $(X,\mathcal{Q},\mu,T)$ avec T inversible, a un spectre de Lebesgue dénombrable s'il existe dans $L^2(\mu)$ des fonctions $(f_{n,i}\ ,\ n\in Z,\ i\in I)$ telles que

- . I est un ensemble d'indices dénombrable ,
- . $U_T\, f_{n,i} = f_{n+1,i}$, pour tout $n\in Z$, tout $i\in I$,
- . le système $(1,f_{n,i},\ n\in Z,\ i\in I)$ forme une base orthonormée de $L^2(\mu)$.

Proposition 1

Un système à spectre de Lebesgue est fortement mélangeant, en particulier ergodique.

Démonstration

Soit $(f_{n,i}\ ,\ n\in Z,\ i\in I)$ une base orthonormée de l'orthogonal des fonctions constantes dans $L^2(\mu)$, telle que

$$U_T\, f_{n,i} = f_{n+1,i} \quad \text{pour tout } n\in Z, \text{ tout } i\in I .$$

Si f et g sont des combinaisons linéaires finies des fonctions $f_{n,i}$, on a $\langle U_T^P f,g\rangle = 0$, pour P assez grand, et donc $\lim\limits_P \langle U_T^P f,g\rangle = 0$. Cette propriété s'étend par densité aux fonctions orthogonales aux fonctions constantes.

Nous donnerons au chapitre III des exemples de transformations à spectre de Lebesgue dénombrable, et donc fortement mélangeantes.

Remarques

1) Les propriétés que nous venons de définir sont des propriétés spectrales du système dynamique, c'est-à-dire des propriétés de l'opérateur

U_T associé au système. Si deux systèmes sont tels que les opérateurs U_T , $U_{T'}$ associés sont conjugués (isomorphisme spectral) ces systèmes ont les mêmes propriétés spectrales, en particulier les mêmes propriétés de mélange.

2) L'isomorphisme spectral n'implique pas l'isomorphisme. Ainsi nous verrons au chapitre IIIque les schémas de Bernoulli sont spectralement isomorphes (ils ont tous un spectre de Lebesgue dénombrable), mais ne sont pas forcément isomorphes (la condition pour que deux schémas de Bernoulli soient isomorphes entre eux est qu'ils aient la même entropie, cf. chapitre IV).

3) On peut construire des systèmes dynamiques faiblement mélangeant, mais non fortement mélangeant. Du point de vue des catégories (de Baire), le mélange fort est l'exception par un système dynamique. Cependant, il existe une très grande variété d'exemples de systèmes définis d'une "façon naturelle" vérifiant la condition de mélange fort.

II - SYSTEMES TOPOLOGIQUES ET MESURES INVARIANTES

1.- MESURES INVARIANTES POUR UN SYSTEME TOPOLOGIQUE

Soit (X,T) un système topologique, formé d'un espace topologique compact X et d'une transformation T continue et surjective de X sur X. Soit $\mathcal{C}(X)$ l'espace des fonctions continues sur X. Notons $P(T)$ l'ensemble compact convexe des mesures de Radon sur X, positives et de masse 1, invariantes par T. Il résulte du théorème de Markov-Kakutani que cet ensemble est non vide.

En utilisant le procédé diagonal, il est facile de prouver, dans le cas où X est métrisable, le résultat plus précis suivant :

<u>Proposition 1</u>

Pour tout $x \in X$, pour toute suite strictement croissante S d'entiers positifs, il existe une sous-suite S' extraite de S telle que, pour toute $f \in \mathcal{C}(X)$,

$$\lim_{N \in S', N \to \infty} \frac{1}{N} \sum_{0}^{N-1} f(T^k x) = \mu_x(f) ,$$

existe. L'application $f \longmapsto \mu_x(f)$ est une forme linéaire sur $\mathcal{C}(X)$ qui est une mesure de Radon positive et de masse 1, invariante par T.

Remarquons que l'étude des moyennes $\frac{1}{N} \sum_{0}^{N-1} f(T^k x)$ est liée au théorème de Birkhoff. Appelons point <u>générique</u> pour

(X,T) tout point $x \in X$ tel que

$$\lim_{N\to\infty} \frac{1}{N} \sum_{0}^{N-1} f(T^k x)$$

existe, pour toute $f \in \mathcal{C}(X)$.

Théorème 1

Si X est métrisable, pour toute mesure $\mu \in P(T)$, l'ensemble des points génériques est de μ-mesure égale à 1 .

Démonstration

Comme X est métrisable, il suffit d'établir la convergence de $\frac{1}{N} \sum_{0}^{N-1} f(T^k x)$ pour un ensemble dénombrable dense dans $\mathcal{C}(X)$ de fonctions f, pour en déduire que x est générique.

Pour toute fonction f dans $\mathcal{C}(X)$ et pour toute mesure de probabilité μ invariante par T, l'ensemble des $x \in X$ tels que $\frac{1}{N} \sum_{0}^{N-1} f(T^k x)$ converge est de μ-mesure égale à 1, d'après le théorème de Birkhoff. Leur intersection quand f décrit un ensemble dénombrable de fonctions reste de μ-mesure égale à 1 .

Remarque

Il résulte du théorème 1 et de l'existence d'une mesure invariante que dans tout système dynamique topologique (métrisable) il existe au moins un point générique.

Exemple

Soient $X = R/_{\mathbb{Z}}$ et a un entier > 1 . Soit S_a la transformation $x \longrightarrow ax \bmod 1$ sur X . Un nombre $x \in [0,1[$ est dit normal en base a , si la suite $(a^n x, \bmod 1)$ est uniformément distribuée, c'est-à-dire si l'on a pour toute $f \in \mathcal{C}(X)$:

$$\lim_N \frac{1}{N} \sum_0^{N-1} f(S_a^k x) = \int_0^1 f(t)\, dt.$$

En d'autres termes, un nombre x est normal en base a , s'il est générique pour le système dynamique (X,T_a), et si la mesure μ_x associée à x est la mesure de Lebesgue. Le théorème de Birkhoff appliqué à (X,μ,T_a) , où μ est la mesure de Lebesgue, implique que, pour toute base a , presque tout nombre (au sens de μ) est normal. (C'est le résultat classique de E. Borel).

2.- MESURES ERGODIQUES

Soient $\mathcal{A}$ la tribu borélienne sur X , et μ une mesure $\in P(T)$. Comme $\mathcal{A}$ est fixée sans ambiguité, nous désignerons simplement par (X,μ,T) le système dynamique mesuré $(X,\mathcal{A},\mu,T)$.

Au chapitre I , nous avons défini la notion de système ergodique. Dans la situation envisagée ici, où T est fixé et μ peut varier dans $P(T)$, il sera commode de dire que $\mu \in P(T)$ est ergodique pour T , si le système (X,μ,T) est ergodique.

Proposition 2

Une mesure $\mu \in P(T)$ est ergodique pour T si et seulement si μ est un point extrémal du convexe $P(T)$.

Démonstration

Si $\mu \in P(T)$ est un barycentre de mesures de probabilité invariantes, $\mu = \alpha\mu_1 + (1-\alpha)\,\mu_2$, μ_1 et μ_2 sont absolument continues par rapport à μ. Leurs densités par rapport à μ sont des fonctions invariantes par T, donc constantes μ-presque partout si T est ergodique. Ceci implique $\mu = \mu_1 = \mu_2$.

Inversement, si μ n'est par ergodique pour T, il existe un ensemble mesurable A invariant par T, tel que $0 < \mu(A) < 1$. On a donc $\mu = \mu(A)\,\mu_1 + (1-\mu(A))\,\mu_2$, avec

$$\mu_1(f) = \frac{1}{\mu(A)} \int_A f\,d\mu\ ,\ \mu_2(f) = \frac{1}{\mu(A^c)} \int_{A^c} f\,d\mu\ ,$$

et μ n'est pas extrémal.

Définitions

Un système dynamique topologique (X,T) est dit <u>minimal</u> si toutes les orbites de T sont denses dans X. Il est dit <u>topologiquement transitif</u> si tout ouvert non vide U invariant par T $(T^{-1}U \subseteq U)$ est dense dans X.

Il est clair que la minimalité implique la transitivité topologique, qui elle-même, dans le cas où X est métrisable, équivaut à l'existence d'une orbite dense (utiliser le théorème de Baire).

Proposition 3

Les conditions suivantes sont équivalentes pour un système (X,T):

a) (X,T) est minimal,

b) X et $\emptyset$ sont les seuls fermés (resp. ouverts) invariants par T,

c) pour tout ouvert U non vide dans X , il existe $n \geqslant 0$ tel que $X = \bigcup_{0}^{n} T^{-k} U$,

d) toute mesure $\mu \in P(T)$ charge les ouverts non vides.

Démonstration

L'équivalence entre a), b) et c) s'établit de façon élémentaire. Supposons (X,T) minimal. Soit $\mu \in P(T)$. Si U est un ouvert non vide tel que $\mu(U) = 0$, on a $X = \bigcup_{0}^{n-1} T^{-k} U$ pour un $n \geqslant 0$,d'où $\mu(X) \leqslant n\,\mu(U) = 0$, ce qui est absurde. Donc la minimalité implique d).

Inversement, supposons vérifié d). Soit F un fermé non vide invariant par T . D'après le théorème de Markov-Kakutani, il existe une mesure $\mu \in P(T)$ dont le support est dans F . L'ouvert F^c est donc de μ-mesure nulle, donc vide, ce qui implique $F = X$.

Enfin, on obtient très simplement le résultat suivant reliant l'ergodicité et la transitivité topologique.

Proposition 4

Soit (X,T) un système dynamique topologique. S'il existe une mesure $\mu \in P(T)$ ergodique pour T et chargeant les ouverts non vides, alors (X,T) est topologiquement transitive; en particulier si X est métrisable, le système possède une orbite dense.

3.- SYSTEMES STRICTEMENT ERGODIQUES

Un cas important est celui où $P(T)$ est réduit à un point : on dit alors que le système (X,T) est uniquement

<u>ergodique</u>.

Si (X,T) est uniquement ergodique, l'unique mesure de probabilité μ invariante par T est ergodique pour T, d'après la proposition 2 . D'autre part, il est clair que sur le support Y de μ, qui est un fermé invariant dans X, les conditions de la proposition 3 sont vérifiées, et la restriction de T à Y est minimale. Dans le cas où $Y = X$, le système (X,T) est lui-même minimal.

<u>Définition</u>

Nous dirons qu'un système (X,T) est <u>strictement ergodique</u> s'il est minimal et s'il existe une unique mesure de probabilité sur X invariante par T.

Dans le cas d'un système uniquement ergodique, on peut renforcer considérablement le théorème 1 .

<u>Théorème 2</u>

Les conditions suivantes sont équivalentes pour un système (X,T) :

a) il existe une unique mesure de probabilité invariante par T ;

b) pour toute $f \in \mathcal{C}(X)$ (et tout $x \in X$) $\frac{1}{N}\sum_{0}^{N-1} f(T^k x)$ converge vers une constante ;

c) pour toute $f \in \mathcal{C}(X)$, la suite $\frac{1}{N}\sum_{0}^{N-1} f(T^k x)$ converge vers une constante uniformément en x.

<u>Démonstration</u>

En raisonnant à l'aide de sous-suites comme dans la

proposition 1 , on peut montrer que si, pour une fonction $f \in \mathcal{C}(X)$, les moyennes $\frac{1}{N}\sum_{0}^{N-1} f(T^k x)$ ne convergent pas vers une constante uniformément en x , il existe deux mesures de probabilités invariantes par T distinctes. Ainsi a) implique c), qui implique b) de façon évidente.

Supposons maintenant que b) soit vérifié. Soit $\mu(f)$ la constante limite de $\frac{1}{N}\sum_{0}^{N-1} f(T^k x)$, $f \in \mathcal{C}(X)$. En appliquant le théorème de convergence de Lebesgue à la suite $\frac{1}{N}\sum_{0}^{N-1} f(T^k x)$ on obtient pour toute mesure de probabilité invariante ν :

$$\nu(f) = \lim_N \int \frac{1}{N}\sum_{0}^{N-1} f(T^k x)\, d\nu(x) = \nu(\mu(f)) = \mu(f) .$$

On a donc $\nu(f) = \mu(f)$, et μ est l'unique mesure de probabilité invariante par T .

Remarque

Une variante de la démonstration du théorème 2 consiste à prouver que, pour un système (X,T) uniquement ergodique, l'ensemble des fonctions de la forme $f - Tf$, $f \in \mathcal{C}(X)$, est uniformément dense dans $\mathcal{C}(X)$. Cette méthode s'applique sans hypothèse de métrisabilité de X .

4.- EXEMPLES DE SYSTEMES DIRECTEMENT ERGODIQUES

Rotations sur un groupe compact

Soient $X = \mathbb{R}/\mathbb{Z}$ et α un élément fixé dans X . La translation (ou rotation) sur X définie par $T_\alpha : x \longrightarrow x+\alpha$ est une isométrie de X conservant la mesure de Lebesgue μ.

Montrons que μ est ergodique pour T_α, si et seulement si α est irrationnel. La condition est évidemment nécessaire. Elle est suffisante. En effet, soit f une fonction mesurable invariante par T_α. On peut supposer f bornée. Ses coefficients de Fourier $\hat{f}(n)$ vérifient les relations $\hat{f}(n)\ (1-e^{2\pi i\ n\ \alpha}) = 0$, pour tout $n \in Z$. Si α est irrationnel, on a $e^{2\pi i\ n\alpha} \neq 1$, pour tout $n \neq 0$; d'où $\hat{f}(n) = 0$ pour tout $n \neq 0$, et donc f est constante μ-presque partout.

Le même raisonnement peut être appliqué aux mesures invariantes par T_α et montre que μ est l'unique mesure de probabilité invariante par T_α, si α est irrationnel. Comme μ charge les ouverts, T_α est de plus minimale. On a donc montré que *(X,T_α) est un système strictement ergodique si, et seulement si α est irrationnel.*

Soit maintenant, plus généralement G un groupe abélien compact métrisable. Pour tout $\alpha \in G$ fixé, la translation $T_\alpha : x \to x+\alpha$ définit une isométrie de G laissant invariante la mesure de Haar de G. En utilisant le groupe dual $\hat{G}$ de G on montre le résultat analogue au précédent :

Théorème 3

Les conditions suivantes sont équivalentes :

a) (G,T_α) est strictement ergodique,

b) la mesure de Haar sur G est ergodique pour T_α,

c) pour tout caractère $\chi \in \hat{G}$, $\chi(\alpha) = 1 \Rightarrow \chi = 1$,

d) T_α a au moins une orbite dense dans G.

Homéomorphisme du cercle

Les propriétés ergodiques d'un système (X,T) peuvent être liées dans une certaine mesure à la structure de l'espace X sur lequel T est définie. C'est le cas notamment où X est le cercle.

La démonstration du théorème suivant est due à Furstenberg.

Théorème 4

Soit (X,T) un système topologique défini par un homéomorphisme du cercle sur lui-même.

(1) Si T est sans points périodiques, (X,T) est uniquement ergodique .

(2) Si T est minimal, (X,T) est topologiquement conjugué à une rotation ergodique sur le cercle.

Démonstration

Choisissons une mesure μ sur le cercle invariante par T . Soit $x_0 \in X$ fixé. Désignons par $\widehat{x_0 x}$ l'ensemble parcouru sur X en allant de x_0 à x dans le sens trigonométrique.

Soit φ la fonction définie sur X par $\varphi(x) = \exp(2\pi i\, \mu(\widehat{x_0 x}))$. Cette fonction est continue : dans le cas contraire, μ aurait une partie discrète et T qui laisse μ invariante aurait des points périodiques. D'autre part, φ est surjective : quand x décrit le cercle de x_0 à x_0 dans le sens trigonométrique, $\mu(\widehat{x_0 x})$ varie continuement et en croissant de 0 à 1 . Ainsi φ est une application continue et surjective de X sur X .

Pour que φ soit injective, il faut et il suffit que l'application $x \longmapsto \mu(\widehat{x_0\ x})$ soit strictement croissante, c'est-à-dire que μ charge les intervalles ouverts. Cette condition est réalisée si T est minimale (chap II, proposition 3).

Posons $e^{2\pi i\alpha} = \exp\left[2\pi i\ \mu(\widehat{x_0\ Tx_0})\right]$. En appliquant la relation de Chasles :

$$\mu(\widehat{x_0\ x_1}) + \mu(\widehat{x_1\ x_2}) = \mu(\widehat{x_0\ x_2}) \text{ , mod } \mathbb{Z} \ ,$$

on obtient :

$$\varphi(Tx) = \exp\left[2\pi i\ \mu(\widehat{x_0\ Tx})\right] = e^{2\pi i\alpha} \exp\left[2\pi i\ \mu(\widehat{Tx_0\ Tx})\right]$$

$$= e^{2\pi i\alpha} \exp\left[2\pi i\ \mu(\widehat{x_0\ x})\right] \ ,$$

d'après l'invariance de μ , soit $\varphi(Tx) = e^{2\pi i\alpha}\ \varphi(x)$.

Notons T_α la rotation d'angle α sur le cercle. La relation précédente montre que (X,T_α) est un facteur (au sens topologique) de (X,T) sous l'hypothèse que T n'a pas de points périodiques. Quand T est minimal, nous avons vu que φ est un homéomorphisme du cercle sur lui-même, et dans ce cas (X,T_α) est topologiquement isomorphe à (X,T) , ce qui montre l'assertion (2) .

Dans le cas général où l'on suppose seulement que T est sans points périodiques, il n'est pas difficile de voir que φ réalise un isomorphisme entre le système mesuré (X,μ,T) et le système mesuré (X,m,T_α) , m étant la mesure de Lebesgue sur X . (L'application φ a pour effet de "recoller" les extrémités d'intervalles ouverts de mesure nulle).

En particulier, on en déduit que μ est ergodique pour T . Comme μ d'après la proposition 2 est une mesure de probabilité invariante par T quelconque , il y a unicité des mesures de probabilité sur X invariantes par T : (X,T) est uniquement ergodique.

5.- REPRESENTATION D'UN SYSTEME DYNAMIQUE COMME SYSTEME STRICTEMENT ERGODIQUE

Les systèmes (X,T) strictement ergodiques que nous venons de décrire sont très particuliers du point de vue spectral : ils sont à spectre discret, les fonctions propres formant une base orthonormale dans l'espace $L^2(\mu)$, où μ est l'unique mesure invariante par T.

L'examen des divers exemples classiques de systèmes strictement ergodiques suggère que la stricte ergodicité d'un système topologique est liée à des propriétés très particulières du système métrique associé.
En fait, il n'en est rien, comme le montre le résultat remarquable suivant dû à Jewett et étendu par Krieger et plusieurs auteurs :

Théorème 5 (Jewett)
Tout système dynamique mesuré $(X,\mathcal{A},\mu,T)$ *ergodique, où* $(X,\mathcal{A},\mu)$ *est un espace de Lebesgue et* T *est inversible, est isomorphe à un système mesuré* $(Y,\mathcal{B},\nu,S)$ *où* Y *est un espace compact,* $\mathcal{B}$ *la tribu borélienne sur* Y, *et* S *un homéomorphisme de* Y *tel que* (Y,S) *soit strictement ergodique,* ν *étant l'unique mesure de probabilité sur* Y *invariante par* S.

III - QUELQUES EXEMPLES DE SYSTEMES DYNAMIQUES

Dans ce chapitre, nous décrivons quelques exemples simples de systèmes dynamiques apparaissant dans une situation algébrique ou probabiliste.

1.- ENDOMORPHISME DE GROUPES COMPACTS

Soient G un groupe topologique compact, μ la mesure de Haar de G, T un endomorphisme continu et surjectif de G. L'image par T de la mesure μ est invariante par les translations de G. Elle est donc égale à μ. A l'endomorphisme T est ainsi associé le système dynamique (G,μ,T).

Supposons maintenant G abélien. Soit $\hat{G}$ le groupe dual de G. Par dualité, l'endomorphisme T définit un endomorphisme $\hat{T}$ de $\hat{G}$: $\hat{T}\gamma(x) = \gamma(Tx)$, $\gamma \in G$. Le théorème suivant montre que les propriétés ergodiques de (G,μ,T) se déduisent de l'étude de $\hat{T}$.

Théorème 1

Le système (G,μ,T) est ergodique, si et seulement si l'orbite par T de tout caractère $\gamma \neq 1$, $\gamma \in \hat{G}$, est infinie.

Démonstration

Soit $\gamma \in \hat{G}$, $\gamma \neq 1$, tel que pour un entier $n > 0$, que l'on peut choisir minimal, on ait : $\hat{T}^n\gamma = \gamma$. Les caractères γ, $\hat{T}\gamma$, ..., $\hat{T}^{n-1}\gamma$ sont distincts. Ils sont donc orthogonaux deux à deux, et la fonction $\gamma + \hat{T}\gamma + \ldots + \hat{T}^{n-1}\gamma$ est non constante. Comme elle est invariante par T , le système (G,μ,T) n'est pas ergodique.

Inversement, supposons que, pour tout $\gamma \in \hat{G}$, $\gamma \neq 1$, l'orbite de γ par $\hat{T}$ soit infinie. Soit $f \in L^2(\mu)$. La suite des coefficients de Fourier $\langle f, T^n\gamma \rangle$ tend vers 0, pour tout γ, $\gamma \neq 1$. Pour montrer que T est ergodique, il suffit de montrer que toute fonction f invariante par T et dans $L^2(\mu)$ est constante. On a :

$$\langle f, \hat{T}^n\gamma \rangle = \langle f \circ T^n, \gamma \circ T^n \rangle = \langle f, \gamma \rangle .$$

Il en résulte que f est orthogonale à tout caractère $\gamma \neq 1$, donc est constante.

Théorème 2

Soit T un automorphisme ergodique d'un groupe compact abélien G . Si le système (G,μ,T) est ergodique, il a un spectre de Lebesgue dénombrable, en particulier il est fortement mélangeant.

Démonstration

Le système des fonctions γ , $\gamma \in \hat{G}, \gamma \neq 1$ forme une base orthonormale de l'orthogonal des constantes de $L^2(\mu)$. L'opérateur associé à T permute ces fonctions. On peut donc sous nos hypothèses indexer la famille des caractères $\gamma \neq 1$ par $(\gamma_{n,i}, n \in \mathbb{Z}, i \in I)$, où I est un ensemble d'indice et $U_T\,\gamma_{n,i} = \gamma_{n+1,i}$, pour tout $n \in \mathbb{Z}$, $i \in I$. Ceci prouve que le spectre est de Lebesgue.

Un argument algébrique montre que I est nécessairement dénombrable et donc le spectre est de Lebesgue dénombrable (cf. Halmos, Lectures on Ergodic Theory).

Exemple

Prenons pour G le tore $\mathbb{R}^n/\mathbb{Z}^n$. Tout endomorphisme continu surjectif de G est obtenu de la façon suivante : soit A une matrice n x n à coefficients entiers, de déterminant non nul. Cette matrice opère sur $\mathbb{R}^n$ en conservant le réseau $\mathbb{Z}^n$. Elle définit donc par passage au quotient une transformation T_A de G qui est un endomorphisme surjectif. Dans le cas où $\det A = \pm 1$, T_A est un automorphisme.

Théorème 3

Le système $(\mathbb{R}^n/\mathbb{Z}^n, \mu, T_A)$ *est ergodique si et seulement si les valeurs propres de* A *ne sont pas racines de l'unité.*

Démonstration

Le groupe dual de $\mathbb{R}^n/\mathbb{Z}^n$ est $\mathbb{Z}^n$. Il n'est pas difficile de montrer que l'endomorphisme $\hat{T}_A$ dual de T_A est l'endomorphisme de $\mathbb{Z}^n$ associé à la matrice ${}^tA$ (transposée de A). Les orbites de ${}^tA$ dans $\mathbb{Z}^n$, autres que l'orbite de 0, sont infinies si et seulement si ${}^tA$, et donc A, a ses valeurs propres différentes des racines de l'unité.

Remarque

L'équation caractéristique de A est une équation algébrique. D'un résultat d'algèbre, on déduit que si toutes les racines de cette équation sont de module 1, certaines d'entre elles sont racines de l'unité. Si la matrice A définit un endomorphisme ergodique du tore, il en résulte que, nécessairement, certaines valeurs propres de A sont de module $\neq 1$.

2.- EXEMPLE DE PRODUIT GAUCHE

Nous donnons maintenant l'exemple d'un système dynamique dont le spectre comporte à la fois une partie discrète, et une partie "Lebesgue dénombrable".

Sur le tore $X = \mathbb{R}^2/_{\mathbb{Z}^2}$, considérons la transformation T définie par $T(x,y) = (x+\alpha, y+x)$, où α est un nombre irrationnel fixé. Cette transformation apparaît comme le produit gauche de la rotation $x \longmapsto x+\alpha$ sur le cercle et de la famille de transformations $y \mapsto y+x$ sur le cercle. La mesure de Haar μ sur X est invariante par T.

La rotation ergodique $x \longmapsto x+\alpha$ sur le cercle est un facteur du système (X,μ,T). Le spectre de (X,μ,T) comporte donc une partie discrète correspondant à ce facteur. Plus précisément, les fonctions $\varphi_{n,o}(x,y) = e^{2\pi i\, nx}$, sont des fonctions propres pour T, de valeur propre $e^{2\pi i\, n\alpha}$. Notons H_o l'espace engendré par ces fonctions dans $L^2(\mu)$.

Considérons alors les fonctions $\varphi_{n,p}(x,y) = e^{2\pi i(nx+py)}$. Pour $p \neq 0$, ces fonctions forment une base orthonormée de l'orthogonal de H_o dans $L^2(\mu)$. D'autre part, on a :

$$U_T\, \varphi_{n,p}(x,y) = e^{2\pi i\, n\alpha}\, e^{2\pi i(nx+py+px)} = e^{2\pi i\, n\alpha}\, \varphi_{n+p,p}(x,y)$$

Pour $p \neq 0$, on a donc

$$U_T^k\, \varphi_{n,p} \perp \varphi_{n,p} \quad , \text{ pour tout } p \neq 0 .$$

Ceci implique que sur l'orthogonal de H_o, le spectre du système est de Lebesgue, et il n'est pas difficile de voir qu'il est de multiplicité dénombrable.

Remarque

Les systèmes définis par des endomorphismes de groupes compacts ne sont pas strictement ergodiques : ces systèmes ont un ensemble dense de points périodiques, ce qui implique l'existence de mesures invariantes, différentes de la mesure de Haar.

Par contre le système défini sur $\mathbb{R}^2/\mathbb{Z}^2$ par $T(x,y) = (x+\alpha, y+x)$ est strictement ergodique, si α est irrationnel: Soit λ une mesure de probabilité sur $\mathbb{R}^2/\mathbb{Z}^2$ invariante par T. Nous devons montrer que λ coïncide avec la mesure de Haar μ. Pour cela, nous allons régulariser λ. Soit φ une fonction continue sur $\mathbb{R}/\mathbb{Z}$. La forme linéaire

$$f \to \iint f(x,y+z)\, \varphi(z)dz\, d\lambda(x,y) \quad , f \text{ continue sur } \mathbb{R}^2/\mathbb{Z}^2 ,$$

définit une mesure invariante par T, notée $\lambda * \varphi$. La mesure obtenue en prenant $\varphi \equiv 1$ est le relèvement dans $\mathbb{R}^2/\mathbb{Z}^2$ de l'unique mesure invariante sur le cercle par la rotation irrationnelle $x \longrightarrow x+\alpha$. C'est donc la mesure de Haar μ, qui est T-ergodique d'après le théorème 3. D'autre part, on a $\lambda * \varphi << \lambda * 1 = \mu$. Il en résulte que $\lambda * \varphi$ est proportionnelle à μ.

En choisissant une suite φ_n de fonctions continues positives sur $\mathbb{R}/\mathbb{Z}$, de masse 1, telles que la suite des mesures $\varphi_n\, dz$ converge vaguement vers la mesure de Dirac en 0, on obtient l'égalité cherchée : $\lambda = \mu$.

3.- SCHEMAS DE BERNOULLI ET CHAINES DE MARKOV

Soit $\Omega = \{1,\ldots,r\}^{\mathbb{Z}}$ l'espace des suites bilatères à valeurs dans l'ensemble fini $\{1,\ldots,r\} = E$, $r>1$. Notons x_i la ième coordonnée d'un point $x \in \Omega$. Appelons cylindres les sous-ensembles de Ω de la forme $\{x : x_n = i_n,\ldots, x_p = i_p\}$, $n\leq p$. Munissons Ω de la topologie produit. La tribu borélienne $\mathcal{A}$ sur Ω est engendrée par les cylindres. Le "shift" est l'homéomorphisme S de Ω défini par

$$(Sx)_i = x_{i+1} , \quad i \in \mathbb{Z} .$$

Toute mesure de probabilité sur Ω invariante par S , autrement dit stationnaire, définit un système dynamique mesuré. Si l'on ne suppose pas l'espace des états fini, on sort du cadre topologique compact, mais on peut alors envisager des systèmes probabilistes plus généraux. Nous nous bornerons ici à décrire les schémas de Bernoulli et les chaînes de Markov ayant un nombre d'états fini.

Soit $\pi = (\pi_1,\ldots,\pi_r)$ un vecteur de probabilité. On définit sur Ω une mesure de probabilité μ associée à π en la définissant sur les cylindres par :

$$\mu(\{x_n = i_n ,\ldots, x_p = i_p\}) = \pi_{i_n} \cdots \pi_{i_p} .$$

Cette mesure est invariante par S . Le système $(\Omega,\mathcal{A},\mu,S)$ obtenu est appelé <u>schéma de Bernoulli</u> construit sur le vecteur de probabilité π . On supposera généralement π strictement positif ($\pi_i>0$, $i = 1,\ldots,r$).

Pour construire une <u>chaîne de Markov</u>, considérons une matrice $r\times r$ stochastique $P = (P_{ij})$, $P_{ij}\geq 0$, $\sum_j P_{ij} = 1$, $i = 1,\ldots,r$ représentant les probabilités de transition entre les états de

$E = \{1,\dots,r\}$. Soit π un vecteur de probabilité (ligne) tel que $\pi P = \pi$, représentant la probabilité initiale des états. L'existence de π résulte de la théorie générale des matrices, et peut être vue aussi comme un cas (très) particulier du théorème de Markov-Kakutani appliqué à l'opérateur P , opérant sur l'ensemble compact convexe des vecteurs de probabilité de dimension r .

On définit sur Ω une mesure μ invariante par S , dite mesure markovienne, en posant :

$$\mu(\{x_n = i_n, \dots, x_p = i_p\}) = \pi_{i_n} P_{i_n, i_{n+1}} \dots P_{i_{p-1}, i_p} .$$

Dans le cas où $P_{ij} = \pi_j$, $i,j \in E$, on retrouve le schéma de Bernoulli construit sur π .

Nous allons rappeler brièvement quelques résultats de l'étude classique des propriétés ergodiques des chaînes de Markov.

Lemme 1

Les conditions suivantes sont équivalentes pour une matrice stochastique :

(1) Pour tout sous-ensemble non vide $F \subset E$, la condition $\sum_{j \in F} P_{ij} = 1$, pour tout $i \in E$, implique $F = E$

(2) Il existe un vecteur de probabilité π strictement positif solution de

$$\pi P = \pi \quad (*)$$

(3) Il existe un unique vecteur de probabilité π solution de $(*)$.

Démonstration

Il est clair que si P ne vérifie pas (1) , l'équation $(*)$ a plusieurs solutions parmi les vecteurs de probabilité, et des solutions non strictement positives. Ainsi (1) résulte de (2) et de (3) .

Inversement, soit π une solution de (*) . Alors l'ensemble F des états j tels que $\pi_j = 0$ vérifie : $P_{ij} = 0$, pour $j \in F$ et $i \notin F$, soit encore $\sum_{j \notin F} P_{ij} = 1$, pour $i \notin F$. Si P vérifie (1), ceci implique que F est vide, et (2) est vérifié.

Il nous reste à montrer que (2) implique (3). Soient π et π' deux vecteurs de probabilité solutions de (*), avec π strictement positif. Posons $\ell_{ij} = P_{ij}\, \pi_i/\pi_j$, $a_i = \pi'_i/\pi_i$. On a : $\sum_i \ell_{ij}\, a_i = a_j$, $\sum_i \ell_{ij} = 1$, pour $j = 1,\ldots,r$. Soient $M = \sup a_i$, $F = \{j \in E : a_j = M\}$. Il résulte des conditions sur (ℓ_{ij}) que l'on a : $\ell_{ij} = 0$, pour $j \in F$, $i \notin F$, d'où $P_{ij} = 0$, pour $j \in F$, $i \notin F$. Comme précédemment, ceci implique : $\sum_{j \notin F} P_{ij} = 1$, pour $i \notin F$. Si l'on suppose que (2), et donc (1) est vérifiée, il en résulte que $F = E$. Les vecteurs π et π' sont proportionnels, donc égaux, ce qui prouve que (2) implique (3).

Une matrice P vérifiant les conditions équivalentes du lemme 1 est dite <u>irréductible</u>.

<u>Théorème 4</u>

Si P est irréductible, la chaîne de Markov associée est ergodique.

<u>Démonstration</u>

Soient $P_{ij}^{(k)}$ les coefficients de la matrice P^k des probabilités de transition d'ordre k . D'après la définition de ces coefficients sont donnés par :

$$P_{ij}^{(k)} = \mu(\{X_o=i, X_k=j\})/\pi_i = \mu(\{X_o=i\} \cap T^{-k}\{X_o=j\})/\pi_i \; .$$

Le théorème ergodique montre que $q_{ij} = \lim_n \frac{1}{n} \sum_{k=o}^{n-1} P_{ij}^{(k)}$ existe. Comme la matrice $Q = (q_{ij})$ vérifie $QP = Q$, ses vecteurs lignes sont solutions de (✱). Si P est irréductible, ces vecteurs sont tous égaux à π: $q_{ij} = \pi_j$, $i, j \in E$.

D'après le théorème 3 du chapitre I, pour démontrer l'ergodicité du système, il suffit de prouver la relation

$$\lim \frac{1}{n} \sum_{k=o}^{n-1} \mu(A \cap T^{-k}B) = \mu(A) \, \mu(B) \; ,$$

et l'on peut se restreindre à prendre pour A et B des cylindres de la forme

$$A = \{X_o = i_o, \; \ldots, \; X_p = i_p\} \; ,$$
$$B = \{X_o = j_o, \; \ldots, \; X_q = j_q\} \; .$$

D'après la définition de μ , on a :

$$\frac{1}{n} \sum_{k=o}^{n-1} \mu(A \cap T^{-k}B) = \mu(A) \, \mu(B) \, \frac{1}{n} \sum_{k=1}^{n-1} P_{i_p, j_o}^{(k)} \cdot 1/\pi_{j_o} \; ,$$

expression qui, d'après ce qui précède, converge bien vers $\mu(A) \, \mu(B)$.

Théorème 5

Soit P une matrice stochastique telle que P^r , pour un entier $r > 0$, ait tous ses coefficients > 0 . Alors la chaîne de Markov associée à P est mélangeante.

Démonstration

En remplaçant la condition d'ergodicité par celle de mélange, dans la démonstration du théorème précédent, on voit qu'il suffit de montrer que $\lim_n P_{ij}^{(n)} = \pi_j$, $i,j \in E$.

Posons $M_j^{(n)} = \sup_i P_{ij}^{(n)}$, $m_j^{(n)} = \inf_i P_{ij}^{(n)}$. Comme P est stochastique, on a :

$$P_{ij}^{(n+1)} = \sum_\ell P_{i\ell} P_{\ell j}^{(n)} \leq \sup_\ell P_{\ell j}^{(n)} \cdot \sum_\ell P_{i\ell} = M_j^{(n)}$$

ce qui montre que la suite $(M_j^{(n)})$ est décroissante.

Soit $r>0$ tel que P^r ait ses coefficients >0 . Posons $C = \inf_{i,j} P_{ij}^{(r)} > 0$. Soit $\varepsilon > 0$. Pour n assez grand , on a

$$M_j^{(n+p)} > M_j^{(n)}(1-\varepsilon) .$$

Un calcul simple, utilisant à nouveau le fait que P est stochastique, montre qu'on a :

$$P_{\ell j}^{(n)} \geq M_j^{(n)}(1-\varepsilon/_C) , \quad \ell = 1,\dots,r ,$$

d'où

$$m_j^{(n)} \geq M_j^{(n)}(1-\varepsilon/_C) .$$

Ceci prouve que $(M_j^{(n)})$ et $(m_j^{(n)})$, pour tout j , convergent vers une limite commune, qui, d'après la démonstration du théorème 4 , ne peut être que π_j .

<u>Remarques</u>

La démonstration du théorème montre que P est irréductible si et seulement s'il existe, pour tout couple (i,j) un entier $r>0$ tel que $P_{ij}^{(n)} > 0$. Cette condition est plus faible que la condition : P^r a ses coefficients >0 , pour un $r>0$.

Les schémas de Bernoulli vérifient la condition de mélange. Il n'est pas difficile de montrer directement qu'ils ont un spectre de Lebesgue dénombrable. En réalité, pour ces systèmes, comme pour les chaînes de Markov mélangeantes, cette propriété résulte de la propriété plus forte de K-systèmes (cf. chapitre 5).

4.- SYSTEMES INDUITS

Nous terminerons ce chapitre d'exemples en décrivant, parmi les divers procédés de construction de systèmes dynamiques utilisés en théorie ergodique, le procédé d'induction dû à Kakutani.

Soit $(X,\mathcal{A},\mu,T)$ un système dynamique métrique. Soit $A\in\mathcal{A}$ un sous-ensemble de mesure non nulle. Nous définissons une transformation T_A de A dans lui-même en posant :

$$T_A x = T^{k(x)}x,\ x\in A\ ,\ \text{où}\ k(x) = \inf\{n>0\ :\ T^n x\in A\}\ .$$

Le fait que T_A est définie, pour presque tout $x\in A$, résulte de la propriété de récurrence suivante : l'ensemble A_0 des points de A qui ne reviennent jamais dans A sous l'action de T a des images A_0, $T^{-1}A_0$, $T^{-2}A_0$, ... disjointes. Comme la mesure est finie et invariante par T, A_0 est de mesure nulle, et donc $k(x)$ est bien défini pour presque tout $x\in A$.

On vérifie facilement que T_A est une transformation mesurable préservant la mesure sur A muni de la trace de la tribu $\mathcal{A}$ et de la restriction de μ. Dans le cas où T est inversible, T_A est également inversible. Nous dirons que T_A est la transformation induite par T sur A (ou le système induit sur A par $(X,\mathcal{A},\mu,T)$).

Lemme 2

Si T est ergodique, T_A est ergodique pour tout $A\in\mathcal{A}$ $\mu(A) > 0$.

Démonstration

Soit f une fonction sur A invariante par T_A. Pour presque tout $x \in X$, $n(x) = \inf\{n \geq 0 , T^n x \in A\}$ est bien défini d'après l'ergodicité de T ($\mu(A)>0$ implique : $\bigcup_n T^{-n}A = X$).
Posons $\tilde{f}(x) = f(T^{n(x)}x)$. La fonction $\tilde{f}$ est invariante par T sur X, donc constante, ce qui montre que f est constante.

Si l'ergodicité est conservée par le procédé d'induction, comme nous venons de le voir, il n'en est pas de même de certaines propriétés spectrales. A titre d'exemple, nous allons montrer comment, partant d'un système dynamique (presque) arbitraire, on peut construire des systèmes induits ayant une valeur propre donnée d'avance. Pour obtenir ce résultat, nous aurons besoin d'un résultat classique et fondamental en théorie ergodique.

Définition

Un système $(X, \mathcal{A}, \mu, T)$ est dit apériodique, si, pour tout $k>0$, on a :

$$\mu\{x \in X : T^k x = x\} = 0 .$$

Nous supposerons dans toute la suite que T est inversible.

Lemme 3 (Rokhlin)

Si T est apériodique, pour tout $\varepsilon > 0$, pour tout $n>0$, il existe un ensemble mesurable E tel que $E, TE, \dots, T^{n-1}E$ soient disjoints et $\mu(E \cup TE \cup \dots \cup T^{n-1}E) > 1-\varepsilon$.

Démonstration

Soit p un entier $\geq n/\varepsilon$. Considérons un ensemble D

maximal (au sens de l'inclusion et modulo μ) parmi les ensembles C tels que $C, TC, \dots, T^pC$ soient disjoints. Soit B contenu dans le complémentaire de $\bigcup_{k=-p}^{p} T^kD$. Si $\mu(B)>0$, d'après l'apériodicité de T , il existe $B_0 \subset B$, $\mu(B_0)>0$ tel que $B_0, TB_0, \dots, T^pB_0$ soient disjoints. Ceci contredit la maximalité de D . On a donc $X = \bigcup_{-p}^{p} T^kD$ (mod μ), soit encore $X = \bigcup_{0}^{2p} T^kD$, à un ensemble de mesure nulle près.

On obtient l'ensemble E cherché en posant : $E = \bigcup_{j=n}^{2p} E_j$, $E_j = \bigcup_{k=0}^{[j/n]-1} T^{kn} D_j$, où $D_j = \{x \in D : Tx \notin D, \dots, T^{j-1}x \notin D, T^jx \in D\}$.

Comme les ensembles $\{T^kD_j,\ k=0,1,\dots,j-1,\ j=0,1,2,\dots,2p\}$ forment une partition de X , il est clair que $E, TE, \dots, T^{n-1}E$ sont disjoints, et l'on a :

$$\mu(X-(E \cup TE \cup \dots \cup T^{n-1}E)) \leq n\,\mu(D) \leq n.1/_p \leq \varepsilon \quad .$$

Théorème 6

Soit T un automorphisme apériodique. Pour tout réel α , pour tout sous-ensemble A de mesure non nulle, pour tout $\varepsilon > 0$, il existe $B \subset A$ tel que $\mu(A-B) < \varepsilon$ et tel que la transformation induite T_B ait $\lambda = e^{2\pi i\alpha}$ pour valeur propre.

Démonstration

Pour simplifier la démonstration, nous supposerons que la suite (a_n) des dénominateurs partiels de la fraction continue représentant α vérifie $\Sigma 1/_{a_n} < \infty$. Le cas général s'obtient par une méthode proche de la méthode exposée ci-dessous.

Il suffit de démontrer que pour tout $\varepsilon > 0$ et tout

$\alpha \in \mathcal{C}$, il existe $E \subset X$ tel que $\mu(X-E) < \varepsilon$ et tel que T_E ait $\lambda = e^{2\pi i \alpha}$ pour valeur propre. On obtiendra le théorème en appliquant ce résultat au système (A, T_A) au lieu de (X, T). La transformation T_A, comme T, est apériodique.

Remarquons que si α était rationnel, le lemme de Rohlin rappelé plus haut donnerait immédiatement le résultat. Dans le cas étudié, nous allons procéder par approximations successives.

D'après la théorie des fractions continues, il existe une suite infinie de fractions irréductibles p_n/q_n, telles que

$$|\alpha - p_n/q_n| \leq 1/q_n\, q_{n+1} \;, \quad n \geq 0$$

les entiers q_n étant donnés par la relation de récurrence

$$q_{n+1} = a_{n+1}\, q_n + q_{n-1} \;, \quad n \geq 1 \quad .$$

De plus la série $\sum 1/q_n$, majorée par $2^{-n/2}$, converge.

Comme par hypothèse $\sum 1/a_n < \infty$, il existe un indice n_0 tel que $\sum_{n \geq n_0} 1/a_n < \varepsilon/2$. On peut supposer, en changeant les indices, qu'on a $\sum_{n \geq 1} 1/a_n < \varepsilon/2$.

Soit β_n une suite de nombres strictement positifs tels que $\sum_{n \geq 1} \beta_n < \varepsilon/2$. Nous construisons par récurrence des suites (A_n) et (B_n) de sous-ensembles de la façon suivante.

D'après le lemme de Rohlin, il existe un sous-ensemble B_1 dont les images $T^k B_1$, $k=0,\dots,q_1-1$ sont disjointes, et ont une réunion A_1 de mesure supérieure à $1-\beta_1$. Notons T_1 la transformation T_{A_1} induite sur A_1. La transformation $T_1^{q_1}$ applique B_1 sur lui-même, d'après la construction de A_1, et elle est apériodique.

Appliquons le lemme de Rohlin à la restriction de $T_1^{q_1}$ à B_1. Il existe un sous ensemble B_2 de B_1 tel que les images $T_1^{kq_1} B_2$, $k=0,\dots,a_1$ soient disjointes, et aient une réunion dont le complémentaire dans B_1 est de mesure inférieure à β_2/q_1.

Les ensembles $B_2, T_1B_2,\dots,T_1^{q_2-1} B_2$ sont alors disjoints et ont une réunion A_2, telle que

$$\mu(A_1 - A_2) \leq \beta_2 + 1/a_1 ,$$

d'après la relation $q_2=a_1q_1+q_0$ et la majoration $\mu(B_2) \leq 1/a_1q_1$.

En itérant ce procédé de construction, on obtient des suites de sous-ensembles (A_n) et (B_n) vérifiant les conditions suivantes : la suite (A_n) est décroissante,

$$A_n = \bigcup_{k=0}^{q_n-1} T_n^k B_n , \quad \text{où } T_n = T_{A_n} ,$$

les ensembles $B_n, T_nB_n,\dots,T_n^{q_n-1} B_n$ sont disjoints, $B_{n+1} \subset B_n$,

$$\mu(A_n-A_{n+1}) \leq \beta_{n+1} + 1/a_n .$$

Soit $\lambda_n = \exp(2\pi i\, p_n/q_n)$. Pour chaque n, la transformation T_n possède sur A_n une fonction propre de valeur propre λ_n, la fonction φ_n définie par $\varphi_n(x) = \lambda_n^k$, si $x \in T_n^kB_n$.

Montrons que la suite des restrictions $\tilde{\varphi}_n$ de φ_n à $E = \bigcap_n A_n$ converge vers une fonction φ qui est propre pour la transformation induite par T sur E.

Soit x un point de A_{n+1}, appartenant à $T_{n+1}^k B_{n+1} = T_n^k B_{n+1}$, $0 \leq k < q_{n+1}$. Comme $B_{n+1} \subset B_n$ et $T_n^{q_n} B_n = B_n$, le point x est dans $T_n^tB_n$, où t est le reste de la division de k par $q_n, k=rq_n+t$. D'autre part on a $0 \leq k < q_{n+1}$.

Il en résulte :

$$|\varphi_n(x)-\varphi_{n+1}(x)| = |\lambda_n^t-\lambda_{n+1}^k| = |\lambda_n^k-\lambda_{n+1}^k| ,$$

compte-tenu de $\lambda_n^{rq_n}=1$. D'où

$$|\varphi_n(x)-\varphi_{n+1}(x)| \leq q_{n+1}|\lambda_n-\lambda_{n+1}| \leq C/q_n ,$$

où C est une constante. Comme la série $1/q_n$ converge, on a montré que la suite $\tilde{\varphi}_n(x)$ converge sur E uniformément vers une fonction φ de module 1 .

Comme $E = \bigcap_n A_n$, pour presque tout x dans E , il existe un indice $N(x)$, tel que pour $n \geq N(x)$, on ait : $T_n x = T_E x$. On a donc : $\varphi_n(T_E x) = \varphi_n(T_n x) = \lambda_n \varphi_n(x)$, $n \geq N(x)$; d'où, pour $n \geq N(x)$:

$$|\varphi(T_E x)-\lambda\varphi(x)| \leq |\varphi(T_E x)-\varphi_n(T_E x)|+|\lambda_n\varphi_n(x)-\lambda\varphi_n(x)|+|\lambda\varphi_n(x)-\lambda\varphi(x)|$$

$$\leq 2\,||\varphi-\varphi_n||_\infty + |\lambda_n-\lambda| \to 0 , \; n \to \infty .$$

En conclusion, on a construit un ensemble E tel que T_E ait λ pour valeur propre, et tel que

$$\mu(X-E) \leq \mu(X-A_1)+\sum_{n\geq 1} \mu(A_n-A_{n+1}) \leq \sum \beta_n+\sum 1/\alpha_n < \varepsilon.$$

IV- ENTROPIE METRIQUE ET PARTITIONS GENERATRICES

1.- PARTITIONS, ENTROPIE D'UNE PARTITION

Soit $(X, \mathcal{A}, \mu)$ un espace probabilisé. Tous les sous-ensembles de X, toutes les fonctions définies sur X considérés dans la suite seront, par hypothèse ou par construction, $\mathcal{A}$-mesurables. Les tribus seront des sous-tribus de $\mathcal{A}$. Enfin, nous conviendrons d'identifier fonctions et classes de fonctions modulo μ.

Définition

Nous appelerons <u>partition</u> de X une famille finie $\alpha = (A_1, \ldots, A_n)$ de sous-ensembles disjoints de X dont la réunion est X. Le nombre d'éléments de mesure non nulle de α est noté $|\alpha|$.

Une partition α est dite plus fine qu'une partition β, notation $\beta \leq \alpha$, si chaque élément de β est une réunion d'éléments de α. La borne supérieure de deux partitions α et β est

$$\alpha \vee \beta = \{A \cap B \ , \ A \in \alpha \ , \ B \in \beta\} .$$

A toute partition, nous associons :

- une fonction $I(\alpha)$, "fonction d'incertitude"

$$I(\alpha)(x) = -\mathrm{Log}\, \mu(A), \text{ pour } x \in A \in \alpha ,$$

- et un nombre $H(\alpha)$, son <u>entropie</u>, qui est l'intégrale de $I(\alpha)$:

$$H(\alpha) = \int I(\alpha)\, d\mu = - \sum_{A \in \alpha} \mu(A)\, \mathrm{Log}\, \mu(A) .$$

Soient α et β deux partitions. La "fonction d'incertitude conditionnelle" de α par rapport à β est définie par :

$$I(\alpha|\beta)(x) = -\mathrm{Log}\,\frac{\mu(A\cap B)}{\mu(B)} \quad , \text{ pour } \quad x \in A\cap B \in \alpha \vee \beta \,.$$

<u>L'entropie conditionnelle</u> de α par rapport à β est l'intégrale de cette fonction :

$$H(\alpha|\beta) = \int I(\alpha|\beta)\,d\mu = -\sum_{A\in\alpha,\, B\in\beta} \mu(A\cap B)\,\mathrm{Log}\,\frac{\mu(A\cap B)}{\mu(B)} \,.$$

L'entropie conditionnelle $H(\alpha|\beta)$ est aussi la valeur moyenne de l'entropie des traces de la partition α sur les éléments de β :

$$H(\alpha|\beta) = -\sum_{B\in\beta} \mu(B) \sum_{A\in\alpha} \mu_B(A)\,\mathrm{Log}\,\mu_B(A) \quad , \text{ avec } \quad \mu_B(A) = \frac{\mu(A\cap B)}{\mu(B)} \,.$$

<u>Propriétés de l'entropie</u>

Nous rassemblons dans le lemme suivant une série de propriétés élémentaires de l'entropie.

<u>Lemme 1</u>

Etant données α et β des partitions de X , les relations suivantes sont vérifiées :

$0 \leq H(\alpha) \leq \mathrm{Log}\,|\alpha|$,

$(H(\alpha) = 0) \Longleftrightarrow (\alpha$ est la partition triviale ν de $X)$,

$(H(\alpha) = \mathrm{Log}\,|\alpha|) \Longleftrightarrow (\mu(A) = 1/_{|\alpha|}$ pour tout $A\in\alpha)$,

$0 \leq H(\alpha|\beta) \leq H(\alpha)$,

$(H(\alpha|\beta) = 0) \Longleftrightarrow (\alpha < \beta)$,

$(H(\alpha|\beta) = H(\alpha)) \Longleftrightarrow (\alpha$ et β sont indépendantes, i.e.
$\mu(A\cap B) = \mu(A)\,\mu(B)$,quels que soient
$A \in \alpha,\ B \in \beta)$,

$H(\alpha\vee\beta) = H(\alpha) + H(\beta|\alpha) \leq H(\alpha) + H(\beta)$.

Démonstration

L'inégalité $H(\alpha) \leq \text{Log} |\alpha|$ résulte de la convexité de la fonction Log. De même, pour obtenir l'inégalité $H(\alpha|\beta) \leq H(\alpha)$, on utilise la convexité de la fonction $x \longmapsto -x \text{ Log } x = f(x)$:

$$H(\alpha|\beta) = \sum_A \sum_B \mu(B)\, f(\mu_B(A)) \leq \sum_A f(\sum_B \mu(B)\, \mu_B(A)) = \sum_A f(\mu(A)) = H(\alpha)$$

La relation $H(\alpha \vee \beta) = H(\alpha) + H(\beta|\alpha)$ résulte immédiatement de la définition de l'entropie conditionnelle $H(\alpha|\beta)$.

La stricte convexité de f implique que l'égalité $H(\alpha|\beta) = H(\alpha)$ n'est réalisée que si la mesure conditionnellè $\mu_B(A)$ est indépendante de B pour tout A . On a alors $\mu(A \cap B) = \mu(A)\, \mu(B)$, pour tout $A \in \alpha$, tout $B \in \beta$. Les partitions α et β sont dans ce cas indépendantes.

Remarquons que toutes ces relations sont conformes à ce que l'on peut attendre de l'entropie considérée comme mesure de l'information attachée à une partition (information : "être dans l'élément A de α").

Une distance entre partitions : il est commode de définir sur l'espace $\mathcal{M}$ des partitions de X une distance, en posant

$$d(\alpha,\beta) = H(\alpha|\beta) + H(\beta|\alpha) .$$

Les relations du lemme 1 permettent de vérifier que d est bien une distance.

2.- ENTROPIE D'UN SYSTEME DYNAMIQUE

Supposons maintenant donnée sur $(X,\mathcal{A},\mu)$ une transformation T mesurable et conservant la mesure de probabilité μ . Nous allons définir l'entropie du système dynamique $(X,\mathcal{A},\mu,T)$. Pour cela, faisons agir T sur l'espace des partitions de X, en posant pour toute partition α :

$$T^{-1}\alpha : \{T^{-1}A,\ A \in \alpha\} .$$

Lemme 2

$$H(T^{-1}\alpha) = H(\alpha) .$$

Démonstration

Résulte de l'invariance de μ .

Lemme 3

Pour toute partition α , la suite

$$\frac{1}{n} H(\alpha \vee \ldots \vee T^{-n+1}\alpha)$$

converge vers une limite.

Démonstration

Les lemmes 1 et 2 prouvent la sous-additivité de la fonction $n \longmapsto H(\alpha \vee \ldots \vee T^{-n+1}\alpha)$. Le résultat classique sur la convergence des moyennes des suites sous-additives implique l'existence de la limite.

Notons $h_\mu(\alpha,T)$ la limite de $\frac{1}{n} H(\alpha \vee \ldots \vee T^{-n+1}\alpha)$.
On appelle entropie du système $(X,\mathcal{Q},\mu,T)$ le nombre

$$\boxed{h_\mu(T) = \sup_\alpha h_\mu(\alpha,T)}$$

Dans la définition de l'entropie, α décrit l'espace des partitions de X .

Il n'est pas difficile de voir que le nombre $h_\mu(T)$ est un invariant du système : si deux systèmes $(X,\mathcal{Q},\mu,T)$ et (Y,B,ν,S) sont isomorphes au sens de la mesure, alors $h_\mu(T) = h_\nu(S)$.

Remarques

L'entropie $h_\mu(T)$ est dans $[0,+\infty]$. Elle peut être infinie.

Du lemme 1, on déduit que, pour toute partition α, on a :

$$0 \leq h_\mu(\alpha,T) \leq H(\alpha) < \operatorname{Log} |\alpha| < \infty ,$$

Quand il n'y a pas d'ambiguité sur le choix de la mesure μ nous écrivons $h(\alpha,T)$ au lieu de $h_\mu(\alpha,T)$ et $h(T)$ au lieu de $h_\mu(T)$.

Un problème fondamental est évidemment le calcul de l'entropie de systèmes dynamiques particuliers. Le résultat suivant est destiné à faciliter ce calcul.

Soit (α_n) une suite de partitions. Nous noterons $\bigvee_n \alpha_n$ la plus petite tribu (sous tribu de $\mathcal{Q}$) contenant les éléments des partitions α_n.

Si (α_n) est une suite croissante de partitions telle que

$$\bigvee_n \alpha_n = \mathcal{Q}$$

nous dirons que la suite (α_n) est <u>génératrice</u>.

Proposition 1

Soit (α_n) une suite croissante génératrice de partitions. On a :

$$h_\mu(T) = \lim_n h_\mu(\alpha_n,T) .$$

Démonstration

D'après l'hypothèse $\mathcal{Q} = \bigvee_n \alpha_n$, pour tout ensemble $A \in \mathcal{Q}$ et pour tout $\varepsilon > 0$, il existe n et un ensemble B formé d'éléments de α_n tels que $\mu(A \Delta B) < \varepsilon$.

Pour mentrer la proposition d'une façon élémentaire, utilisons la distance d sur l'espace $\mathcal{M}$ des partitions de X .

Par un calcul simple, on obtient l'inégalité

$$(*)\qquad |h(\alpha,T) - h(\beta,T)| \leq d(\alpha,\beta) .$$

En effet :

$$H(\bigvee_0^{n-1} T^{-k}\alpha \vee \bigvee_0^{n-1} T^{-k}\beta) = H(\bigvee_0^{n-1} T^{-k}\alpha) + H(\bigvee_0^{n-1} T^{-k}\beta | \bigvee_0^{n-1} T^{-k}\alpha)$$

$$= H(\bigvee_0^{n-1} T^{-k}\beta) + H(\bigvee_0^{n-1} T^{-k}\alpha | \bigvee_0^{n-1} T^{-k}\beta) ,$$

d'où

$$|H(\bigvee_0^{n-1} T^{-k}\alpha) - H(\bigvee_0^{n-1} T^{-k}\beta)| \leq H(\bigvee_0^{n-1} T^{-k}\beta | \bigvee_0^{n-1} T^{-k}\alpha)$$

$$+ H(\bigvee_0^{n-1} T^{-k}\alpha | \bigvee_0^{n-1} T^{-k}\beta) \leq n\, H(\beta|\alpha) + n\, H(\alpha|\beta) .$$

L'inégalité (*) s'obtient en divisant par n et en passant à la limite.

Soit alors β une partition quelconque. Pour $\varepsilon > 0$ donné, il existe un entier n et pour chaque $B_i \in \beta$ un ensemble A_i formé d'éléments de α_n tels que $\mu(B_i \Delta A_i) < \varepsilon$.

En modifiant très peu les ensembles A_i , on peut se ramener au cas où ils forment une partition, soit γ , de X . D'après la définition de l'entropie conditionnelle, la distance $d(\beta,\gamma)$ peut être rendue inférieure à un nombre $\eta>0$ donné ,si ε est choisi assez petit. D'après l'inégalité (*) on a donc :

$$h(\beta,T) \leq h(\gamma,T) + \eta ,$$

puis, γ étant moins fine que α_n ,

$$h(\gamma,T) \leq h(\alpha_n,T) ,$$

d'où

$$h(\beta,T) \leq h(\alpha_n,T) + \eta .$$

Comme β et η sont arbitraires, on a bien

$$h_\mu(T) \leq \lim_n h_\mu(\alpha_n,T) .$$

3.- PARTITIONS GENERATRICES ET CODAGES

Soit $(X,\mathcal{Q},\mu,T)$ un système dynamique. Nous supposerons pour simplifier la présentation que T est inversible.

Une partition α est dite <u>génératrice pour T</u>, si l'on a

$$\mathcal{Q} = \bigvee_n \bigvee_{-n}^{n} T^k\alpha \quad .$$

<u>Théorème 1</u> (Kolmogorov)

Si une partition α est génératrice pour T, on a :

$$h_\mu(T) = h_\mu(\alpha,T) .$$

<u>Démonstration</u>

D'après la proposition 1, on a :

$$h_\mu(T) = \lim_n h_\mu(\bigvee_{-n}^{n} T^k\alpha,T) .$$

Pour n fixé, on a d'autre part :

$$\lim_p \frac{1}{p} H(\bigvee_{-n}^{n} T^k\alpha \vee \dots \vee T^{-p+1} \bigvee_{-n}^{n} T^k\alpha) = \lim_p \frac{1}{p} H(\bigvee_{-n}^{p+n-1} T^{-k}\alpha)$$

$$= \lim_p \frac{1}{p} H(\bigvee_{0}^{p+2n-1} T^{-k}\alpha) = h_\mu(\alpha,T) .$$

Grâce à ce théorème, on peut effectuer un calcul explicite de l'entropie d'un système dynamique toutes les fois qu'une partition génératrice α est mise en évidence pour ce système, telle que le calcul de $h_\mu(\alpha,T)$ soit possible. C'est le cas des processus stationnaires pour lesquels la mesure stationnaire est définie d'une façon "simple". Nous allons en donner des exemples. Auparavant, montrons comment la notion de partition génératrice est reliée à celle de processus stationnaire.

Soit $\alpha = (A_1,\dots,A_r)$ une partition de X. Soit $\Omega = \{1,\dots,r\}^{\mathbb{Z}}$ l'espace des suites bilatères à valeurs dans

$\{1,\dots,r\}$. A tout $x \in X$, associons la suite $\omega(x) \in \Omega$ définie par $T^n x \in A_{\omega_n(x)}$. Cette suite représente "l'histoire du point x".

Nous appelons <u>codage associé</u> à α l'application φ de X dans Ω définie par $x \xrightarrow{\varphi} \omega(x)$.

Soit S le shift sur Ω . D'après la construction de φ , on a $S\varphi = \varphi T$.

Notons $\mathcal{B}$ la tribu produit sur Ω et $\varphi\mu$ la mesure image de μ par φ . Le codage φ définit un homomorphisme du système $(X,\mathcal{Q},\mu,T)$ sur $(\Omega,\mathcal{B},\varphi\mu,S)$.

Si φ est injective mod μ , c'est-à-dire si, pour presque tout x la donnée de la suite $\omega(x)$ détermine le point x , alors φ réalise un isomorphisme entre $(X,\mathcal{Q},\mu,T)$ et $(\Omega,\mathcal{B},\varphi\mu,S)$. On a donc dans ce cas <u>représenté le système dynamique comme un processus stationnaire.</u> Un théorème de théorie de la mesure, que nous admettrons, montre qu'il en est ainsi si et seulement si α est génératrice:

<u>Théorème</u> 2

Soit $(X,\mathcal{Q},\mu,T)$ un système dynamique tel que $(X,\mathcal{Q},\mu)$ soit un espace de Lebesgue et T soit inversible. Une partition α de X est génératrice pour T si et seulement s'il existe un sous-ensemble N négligeable dans X tel que la restriction à $X-N$ du codage φ associé à α soit injective.

D'après le théorème 1, si α est une partition génératrice à r éléments, on a :

$$h_\mu(T) = h_\mu(\alpha,T) \leq H(\alpha) \leq \text{Log } r \ .$$

Il est donc nécessaire, pour qu'il existe une partition génératrice, que l'entropie du système soit finie. Cette entropie minore le logarithme du nombre d'éléments de toute partition génératrice.

Un important théorème dû à W. KRIEGER fournit une réciproque de ce résultat.

Théorème 3

Soit $(X,\mathcal{Q},\mu,T)$ *un système dynamique ergodique, avec* T *inversible, d'entropie* $h_\mu(T)$ *finie. Alors il existe une partition* α *génératrice pour* T *, à* r *éléments, avec* $r \leq [e^{h_\mu(T)}] + 1$.

Nous admettons également ce résultat.

Remarque

Nous n'avons considéré dans tout ce qui précède que des partitions finies. En fait, on peut étendre la définition de l'entropie aux partitions dénombrables et introduire ainsi l'espace des partitions dénombrables d'entropie finie (espace métrique complet pour la distance d définie en §1).

Antérieurement aux résultats de Krieger, Rokhlin avait montré l'existence de partitions dénombrables génératrices (éventuellement d'entropie infinie) pour les systèmes ergodiques.

4.- CALCUL D'ENTROPIE

Nous donnons ici quelques exemples simples de calculs d'entropie. D'autres exemples, de nature algèbrique, seront traités au chapitre VI .

Schémas de Bernoulli

Soit $\pi = (\pi_1, \ldots, \pi_2)$ un vecteur de probabilité. Soit μ_π la mesure stationnaire sur $\Omega = \{1, \ldots, r\}^{\mathbb{Z}}$ définie comme mesure produit de composantes égales à π. Le système $(\Omega, \mathcal{B}, \mu_\pi, S)$ constitue un schéma de Bernoulli.

Soit $\alpha = (A_1, \ldots, A_r)$ la partition en les cylindres d'indices 0 :

$$A_i = \{\omega : \omega_0 = i\} .$$

Cette partition est naturellement génératrice pour le système. (Ceci est vrai, d'après la construction même de la tribu $\mathcal{B}$, quelle que soit la mesure stationnaire μ sur $(X, \mathcal{B})$.)

D'autre part, comme μ_π est la mesure produit, les images de la partition α par les puissances S^k du shift sont indépendantes entre elles. On a donc :

$$H\left(\bigvee_0^{n-1} S^{-k}\alpha\right) = n\, H(\alpha) = -n \sum_i^r \pi_i \operatorname{Log} \pi_i ,$$

d'où, en appliquant le théorème 1 :

$$\boxed{h_{\mu_\pi}(S) = H(\pi) = -\sum_{i=1}^{r} \pi_i \operatorname{Log} \pi_i}$$

L'entropie étant un invariant des systèmes dynamiques métriques, on a obtenu :

Théorème 4

Considérons deux schémas de Bernoulli construits sur des vecteurs de probabilité π *et* π' *. Pour qu'ils soient isomorphes, il est nécessaire que* π *et* π' *aient même entropie :* $H(\pi) = H(\pi')$.

Il résulte du théorème qu'il existe un continuum de schémas

de Bernoulli deux à deux non isomorphes. La seule théorie spectrale ne peut conduire à ce résultat, puisque les schémas de Bernoulli ont le même type spectral, spectre de Lebesgue dénombrable.

On remarquera que l'égalité $H(\pi) = H(\pi')$ ne donne aucune indication sur les dimensions des vecteurs π et π'. Par exemple, les vecteurs $(\frac{1}{2}, \frac{1}{8}, \frac{1}{8}, \frac{1}{8}, \frac{1}{8})$ et $(\frac{1}{4}, \frac{1}{4}, \frac{1}{4}, \frac{1}{4})$ ont la même entropie $2 \operatorname{Log} 2$ et sont de dimensions différentes.

Le théorème a été prouvé en 1958 par KOLMOGOROV après qu'il ait construit l'entropie des systèmes dynamiques comme nouvel invariant. Nous verrons plus loin que la réciproque du théorème 4 a été obtenue par ORNSTEIN en 1968.

Chaînes de Markov

Soient P une matrice stochastique $r \times r$ et π un vecteur (ligne) de probabilité tel que $\pi P = \pi$. Considérons sur $\Omega = \{1, \dots r\}^{\mathbb{Z}}$ la mesure markovienne μ associée à (P, π).

Soit à nouveau α la partition en cylindres d'indice 0. En utilisant l'entropie conditionnelle, on obtient :

$$H_\mu\Big(\bigvee_0^{n-1} S^{-k}\alpha\Big) = n\, H_\mu(\alpha \mid S^{-1}\alpha) = n \sum_{i,j} \pi_i\, P_{ij} \operatorname{Log} p_{ij} .$$

Comme α est génératrice, on a donc :

$$\boxed{h_\mu(S) = -\sum_{i,j} \pi_i\, P_{ij} \operatorname{Log} P_{i,j}}$$

Cette formule redonne l'entropie des schémas de Bernoulli, dans le cas où les lignes de P sont identiques.

Toutes les formules précédentes restent valables dans le cas des systèmes (schémas de Bernoulli, ou chaînes de Markov) unilatères.

Exemples de systèmes d'entropie nulle

a) Soit T un homéomorphisme du cercle et soit μ une mesure de probabilité invariante par T. Dans le cas où T est sans points périodiques, nous avons vu que μ est unique. Montrons que, dans tous les cas, on a : $h_\mu(T) = 0$.

Soit α une partition du cercle en intervalles semi-ouverts. On montre facilement que le nombre d'éléments non vides de la partition $\alpha \vee T^{-1}\alpha \vee \dots \vee T^{-n+1}\alpha$ croit linéairement. Il résulte du lemme 1 que la suite $H(\alpha \vee T\alpha \vee \dots \vee T^{-n+1}\alpha)$ croît comme $\text{Log}\, n$, et donc que $h_\mu(\alpha,T) = 0$. La proposition 1, appliquée à une suite génératrice de partitions du cercle en intervalles semi-ouverts, montre que $h_\mu(T) = 0$.

b) Soit T une rotation sur un groupe compact abélien G. En même temps que nous calculerons l'entropie d'une transformation affine au chapitre VI, nous obtiendrons que $h_\mu(T) = 0$, où μ est la mesure de Haar de G.

Il en résulte que tout système dynamique à spectre discret est d'entropie nulle. En effet, un tel système est isomorphe à une rotation ou un groupe abélien compact muni de la mesure de Haar.

V - PROPRIETES D'INDEPENDANCE, THEORIE D'ORNSTEIN

Au chapitre précédent, l'entropie nous a permis de construire un invariant des systèmes dynamiques. Nous allons maintenant utiliser cette notion pour exprimer des propriétés d'indépendance liées à la structure des systèmes dynamiques.

Comme précédemment, on suppose donnés un espace probabilisé $(X, \mathcal{Q}, \mu)$ et une transformation T sur X, $\mathcal{Q}$-mesurable et conservant μ. Toutes les fois que cela sera nécessaire, T sera supposée inversible.

1.- NOUVELLE EXPRESSION DE $h(\alpha, T)$

L'entropie $h(\alpha, T)$ a été introduite comme une limite. Elle peut également être exprimée comme une entropie conditionnelle, en conditionnant par une tribu associée à α: la tribu du passé. Nous devons d'abord préciser quelques notations.

Probabilité conditionnelle

La probabilité conditionnelle $\mu(C|\mathcal{B})$ d'un ensemble C par rapport à une tribu $\mathcal{B}$ est l'espérance conditionnelle de sa fonction caractéristique 1_C par rapport à $\mathcal{B}$. Rappelons que c'est l'unique fonction $\mathcal{B}$-mesurable telle que, pour tout $B \in \mathcal{B}$,

$$\int_B \mu(C|\mathcal{B})\, d\mu = \int_B 1_C\, d\mu .$$

Si α est une partition de X, la probabilité conditionnelle d'un ensemble C par rapport à [la tribu engendrée par] α est donnée par :

$$\mu(C|\alpha)(x) = \frac{\mu(C \cap A)}{\mu(A)} \quad , \text{ pour } \quad x \in A \in \alpha \ .$$

<u>Entropie conditionnelle par rapport à une tribu</u>

Soient α une partition et $\mathcal{B}$ une tribu. L'entropie conditionnelle $H(\alpha|\mathcal{B})$ de α par rapport à $\mathcal{B}$ est définie par :

$$H(\alpha|\mathcal{B}) = - \sum_{A \in \alpha} \int_A \operatorname{Log} \mu(A|\mathcal{B}) \, d\mu \ .$$

Si $\mathcal{B}$ est la tribu finie engendrée par une partition β, $H(\alpha|\mathcal{B})$ coïncide avec l'entropie $H(\alpha|\beta)$ déjà définie. Il n'est pas difficile de montrer que l'entropie conditionnelle par rapport à une tribu vérifie les propriétés énoncées dans le lemme 1, chap. IV (utiliser l'inégalité de Jensen).

<u>Notations</u>

Soit α une partition (identifiée à la tribu finie qui lui est associée). On pose :

$$\alpha_T^- = \bigvee_1^\infty T^{-k} \alpha \ ,$$

$$\alpha_T^+ = \bigvee_1^\infty T^k \alpha \ ,$$

$$\alpha_T = \bigvee_{-\infty}^{+\infty} T^k \alpha \ .$$

Les tribus α_T^-, α_T^+ sont dites respectivement tribu du "passé" de α, tribu du "futur" de α. Notons que d'après la définition du chapitre précédent, α est génératrice si $\alpha_T = \mathcal{Q}$.

On pose également

$$\alpha_n^m = \bigvee_{k=n}^{k=m} T^k \alpha \ .$$

Proposition 1

$$h(\alpha,T) = \lim_n H(\alpha|\alpha_{-n}^{-1}) = H(\alpha|\alpha_T^-) .$$

Démonstration

On a, d'après le lemme 1 du chapitre IV ,

$$H(\alpha_{-n}^{o}) = H(\alpha_{-n}^{-1}) + H(\alpha|\alpha_{-n}^{-1}) = H(\alpha_{-n+1}^{o}) + H(\alpha|\alpha_{-n}^{-1}) .$$

Ainsi $h(\alpha,T) = \lim_n \frac{1}{n} H(\alpha_o^n)$ est aussi la limite décroissante de $H(\alpha|\alpha_{-n+1}^{-1})$. Quand n tend vers l'infini, la suite croissante α_{-n+1}^{-1} engendre la tribu du passé α_T^- . Par un résultat classique sur les martingales, on a donc :

$$h(\alpha,T) = \lim_n H(\alpha|\alpha_{-n+1}^{-1}) = H(\alpha|\alpha_T^-) .$$

Remarque

Supposons T inversible. D'après l'invariance de la mesure, on a

$$H(\alpha_o^n) = H(\alpha_o^{-n}) .$$

On peut donc changer T en T^{-1} dans le calcul de l'entropie. On obtient ainsi :

$$h(\alpha,T) = h(\alpha,T^{-1}) = H(\alpha|\alpha_T^-) = H(\alpha|\alpha_T^+) .$$

2.- INDEPENDANCE

Rappelons que deux partitions α et β sont <u>indépendantes</u> (notation $\alpha \perp \beta$) si chaque élément de α est indépendant de β , autrement dit, si, pour tout $A \in \alpha$ et tout $B \in \beta$,

$$\mu(A \cap B) = \mu(A)\,\mu(B) .$$

Pour mesurer l'indépendance entre α et β , il est naturel d'introduire la quantité, nulle dans le cas de l'indépendance :

$$j(\alpha,\beta) = \sum_{A\in\alpha, B\in\beta} |\mu(A\cap B) - \mu(A)\,\mu(B)| \quad .$$

Nous dirons que α est <u>ε-indépendante</u> de β (notation $\alpha \overset{\varepsilon}{\perp} \beta$), si l'on a :

$$j(\alpha,\beta) \leq \varepsilon \quad .$$

Cette relation est symétrique en α et β. D'autre part, en utilisant la notation des probabilités conditionnelles, on peut écrire j sous la forme :

$$j(\alpha,\beta) = \sum_{A\in\alpha} \int_X |\mu(A|\beta) - \mu(A)|\, d\mu \quad ,$$

expression qui garde un sens si l'on remplace β par une tribu quelconque. Si $\mathcal{B}$ est une tribu, on définit donc :

$$j(\alpha,\mathcal{B}) = \sum_{A\in\alpha} \int_X |\mu(A|\mathcal{B}) - \mu(A)|\, d\mu \quad ,$$

et l'on dit que α est ε-indépendante de $\mathcal{B}$ (notation $\alpha \overset{\varepsilon}{\perp} \mathcal{B}$) si l'on a :

$$j(\alpha,\mathcal{B}) \leq \varepsilon \quad .$$

L'entropie conditionnelle donne un autre moyen de mesurer l'indépendance. En effet, la quantité

$$H(\alpha) - H(\alpha|\beta) = -\sum_{A\in\alpha, B\in\beta} \mu(A\cap B) \operatorname{Log} \frac{\mu(A\cap B)}{\mu(A)\mu(B)} \quad ,$$

nulle si α est indépendante de β, donne une mesure de l'indépendance qui est équivalente à celle donnée par j, d'après le résultat suivant :

<u>Proposition 2</u> (Smorodinsky)

Pour toute partition α et toute tribu $\mathcal{B}$, $\alpha \overset{\varepsilon}{\perp} \mathcal{B}$ implique $H(\alpha) - H(\alpha|\mathcal{B}) \leq \varepsilon$. Inversement, pour tout $\varepsilon > 0$, il existe $\delta(\varepsilon) > 0$ tel que

$$H(\alpha) - H(\alpha|\mathcal{B}) \leq \delta(\varepsilon)$$

implique $\alpha \overset{\varepsilon}{\perp} \mathcal{B}$.

Démonstration

On utilise les propriétés de convexité et de continuité des fonctions intervenant dans la définition de $H(\alpha|\mathcal{B})$.

Revenons aux systèmes dynamiques. La propriété pour un système dynamique $(X,\mathcal{A},\mu,T)$ d'être [isomorphe à] un schéma de Bernoulli peut s'écrire :

il existe dans X une partition α génératrice pour T telle que, si $[m,n]$ et $[p,q]$ sont des intervalles disjoints, on ait $\alpha_m^n \perp \alpha_p^q$, ou, ce qui est équivalent, $\alpha \perp \alpha_T^-$.

Le résultat d'Ornstein déjà mentionné concernant les schémas de Bernoulli peut être énoncé de la façon suivante :

Théorème 1 (D. Ornstein)

Soit $(X,\mathcal{A},\mu,T)$ un schéma de Bernoulli d'entropie $h(T)$. Pour tout vecteur de probabilité π d'entropie $H(\pi) = h(T)$, il existe une partition α dans X de distribution π génératrice pour T telle que l'on ait $\alpha \perp \alpha_T^-$.

On remarque que, dans l'énoncé de ce théorème, la seule condition d'isomorphisme porte sur l'entropie. La dimension des vecteurs de probabilités sur lesquels sont construits les schémas est quelconque.

Il est important de noter que l'isomorphisme établi par

le résultat d'Ornstein entre deux schémas de Bernoulli de même entropie ne respecte pas la structure "locale" de ces systèmes associée à la construction des espaces comme espaces produits. Les schémas de Bernoulli construits sur les vecteurs de probabilité $(\frac{1}{2}, \frac{1}{8}, \frac{1}{8}, \frac{1}{8}, \frac{1}{8})$ et $(\frac{1}{4}, \frac{1}{4}, \frac{1}{4}, \frac{1}{4})$, qui ont même entropie comme nous l'avons remarqué au chapitre précédent, sont isomorphes d'après le théorème 2 . Dans ce cas particulier, l'isomorphisme avait été établi par Meshalkin en 1959 à l'aide d'une méthode liée à la nature très particulière des vecteurs de probabilité étudiés et respectant la structure "locale" des systèmes (l'isomorphisme entre les systèmes ne dépend pour presque tout point que d'un nombre fini de coordonnées du point).

La méthode de Meshalkin a été généralisée par Blum et Hanson, mais ne paraît pas pouvoir s'appliquer à tous les schémas de Bernoulli.

3.- PARTITIONS FAIBLEMENT DE BERNOULLI ET CHAINES DE MARKOV

Nous allons affaiblir la condition d'indépendance très forte sur la partition α génératrice liée à la propriété de Bernoulli. Une forme affaiblie d'indépendance implique encore cependant la propriété globale d'isomorphisme avec un schéma de Bernoulli.

Définition

Une partition α dans un système dynamique est dite faiblement de Bernoulli si, pour tout $\varepsilon > 0$, il existe n tel que, pour tout $m \geq 0$:

$$\alpha_0^m \overset{\varepsilon}{\perp} T^{-n} \alpha_{-m}^0 .$$

En utilisant les propriétés de l'entropie, et la proposition 2, il n'est pas difficile de montrer que cette condition équivaut à :

$$\lim_n H(\alpha_0^m \mid T^{-n} \alpha_T^-) = H(\alpha_0^m) ,$$

uniformément en m .

Théorème 2 (N. Friedman, D. Ornstein)
Si le système dynamique $(X,\mathcal{Q},\mu,T)$ possède une partition génératrice faiblement de Bernoulli, il est isomorphe à un schéma de Bernoulli.

En d'autres termes, s'il existe dans un système dynamique une partition génératrice vérifiant une condition convenable d'indépendance asymptotique (propriété de Bernoulli faible), on peut construire une autre partition génératrice dans le système dynamique vérifiant la propriété de Bernoulli, c'est-à-dire l'indépendance exacte.

Ce résultat s'applique en particulier aux systèmes associés aux chaînes de Markov. Soit $(X,\mathcal{Q},\mu,T)$ un tel système. Soit α la partition génératrice pour le shift T en les cylindres associés à la coordonnée d'indice 0 . La propriété de Markov est équivalente à :

$$(1) \qquad H(\alpha|\alpha_T^-) = H(\alpha|T^{-1}\alpha) .$$

Pour appliquer le théorème de Friedman et Ornstein, nous devons montrer que la partition α est faiblement de Bernoulli. De la condition (1), on déduit :

$$H(\alpha|T^{-n} \alpha_T^-) = H(\alpha|T^{-(n+1)}\alpha) , \text{ pour tout } n > 0 .$$

De là, et en développant l'entropie, on obtient :

$$H(\alpha_0^m) - H(\alpha_0^m | T^{-n} \alpha_T^-) = H(\alpha) + H(\alpha | T^{-(n+1)} \alpha) ,$$

quantité indépendante de m , et tendant vers 0 si la chaîne de Markov est mélangeante, c'est-à-dire si l'on a :

$$\lim_n \mu(A \cap T^{-n} B) = \mu(A) \mu(B) \quad , \text{ pour tous } A, B \in \mathcal{Q} .$$

On a donc le résultat :

Théorème 3 (N. Friedman, D. Ornstein)

Les systèmes dynamiques définis par les chaînes de Markov mélangeantes sont isomorphes à des schémas de Bernoulli.

Ainsi l'entropie est un invariant complet dans la classe des chaînes de Markov, comme dans celle des schémas de Bernoulli.

4.- PROPRIETES DE K-SYSTEME

En affaiblissant encore les conditions d'indépendance, on définit une classe de systèmes dynamiques comprenant les schémas de Bernoulli, mais strictement plus grande, la classe des K-systèmes.

Nous dirons qu'une partition α dans un système dynamique $(X, \mathcal{Q}, \mu, T)$ est une partition de K-système si elle vérifie la condition : pour tout $\varepsilon > 0$ et tout $k \geq 0$, il existe un n tel que, pour $m \geq 0$

$$\alpha_0^k \overset{\varepsilon}{\perp} T^{-n} \alpha_{-m}^0 .$$

Cette condition équivaut à : pour tout $\varepsilon > 0$ et tout $k \geq 0$, il existe un n tel que :

$$\alpha_0^k \overset{\varepsilon}{\perp} T^{-n} \alpha_T^- .$$

Elle exprime que le "passé" de α tend, en s'éloignant à devenir indépendant du "présent". Considérons la tribu du "passé" éloigné de α définie par :

$$\alpha_\infty^- = \bigwedge_n T^{-n} \alpha_T^- .$$

Si α est une partition de K-système, α_∞^- doit être indépendante de α_0^k, pour tout k, donc de la tribu α_T engendrée par α. Comme α_∞^- est contenue dans cette tribu, α_∞^- doit être triviale. Il n'est pas difficile d'obtenir la réciproque de ce résultat. On a donc la

<u>Proposition 3</u>

Une partition α est une partition de K-système si, et seulement si, son passé éloigné α_∞^- est trivial.

Formulons maintenant de façon globale la propriété de K-système (notion introduite par Kolmogorov). Un système dynamique $(X, \mathcal{A}, \mu, T)$ est un <u>K-système</u> s'il existe une tribu $\mathcal{B}$ (dans $\mathcal{A}$) telle que :

(1) $\mathcal{B} \subset T\mathcal{B}$

(2) $\bigvee_n T^n \mathcal{B} = \mathcal{A}$

(3) $\bigwedge_n T^n \mathcal{B} = \nu$, où ν est la partition ou tribu triviale de $\mathcal{A}$.

L'équivalence entre la propriété locale sur les partitions, et la propriété globale pour le système est donnée par le

Théorème 4

Soit $(X,\mathcal{Q},\mu,T)$ un système dynamique. S'il existe une partition de K-système génératrice dans $(X,\mathcal{Q},\mu,T)$, le système dynamique est un K-système.

Inversement, si $(X,\mathcal{Q},\mu,T)$ est un K-système, toute partition dans X est une partition de K-système.

Remarquons que la première partie du théorème est évidente : soit α une partition génératrice. Posons $\mathcal{B} = \alpha_T^-$. Il est clair que $\mathcal{B}$ vérifie les conditions (1) et (2) de K-système. La condition (3) s'écrit

$$\bigwedge_n T^n \mathcal{B} = \bigwedge_n T^n \alpha_T^- = \alpha_\infty^- = \nu ,$$

ce qui est la condition de K-système pour α.

La deuxième partie du théorème est également évidente pour les partitions α telles que, pour un entier n, on ait

$$\alpha \leq T^n \mathcal{B} .$$

Ces partitions sont, en un certain sens, denses dans l'espace des partitions, d'après la condition (2), et, utilisant les techniques de l'entropie, on peut étendre le résultat à toutes les partitions.

L'entropie peut servir à caractériser les K-systèmes. Remarquons tout d'abord, que dans un système $(X,\mathcal{Q},\mu,T)$ d'entropie nulle, pour toute partition α, on a

$$H(\alpha|\alpha_T^-) = h(\alpha,T) = 0 ,$$

et donc

$$\alpha \leq \alpha_T^- .$$

Dans un système d'entropie nulle, chaque partition est donc contenue dans son passé, et même dans son passé éloigné :

$$\alpha_{\infty}^{-} = \alpha_T .$$

Nous sommes dans ce cas à l'opposé de la propriété de K-système.

Nous dirons qu'un système $(X,\mathcal{A},\mu,T)$ est d'entropie complètement positive, si, pour toute partition $\alpha \neq \nu$ dans X, on a :

$$h(\alpha,T) = H(\alpha|\alpha_T^{-}) > 0 .$$

D'après le théorème précédent, tout K-système est d'entropie complètement positive. Un théorème de Rokhlin et Sinaï établit la réciproque de ce résultat.

Théorème 5

Pour un système dynamique, les propriétés de K-système et d'entropie complètement positive sont équivalentes.

Existence de K-systèmes non isomorphes à des schémas de Bernoulli

Nous avons vu que, dans la classe des systèmes associés aux chaînes de Markov, l'entropie est un invariant complet. La question analogue dans la classe des K-systèmes est restée longtemps posée. En 1970, Ornstein a obtenu une réponse négative à cette question :

Théorème 6

Il existe une infinité non dénombrable de K-systèmes de même entropie, deux à deux non isomorphes, et non isomorphes à des schémas de Bernoulli.

Ce résultat prouve que la classification des K-systèmes nécessite l'introduction de nouveaux invariants. Mentionnons dans ce domaine l'introduction de la notion d'"échelle" d'un automorphisme par Vershik.

Une remarque sur la propriété de K-système

Telle qu'elle est définie, la propriété de K-système fait jouer un rôle privilégié au passé. Cependant, les rôles du passé et de l'avenir pourraient être échangés dans cette définition. En effet, l'invariance de la mesure μ par la transformation T implique les relations :

$$h(\alpha,T) = H(\alpha|\alpha_T^-) = H(\alpha|\alpha_T^+) = h(\alpha,T^{-1}) ,$$

et d'après le théorème 5 du n° 4 caractérisant les K-systèmes en terme d'entropie, $(X,\mathcal{Q},\mu,T)$ est un K-système si et seulement si $(X,\mathcal{Q},\mu,T^{-1})$ est un K-système.

Jusqu'ici, nous avons considéré l'action de T comme décrivant l'évolution dans le temps d'un système. Il était donc naturel d'introduire les notions de passé et d'avenir. Dans le cas où, comme en Mécanique Statistique, la transformation T représente une transformation spatiale, il est naturel d'introduire une propriété d'indépendance asymptotique au sens des complémentaires de parties finies de $\mathbb{Z}$, de façon à ne pas privilégier une direction. Par ailleurs, cette notion se généralise immédiatement aux systèmes dynamiques où l'action d'une transformation est remplacée par celle d'un groupe de transformations.

Considérons la tribu "à l'infini" d'une partition α :

$$\sigma(\alpha) = \bigwedge_N \bigvee_{|k|\geq N} T^k \alpha = \bigwedge_N (T^{-N} \alpha_T^- \vee T^N \alpha_T^+) .$$

Nous dirons qu'une partition α vérifie la propriété forte de K-système, si l'on a :

$$\sigma(\alpha) = \nu \quad .$$

Comme la tribu $\sigma(\alpha)$ contient α_{∞}^{-}, la condition précédente est plus forte que celle de K-système. D'autre part, il n'est pas difficile de voir qu'elle est impliquée par la propriété de Bernoulli faible.

Contrairement à la propriété de K-système, la propriété forte de K-système est une propriété "locale" : même dans un schéma de Bernoulli, il existe des partitions ne vérifiant pas cette propriété. En effet, on a le résultat suivant dû à Ornstein

Théorème 7

Dans tout système dynamique ergodique $(X, \mathcal{Q}, \mu, T)$ *, il existe une partition génératrice* α *telle que :*

$$\sigma(\alpha) = \mathcal{Q}$$

D'autre part, la propriété forte de K-système est strictement plus faible que celle de Bernoulli faible. En effet, JP Thouvenot a montré que dans les exemples de K-systèmes non-isomorphes à des schémas de Bernoulli, construits par D. Ornstein et P. Shields, il existe une partition génératrice possédant la propriété forte de K-système. D'après le théorème 2 cette partition ne vérifie pas la propriété de Bernoulli faible, puisqu'elle est génératrice dans un système non-isomorphe à un schéma de Bernoulli.

La question de l'existence dans tout K-système d'une partition génératrice vérifiant la propriété forte de K-système reste ouverte. En cas de réponse positive, on aurait une formulation de la propriété de K-système immédiatement généralisable aux systèmes dynamiques de dimension $n > 1$.

PROPRIETE DE K-SYSTEME ET SPECTRE DE LEBESGUE

La propriété de K-système est reliée aux propriétés spectrales définies au chapitre I par le résultat suivant :

Théorème 8

Les K-systèmes ont un spectre de Lebesgue dénombrable.

Démonstration

Soit $(X,\mathcal{Q},\mu,T)$ un K-système. Soit $\mathcal{B}$ une tribu vérifiant les propriétés (1), (2) et (3) de la définition des K-systèmes. Considérons une base orthonormale $(f_i, i \in I)$ du supplémentaire orthogonal de $L^2_\mu(T^{-1}B)$ dans $L^2_\mu(B)$. Les propriétés (2) et (3) montrent que la famille $\{f_{i,n} = f_i \circ T^n, n \in \mathbb{Z}, i \in I\}$ forme une base orthonormée de l'orthogonal des constantes dans $L^2_\mu(\mathcal{Q})$.

Ceci prouve que le spectre du système est de Lebesgue, et un argument de théorie de la mesure montre que nécessairement I, la multiplicité, est dénombrable.

Un raisonnement analogue au précédent montre qu'un système d'entropie non nulle possède une composante de Lebesgue dénombrable dans son spectre.

Ceci implique que l'entropie d'un système à spectre discret (ayant un système total de fonctions propres) est nulle. On retrouve ainsi le résultat mentionné à la fin du chapitre précédent.

VI - ENTROPIE TOPOLOGIQUE

Par analogie avec l'entropie métrique, l'entropie topologique d'un système dynamique topologique a été introduite par Adler, Konheim et Mc Andrew.

1.- DEFINITION DE L'ENTROPIE TOPOLOGIQUE

Soit X un espace compact. Soit $\mathcal{O}$ l'ensemble des recouvrements ouverts de X. Pour tout $\mathcal{U} \in \mathcal{O}$, soit $N(\mathcal{U})$ le nombre minimum d'ouverts $\in \mathcal{U}$ recouvrant X. "L'entropie" du recouvrement $\mathcal{U}$ est le nombre $\operatorname{Log} N(\mathcal{U})$.

Si $\mathcal{U}, \mathcal{V} \in \mathcal{O}$, on note $\mathcal{U} \vee \mathcal{V}$ le recouvrement formé des ouverts $A \cap B$, $A \in \mathcal{U}$, $B \in \mathcal{V}$. Soit T une application continue et surjective de X sur lui-même. On fait opérer T sur $\mathcal{O}$ en posant

$$T^{-1}\mathcal{U} = \{T^{-1}A,\ A \in \mathcal{U}\} .$$

__Lemme 1__

$$H(\mathcal{U} \vee \mathcal{V}) \leq H(\mathcal{U}) + H(\mathcal{V}),\ \forall \mathcal{U}, \mathcal{V} \in \mathcal{O},$$

$$H(T^{-1}\mathcal{U}) = H(\mathcal{U}),\ \forall \mathcal{U} \in \mathcal{O}.$$

De ce lemme et du résultat classique sur les fonctions sous-additives, on déduit

__Lemme 2__

Pour tout $\mathcal{U} \in \mathcal{O}$, la limite suivante existe :

$$h(\mathcal{U}, T) = \lim_n \frac{1}{n} H(\mathcal{U} \vee T^{-1}\mathcal{U} \vee \dots \vee T^{-n+1}\mathcal{U}).$$

Définition

On appelle entropie topologique du système (X,T) le nombre $h(T) = \sup_{\mathcal{U} \in \mathcal{O}} h(\mathcal{U},T)$.

Remarques

1. Pour chaque recouvrement ouvert $\mathcal{U}$, on a

$$0 \leq h(\mathcal{U},T) \leq H(\mathcal{U}) < \infty .$$

Par contre l'entropie topologique peut être infinie.

2. L'entropie topologique est un invariant topologique. Si deux systèmes (X,T), (Y,S) sont topologiquement conjugués, alors $h(T) = h(S)$.

3. Soit (Y,S) un facteur de (X,T), alors $h(S) \leq h(T)$

Supposons maintenant X métrisable pour une distance d . Notons diam A le diamètre d'un sous-ensemble A de X , et posons $\operatorname{diam} \mathcal{U} = \sup_{A \in \mathcal{U}} \operatorname{diam} A$, pour un recouvrement $\mathcal{U}$. Le résultat suivant, analogue à la proposition 1 du chapitre IV permet de calculer l'entropie topologique à partir de recouvrements particuliers.

Lemme 3

Soit $(\mathcal{U}_n)$ une suite de recouvrements ouverts tels que $\operatorname{diam} (\mathcal{U}_n) \to 0$. Alors $h(T) = \sup_n H(\mathcal{U}_n,T)$.

Démonstration

Soient $\mathcal{U}$ et $\mathcal{V} \in \mathcal{O}$, tels que le nombre de Lebesgue de $\mathcal{V}$ soit supérieur strictement à diam $\mathcal{U}$. On a alors $h(\mathcal{U},T) \geq h(\mathcal{V},T)$. Ceci implique que, si $\operatorname{diam} \mathcal{U}_n \to 0$, on a pour tout $\mathcal{V} \in \Theta$, $h(\mathcal{V},T) \leq \sup_n h(\mathcal{U}_n,T)$.

2.- SYSTEMES EXPANSIFS

Par analogie avec les partitions génératrices, introduisons les notions de système expansif et de recouvrement générateur :

Définitions

Un système (X,T) est expansif (resp. fortement expansif) s'il existe $\delta > 0$ tel que

$x \neq y$ implique $\sup_{n\in\mathbb{Z}} d(T^n x, T^n y) \geq \delta$, (resp. $\sup_{n\geq 0} d(T^n x, T^n y) \geq \delta$).

[Dans la définition de l'expansivité, on a supposé T inversible.]

Un recouvrement $\mathcal{U} \in \mathcal{V}$ est dit générateur (resp. fortement générateur) pour T , si

$\lim_n \operatorname{diam} (\bigvee_{-n}^{n} T^k \mathcal{U}) = 0$ (resp. $\lim_n \operatorname{diam} (\bigvee_{0}^{n} T^k \mathcal{U}) = 0$) .

Proposition 1

Les conditions suivantes sont équivalentes :

(1) (X,T) est expansif (resp. fortement expansif)

(2) Il existe un recouvrement ouvert générateur (resp. fortement générateur) pour T .

Démonstration

(1) implique (2) .

Soit δ la constante d'expansivité de T . Soit $\mathcal{U}$ un recouvrement par des boules de diamètre $<\delta$. Supposons que la suite $\mathrm{diam}(\bigvee_{-n}^{n} T^k \mathcal{U})$ ne tende pas vers 0 . Il existe alors $\alpha > 0$ et, pour tout n, x_n , y_n tels que $d(x_n,y_n) \geqslant \alpha$ et $d(T^k x_n, T^k y_n) < \delta$, $k = -n,\dots,n$.

Soient (x_{n_j}) , (y_{n_j}) des sous suites convergeant respectivement vers x et y extraites de (x_n) et (y_n) . On a $d(x,y) \geqslant \alpha > 0$, d'où $x \neq y$, et, par ailleurs, pour tout k :

$$d(T^k x, T^k y) = \lim_j d(T^k x_{n_j}, T^k y_{n_j}) < \delta ,$$

d'où une contradiction.

(2) implique (1) .

Soit $\mathcal{U}$ un recouvrement ouvert générateur pour T . Soient $x,y \in X$, $x \neq y$. Par hypothèse, $\mathrm{diam}(\bigvee_{-n}^{n} T^k \mathcal{U}) \to 0$, donc il existe n tel que x et y soient dans des ouverts différents du recouvrement $\bigvee_{-n}^{n} T^k \mathcal{U}$, ou de façon équivalente, il existe $k \in [-n,n]$ tel que $T^k x$ et $T^k y$ soient dans des ouverts différents du recouvrement $\mathcal{U}$. On a donc $d(T^k x, T^k y) >$ nombre de Lebesgue du recouvrement $\mathcal{U}$, et ce nombre est une constante d'expansivité de T .

<u>Proposition 2</u>

Si $\mathcal{U}$ est un recouvrement générateur (resp. fortement générateur) pour T , on a

$$h(T) = h(\mathcal{U},T) .$$

<u>Démonstration</u>

D'après le lemme 3 , on a $h(T) = \sup_n H(\bigvee_{-n}^{n} T^k \mathcal{U}, T)$. Montrons que pour tout n , $H(\bigvee_{-n}^{n} T^k \mathcal{U}, T) = H(\mathcal{U},T)$.

On a : $h(\bigvee_{-n}^{n} T^k \mathcal{U}, T) = \lim_p \frac{1}{p} H(\bigvee_{j=0}^{p-1} T^j(\bigvee_{-n}^{n} T^k\mathcal{U}))$

$$= \lim_p \frac{1}{p} H(\bigvee_{0}^{p+2n-1} T^j \mathcal{U}) = \lim_p \frac{1}{p} H(\bigvee_{0}^{p-1} T^j\mathcal{U}) = h(\mathcal{U}, T) .$$

3.- EXEMPLES

a) Si T est une isométrie, $h(T) = 0$. En effet, si $\mathcal{U}_n$ est le recouvrement de X par les boules ouvertes de rayon $\frac{1}{n}$, on a $H(\bigvee_{0}^{p-1} T^k\mathcal{U}_n) = H(\mathcal{U}_n)$, d'où $h(\mathcal{U}_n, T) = 0$, et d'après le lemme 3 , $h(T) = 0$.

b) Si T est un homéomorphisme du cercle, $h(T) = 0$. Considérons un recouvrement fini $\mathcal{U}$ du cercle par des intervalles ouverts. On obtient facilement que $N(\mathcal{U} \vee \ldots \vee T^{-n+1}\mathcal{U})$ croit linéairement en n . On a donc $h(\mathcal{U}, T) = 0$. En faisant tendre le diamètre de $\mathcal{U}$ vers 0 et en appliquant à nouveau le lemme 3 , on obtient $h(T) = 0$.

c) Soient $X = \{1,\ldots,r\}^{Z}$, muni de la topologie compacte produit, et S le "shift" sur X : $Sx = (x'_n, n \in Z)$ avec $x'_n = x_{n+1}$. Soit $\mathcal{U}$ le recouvrement ouvert de X formé des ensembles $A_i = \{x : x_o = i\}$. Le shift S est expansif, et $\mathcal{U}$ est un recouvrement générateur pour S . Comme $\mathcal{U}$ est aussi une partition de X , on a $N(\mathcal{U} \vee \ldots \vee T^{n+1}\mathcal{U})$ = nombre d'éléments de $\mathcal{U} \vee \ldots \vee T^{-n+1}\mathcal{U}$, soit r^n . D'où $h(\mathcal{U}, T) = \operatorname{Log} r$, et d'après la proposition 2 , $h(T) = h(\mathcal{U}, T) = \operatorname{Log} r$.

d) On remarque que si F est un fermé de $X = \{1,\ldots,r\}^Z$

invariant par le shift S , la restriction de S à F définit un système dynamique expansif. Si $\mathcal{U}$ est le recouvrement défini en c) , la trace de $\mathcal{U}$ sur F est un recouvrement générateur pour la restriction de S à F .

e) Dans les constructions précédentes, si l'on considère les espaces de suites unilatérales, c'est-à-dire les espaces $\{1,\ldots,r\}^{\mathbb{N}}$ on obtient en faisant opérer le shift un système dynamique fortement expansif.

Le calcul de l'entropie topologique est le même que précédemment.

f) Sur $X = \mathbb{R}/\mathbb{Z}$, soit T la transformation $x \to 2x$ mod Ce système (X,T) est fortement expansif et son entropie est $h(T) = \text{Log } 2$.

En relation avec les exemples e) et f), on remarquera que sur un espace compact X infini, toute transformation fortement expansive est nécessairement non injective.

g) Les automorphismes ergodiques du tore en dimension 2 sont des transformations expansives. Nous calculerons leur entropie, topologique et métrique, à la fin de ce chapitre.

4.- DEFINITIONS EQUIVALENTES DE L'ENTROPIE TOPOLOGIQUE

Soit (X,T) un système dynamique topologique fixé. On suppose la topologie de X définie par une distance d . Les définitions suivantes introduites par R. BOWEN sont relatives à ce système.

Définitions

Soient $n \in \mathbb{N}$, $\varepsilon > 0$. Un ensemble $E \subset X$ est dit <u>(n,ε)-séparé</u>, si, pour tous $x, y \in E$, $x \neq y$, il existe j, $0 \leq j < n$, tel que $d(T^j x, T^j y) > \varepsilon$.

Un ensemble $F \subset X$ est dit <u>(n,ε)-sous-tendant</u>, si, pour tout $x \in X$, il existe $y \in F$ tel que, pour tout j, $0 \leq j < n$, on ait $d(T^j x, T^j y) \leq \varepsilon$.

En notant $|E|$ le cardinal d'un ensemble E, on définit

$$s(n,\varepsilon) = \sup_{E:(n,\varepsilon)\text{-séparé}} |E| \ , \quad r(n,\varepsilon) = \inf_{F:(n,\varepsilon)\text{-sous-tendant}} |F| \ .$$

Lemme 4

$$r(n,\varepsilon) \leq s(n,\varepsilon) \leq r(n,\varepsilon/_2) < \infty \ .$$

Démonstration

Un ensemble E (n,ε)--séparé de cardinal maximum est aussi un ensemble (n,ε)-sous-tendant. On a donc $r(n,\varepsilon) \leq s(n,\varepsilon)$.

Soit maintenant F un ensemble $(n,\varepsilon/_2)$-sous-tendant. Soit E un sous-ensemble de X. A tout $x \in E$, on peut faire correspondre $y_x \in F$ tel que $d(T^j x, T^j y_x) \leq \varepsilon$, pour $j = 0, 1, \ldots, n-1$. Si E est (n,ε)-séparé, d'après l'inégalité triangulaire, $x \neq x' \Rightarrow y_x \neq y_{x'}$. Il en résulte que $|E| \leq |F|$, d'où $s(n,\varepsilon) \leq r(n,\varepsilon/_2)$.

L'inégalité $r(n,\varepsilon/_2) < \infty$ résulte de la compacité de X.

Notations

Posons $\rho(\varepsilon) = \limsup_n \frac{1}{n} \operatorname{Log} r(n,\varepsilon)$,

$$\sigma(\varepsilon) = \limsup_n \frac{1}{n} \operatorname{Log} s(n,\varepsilon) .$$

Proposition 3

L'entropie topologique $h(T)$ est la limite croissante commune de $\rho(\varepsilon)$ et de $\sigma(\varepsilon)$, quand $\varepsilon \to 0$.

Démonstration

Il est clair que ρ et ε sont comme $r(n,\varepsilon)$ et $s(n,\varepsilon)$ des fonctions décroissantes de ε. D'après le lemme 4, les limites de $r(n,\varepsilon)$ et $s(n,\varepsilon)$ sont égales, quand $\varepsilon \to 0$, la limite commune pouvant être infinie.

Montrons que cette limite est égale à $h(T)$. Soit $\mathcal{U}$ un recouvrement de X par des boules ouvertes de diamètre ε. Soient $A_1,\dots,A_{N(\mathcal{U})}$ des ouverts $\in \mathcal{U} \vee \dots \vee T^{-n+1}\mathcal{U}$, en nombre minimal, recouvrant X. D'après la minimalité, on peut choisir dans chaque A_i un y_i qui n'appartienne à aucun autre ouvert de $\mathcal{U} \vee \dots \vee T^{-n+1}\mathcal{U}$. L'ensemble $E = \{y_1,\dots,y_{N(n)}\}$ est (n,ε)-sous-tendant, puisque chaque $x \in X$ est dans l'un des A_i et donc vérifie $d(T^j x, T^j y_i) < \varepsilon$ pour $j = 0,\dots,n-1$. Il en résulte que $N(n) \geq r(n,\varepsilon)$.

D'autre part, E est un ensemble (n,δ)-séparé, où $\delta = \delta(\varepsilon)$ est le nombre de Lebesgue du recouvrement $\mathcal{U}$. En effet, soient $y, y' \in E$ avec $d(T^j y, T^j y') \leq \delta$, $j = 0,\dots,n-1$. Ceci implique que $T^j y$ et $T^j y'$ sont dans un même ouvert du recouvrement $\mathcal{U}$, et donc que y et y' sont dans un même ouvert du recouvrement $\mathcal{U} \vee \dots \vee T^{-n+1}\mathcal{U}$. On a donc $y = y'$. On en déduit l'inégalité $N(n) = |E| \leq s(n,\delta(\varepsilon))$.

Ceci implique :

$$\sigma(\delta(\varepsilon)) \leq h(\mathcal{U},T) \leq \rho(\varepsilon) ,$$

d'où en faisant tendre ε vers 0, le résultat cherché.

5.- RELATIONS ENTRE L'ENTROPIE TOPOLOGIQUE ET L'ENTROPIE METRIQUE

Soit (X,T) un système dynamique topologique. Pour toute mesure $\mu \in P(T)$, l'ensemble des mesures de probabilités sur X invariantes par T , on peut calculer l'entropie métrique $h_\mu(T)$. Nous étudions dans ce paragraphe les relations entre l'entropie topologique $h(T)$ et les entropies métriques $h_\mu(T)$.

Théorème 1 (L. Goodwyn)

Pour toute mesure $\mu \in P(T)$ *, on a :*

$$h_\mu(T) \leq h(T) .$$

Démonstration

Nous suivons dans cette démonstration la méthode particulièrement simple et élégante de M. Misiurewicz.

Soit $\alpha = (A_1,\dots,A_k)$ une partition de X . La mesure μ étant régulière, pour tout $\varepsilon > 0$, il existe des fermés disjoints $B_1,\dots,B_k$ tels que $\mu(A_i \Delta B_i) < \varepsilon$, $i = 1,\dots,k$. Soit β la partition d'éléments $B_0 = X - \bigcup_{i=1}^{k} B_i$, $B_1,\dots,B_k$. Reprenant le raisonnement et les notations de la proposition 1 , chapitre IV , il est clair que, pour un choix convenable de ε , on a

$$d(\alpha,\beta) \leq 1$$

et donc

$$h_\mu(\alpha,T) \leq h_\mu(\beta,T) + 1 .$$

Soit $\mathcal{U}$ le recouvrement de X formé des ouverts $B_0 \cup B_1,\dots,B_0 \cup B_k$. Chaque élément non vide de la partition

$\beta \vee T^{-1}\beta \vee \ldots \vee T^{-n+1}\beta$, de la forme $B_{i_0} \cap T^{-1} B_{i_1} \cap \ldots \cap T^{-n+1} B_{i_{n-1}}$

avec $B_{i_0}, \ldots, B_{i_{n-1}} \neq B_0$, est contenu dans au plus 2^n éléments du recouvrement $\mathcal{U} \vee T^{-1}\mathcal{U} \vee \ldots \vee T^{-n+1}\mathcal{U}$.

En utilisant le lemme 1 du chapitre IV , on en déduit :

$$H_\mu(\beta \vee T^{-1}\beta \ldots \vee T^{-n+1}\beta) \leq \mathrm{Log}\ |\beta \vee T^{-1}\beta \vee \ldots \vee T^{-n+1}\beta|$$

$$\leq n\ \mathrm{Log}2 + \mathrm{Log}\ N(\mathcal{U} \vee T^{-1}\mathcal{U} \ldots \vee T^{-n+1}\mathcal{U}) ,$$

d'où, en divisant par n et en passant à la limite :

$$h_\mu(\beta,T) \leq h(\mathcal{U},T) + \mathrm{Log}\ 2 .$$

On a donc

$$h_\mu(\alpha,T) \leq h(\mathcal{U},T) + 1 + \mathrm{Log}\ 2 \leq h(T) + 1 + \mathrm{Log}\ 2 ,$$

d'où

$$h_\mu(T) = \sup_\alpha h_\mu(\alpha,T) \leq h(T) + 1 + \mathrm{Log}\ 2 .$$

Il reste à observer que cette majoration subsiste si l'on remplace T par T^n . En appliquant le lemme ci-dessous, on obtient :

$$h_\mu(T) = \frac{1}{n}\, h_\mu(T^n) \leq \frac{1}{n}\left[h(T^n) + 1 + \mathrm{Log}\ 2\right] = h(T) + \frac{1}{n}(1+\mathrm{Log}\ 2),$$

d'où

$$h_\mu(T) \leq h(T) .$$

<u>Lemme 4</u>

Pour tout entier $n \geq 0$, on a :

$$h_\mu(T^n) = n\ h_\mu(T) ,$$

$$h(T^n) = n\ h(T) .$$

<u>Démonstration</u>

Il résulte immédiatement des définitions que, pour toute

partition α , on a :

$$h_\mu(\alpha \vee T^{-1}\alpha \vee \dots \vee T^{-n+1}\alpha, T^n) = n\, h_\mu(\alpha,T) ,$$

d'où

$$n\, h_\mu(\alpha,T) \leq h_\mu(T^n) ,$$

et

$$n\, h_\mu(T) \leq h_\mu(T^n) .$$

D'autre part, on a :

$$H_\mu(\alpha \vee T^{-n}\alpha \vee \dots \vee T^{-(k-1)n}\alpha) \leq H_\mu(\alpha \vee T^{-1}\alpha \vee \dots \vee T^{-(k-1)n}\alpha),$$

ce qui implique :

$$h_\mu(\alpha,T^n) \leq n\, h_\mu(\alpha,T) ,$$

d'où

$$h_\mu(T^n) \leq n\, h_\mu(T) .$$

La démonstration est analogue pour l'entropie topologique.

Théorème 2 (T.N.T. Goodman)

$$h(T) = sup\ h_\mu(T), \qquad \mu \in P(T)$$

Nous admettons ce théorème que nous nous bornerons à vérifier dans des cas particuliers importants : les mesures T-homogènes au paragraphe suivant, et les sous-shift de type fini au chapitre VII .

6.- CALCUL D'ENTROPIE SUR LES ESPACES HOMOGENES, d'après R. BOWEN

Notons $B(x,\varepsilon)$ la boule de centre x et de rayon ε .

Définition

Une mesure $\mu \in P(T)$ est dite homogène (pour T), si,

$\forall \varepsilon > 0$, $\exists \delta > 0$ et $C > 0$ t.q. : $\forall x, y \in X$, $\forall n \geq 1$,

$$\mu(D_n(y,\delta,T)) \leq C\ \mu(D_n(x,\varepsilon,T))$$

où

$$D_n(x,\varepsilon,T) = \bigcap_{k=0}^{n-1} T^{-k}\ B(T^k x,\varepsilon) .$$

Posons $k(\mu,T) = \lim_{\varepsilon\to 0} (\limsup_n (-\frac{1}{n} \log \mu(D_n(x,\varepsilon,T))))$.

Si la mesure μ est homogène, il est clair que cette limite ne dépend pas de x .

Théorème 3

Si μ *est homogène,* $h_\mu(T) = k(\mu,T) = h(T)$.

Démonstration

1) $h(T) \leq k(\mu,T)$

Soit E un ensemble (n,ε)-séparé. Les ensembles $D_n(x,\varepsilon/_2,T)$ sont disjoints deux à deux pour $x \in E$. Soient $\delta = \delta(\varepsilon/_2)$ et C donnés par l'homogénéité de μ . On a :

$$C^{-1}\ s(n,\varepsilon)\ \mu(D_n(y,\delta,T) \leq 1 ,$$

d'où $\sigma(\varepsilon) = \limsup_n \frac{1}{n} \operatorname{Log} s(n,\varepsilon) \leq \limsup_n (-\frac{1}{n} \log D_n(y,\varepsilon,T))$,

et faisant tendre ε vers 0 :

$$h(T) \leq k(\mu,T) .$$

2) $k(\mu,T) \leq h(T)$

Soit F un ensemble (n,δ)-sous-tendant. Les ensembles $D_n(y,\delta,T)$, pour $y \in F$, recouvrent l'espace. Si ε et C sont tels que

$$\mu(D_n(y,\delta,T)) \leq C\ \mu(D_n(x,\varepsilon,T)) , \text{ pour tous } x,y \in X$$

on en déduit :

$$C\mu(D_n(x,\varepsilon,T)\ r(n,\delta) \geq 1 \ ,$$

d'où

$$\limsup_n \left(-\frac{1}{n}\ \mathrm{Log}\ D_n(x,\varepsilon,T)\right) \leq \rho(\varepsilon) \ .$$

et donc

$$k(\mu,T) \leq h(T) \ .$$

3) $h_\mu(T) \leq h(T)$

C'est l'inégalité de Goodwyn.

4) $h_\mu(T) \geq k(\mu,T)$

Soit α une partition de X en ensembles A_i de diamètre $< \delta$. On a, pour $y \in \bigcap_0^{n-1} T^{-k} A_{i_k}$, $\bigcap_0^{n-1} T^{-k} A_{i_k} \subseteq D_n(y,\delta,T)$. D'où

$$\mu(\bigcap_0^{n-1} T^{-k} A_{i_k}) \leq C\ \mu(D_n(x,\varepsilon,T) \ ,$$

où C et ε sont données par la condition d'homogénéité de μ .

Il en résulte : $H_\mu(\bigvee_0^{n-1} T^{-k}\alpha) \geq \frac{1}{n}\ \mathrm{Log}(C\ \mu(D_n(x,\varepsilon,T)))$.

D'où : $h_\mu(\alpha,T) \geq \limsup_n \left(-\frac{1}{n}\ \mathrm{Log}\ (D_h(x,\varepsilon,T))\right)$.

Si l'on fait tendre le diamètre des partitions vers 0 , on obtient :

$$h_\mu(T) \geq k(\mu,T) \ .$$

Exemple

Prenons pour X un groupe compact, pour μ la mesure de Haar sur X et pour T une transformation affine sur X de la forme $x \longmapsto A(x)a$, où $a \in X$ est fixé et A est un endomorphisme continu surjectif de X . Il est clair que μ est invariante par T .

Théorème 4

La mesure de Haar μ *est homogène pour les transformations affines.*

Démonstration

Il suffit de montrer que $D_n(x,\varepsilon,T) = D_n(e,\varepsilon,A)x$, où e est l'élément neutre du groupe. Pour cela, on raisonne par récurrence sur n , pour prouver que :

$$T^{-k}B(T^k x,\varepsilon) = \left[A^{-k}B(e,\varepsilon)\right] x .$$

Et on utilise le fait que A étant un endomorphisme, pour tout $E \subset X$, on a :

$$A^{-1}(E\,A(x)) = A^{-1}(E)x .$$

Comme conséquence de la démonstration du théorème, on voit que l'entropie du système (X,μ,T) est égale à l'entropie du système (X,μ,A) , où A est l'endomorphisme entrant dans la définition de T . En particulier, si T est une rotation, A est l'identité et on trouve donc $h_\mu(T) = 0$.

Corollaire 1

L'entropie topologique (et métrique) d'une rotation sur un groupe compact est nulle.

Dans le cas où X est le tore $\mathbb{R}^n/\mathbb{Z}^n$ et T un endomorphisme défini par une matrice M à coefficients entiers, les théorèmes 3 et 4 permettent de calculer facilement l'entropie (topologique et métrique) de l'endomorphisme:

Corollaire 2

$$h(T) = h_\mu(T) = \sum_{|\lambda_i| \geq 1} \operatorname{Log} |\lambda_i|$$

où λ_i décrit les valeurs propres de M de module ≥ 1 .

Remarque

Cette formule s'étend aux systèmes dynamiques définis par une transformation affine sur un espace homogène compact de groupe de Lie : soient G un groupe de Lie connexe, Γ un sous-groupe discret de G tel que $G/_\Gamma$ soit compact. Considérons un élément a fixé dans G et un automorphisme A de G conservant Γ . Soit $T : g\Gamma \longrightarrow aA(g)\Gamma$ la transformation affine du quotient $X = G/_\Gamma$ associée à a et A .

On montre comme dans le théorème 4, que la mesure μ sur X déduite de la mesure de Haar de G est homogène pour T . L'entropie topologique, et métrique pour μ , de T est donnée par

$$h(T) = h_\mu(T) = \sum_{|\lambda_i| \geq 1} \operatorname{Log} |\lambda_i| \quad ,$$

où λ_i décrit les valeurs propres de module ≥ 1 de la dérivée à l'origine de l'automorphisme $g \longmapsto a\, A(g)\, a^{-1}$.

VII - SOUS-SHIFT DE TYPE FINI

Dans ce chapitre, nous étudions une classe importante de systèmes dynamiques topologiques. Ces systèmes, définis par W. Parry, sont l'analogue topologique des chaînes de Markov et peuvent servir, grâce aux codages, de modèles à certains systèmes dynamiques.

1.- DEFINITION DES SOUS-SHIFT DE TYPE FINI

Considérons un ensemble fini $\{1,\dots,r\}$ d'états, l'espace produit $\Omega=\{1,\dots,r\}^Z$, le shift S sur Ω. Soit $M=(m_{ij})$ une matrice $r \times r$ formée de 0 et 1. Une suite $\omega=(\omega_n, n\in Z)\in\Omega$ est dite M-admissible, ou simplement admissible, si elle vérifie :

$$m_{\omega_n,\omega_{n+1}} = 1 \text{ , pour tout } n\in Z .$$

On a une définition analogue dans le cas des suites finies. La matrice M détermine ainsi les transitions possibles (sans probabilité) d'un état à un autre.

L'ensemble Ω_M des suites M-admissibles est un sous-ensemble fermé de Ω invariant par S. Nous appelerons <u>sous-shift</u> (de type fini) associé à M le système dynamique topologique obtenu en faisant opérer le shift S sur Ω_M. Nous noterons S_M la restriction de S à Ω_M.

Le coefficient $m_{ij}^{(n)}$ de la matrice M^n est non nul si et seulement s'il existe une suite admissible de longueur n commençant en i et finissant en j. Nous dirons que M est <u>apériodique</u> s'il existe un entier $n>0$ tel que M^n ait tous ses coefficients >0. Cela revient à supposer que tous les états communiquent par une suite admissible de longueur n.

De la théorie de Perron-Froebenius, il résulte que, si M est apériodique, M possède une valeur propre $\lambda_M > 0$, supérieure au module des autres valeurs propres. Cette valeur propre λ_M est simple, et a un vecteur propre associé de coordonnées > 0.

2.- CALCUL DE L'ENTROPIE TOPOLOGIQUE

Considérons le recouvrement α, qui est aussi une partition, de Ω_M formé des ensembles $A_i = \{\omega \in \Omega_M : \omega_o = i\}$, $i=1,\ldots,r$. Ce recouvrement est générateur pour S_M, et on a donc

$$h(S_M) = h(\alpha, S_M) .$$

Soit $a_n = N(\alpha \vee \ldots \vee S_M^{n+1}\alpha)$ le nombre minimal d'éléments du recouvrement $\alpha \vee \ldots \vee S_M^{-n+1}\alpha$ nécessaires pour recouvrir Ω_M. Comme le recouvrement est ici une partition, a_n est égal au nombre d'éléments non vides du recouvrement $\alpha \vee \ldots \vee S_M^{-n+1}\alpha$, soit encore au nombre de cylindres non vides de la forme

$$A(i_o,\ldots,i_{n-1}) = \{\omega \in \Omega_M : \omega_o = i_o,\ldots,\omega_{n-1} = i_{n-1}\} .$$

Un cylindre $A(i_o,\ldots,i_{n-1})$ est non vide si et seulement si $(i_o,\ldots,i_{n-1})$ est une suite admissible. Ainsi a_n est le nombre de suites admissibles de longueur n.

D'après la définition de l'entropie topologique, $h(\alpha,S) = \lim_n \frac{1}{n} \log a_n$. Soit $X_n(i)$ le nombre de suites admissibles de longueur n finissant par l'état i. D'après la définition des suites admissibles, on a la relation de récurrence : $X_{n+1} = {}^tM\, X_n$, où X_n est, pour tout $n > 0$, le vecteur colonne de coordonnées $X_n(i)$. Prenons pour norme dans $\mathbb{R}^r$: $||X|| = \sum_{i=1}^{r} |X_i|$. On a $a_n = ||X_n||$, d'où finalement :

$$h(S_M) = \lim_n \frac{1}{n} \log ||{}^tM^n\, X_o|| .$$

Comme X_o est un vecteur de coordonnées > 0, $||M^n X_o||$ est équivalent à un facteur constant près à λ_M^n. On a donc

$$h(S_M) = \log \lambda_M$$

3.- MESURE MARKOVIENNE

Nous allons construire sur Ω_M une mesure markovienne, qui sera caractérisée dans le paragraphe suivant comme la mesure invariante unique sur Ω_M d'entropie maximale.

Soient U le vecteur colonne propre de M correspondant à la valeur propre maximale $\lambda = \lambda_M$, $MU = \lambda U$, et V le vecteur ligne propre de M correspondant à λ_M, $VM = \lambda V$, ces vecteurs étant normalisés par la condition $\sum_1^r U_i V_i = 1$.

Considérons la matrice stochastique $P = (P_{ij})$, où $P_{ij} = U_j m_{ij}/\lambda U_i$ et le vecteur ligne $\Pi = (\Pi_i)$, $\Pi_i = U_i V_i$, $1 \leq i \leq r$. Soit μ la mesure markovienne sur Ω associée au couple (P,Π). Cette mesure a Ω_M pour support. C'est une mesure particulière parmi les mesures sur Ω_M invariantes par S_M.

L'entropie du système mesuré (Ω_M, μ, S_M), nous dirons plus simplement l'entropie de μ, est donnée par :

$$h_\mu(S_M) = -\sum_{i,j} \Pi_i P_{ij} \log P_{ij} .$$

Compte-tenu du choix de P et de Π, un calcul élémentaire donne

$$h_\mu(S_M) = \log \lambda_M = h(S_M) .$$

On a donc construit une mesure μ sur Ω_M invariante par S_M telle que le système (Ω_M, μ, S_M) ait une entropie métrique égale à l'entropie topologique de S_M.

4.- UNICITE DE LA MESURE D'ENTROPIE MAXIMALE

Le théorème de Goodwyn assure que l'entropie topologique $h(S_M)$ majore l'entropie métrique $h_\nu(S_M)$, pour toute mesure sur Ω_M invariante par S_M. Nous vérifions ce résultat, en montrant que, de plus, μ est l'unique mesure invariante donnant l'entropie maximum. Ce dernier résultat n'est pas vrai dans le cas général d'un système dynamique topologique quelconque.

Théorème 1 (W. Parry)

Pour toute mesure de probabilité ν sur Ω_M invariante par S_M, $\nu \neq \mu$, on a $h_\nu(S_M) < \log \lambda_M = h(S_M)$.

Démonstration (d'après Adler et Weiss)

Soit ν une mesure de probabilité sur Ω_M. Pour qu'un cylindre $A(i_o,\dots,i_{n-1}) = \{\omega\in\Omega_M : \omega_o = i_o,\dots,\omega_{n-1} = i_{n-1}\}$ soit de ν-mesure non nulle, il faut que la suite $(i_o,\dots,i_{n-1})$ soit admissible. On peut donc majorer

$$H_\nu(\alpha \vee \dots \vee S^{n+1}\alpha) = -\sum_{(i_o,\dots,i_{n-1})} \nu(A(i_o,\dots,i_{n-1}))\log\nu(A(i_o,\dots,i_{n-1}))$$

par le logarithme du nombre de suites admissibles $(i_o,\dots,i_{n-1})$ de longueur n, soit a_n (cf. les notations du §2). On a donc, si ν est invariante par S_M :

$$\lim_n \frac{1}{n} H_\nu(\alpha\vee\dots\vee S^{-n+1}\alpha) \leq \lim_n \frac{1}{n} \log a_n = \log \lambda_M ,$$

d'où α étant une partition génératrice :

$$h_\nu(S_M) \leq \log \lambda_M = h(S_M).$$

Soit maintenant ν une mesure de probabilité sur Ω_M invariante par S_M, telle que $h_\nu(S_M) = \log \lambda_M$. Nous devons montrer que $\nu = \mu$. Supposons qu'on ait $\mu \neq \nu$. Considérons la décomposition de ν en parties singulières et absolument continues par rapport à μ : $\nu = \alpha\nu_1 + \beta\nu_2$, avec $\nu_1 \perp \mu$, $\nu_2 \ll \mu$, ν_1 et ν_2 étant des probabilités, α et β des constantes. Comme μ est ergodique pour le shift (d'après l'apériodicité de la chaîne de Markov), ν_2 est égale à μ. Pour des raisons de convexité, on a $h_\nu(S_M) \leq \alpha h_{\nu_1}(S_M) + \beta h(S_M)$, d'où, puisque $\log \lambda_M$ majore les entropies : $h_{\nu_1}(S_M) = \log \lambda_M$.

On peut donc supposer ν singulière par rapport à μ. Nous allons en déduire une contradiction.

Il existe un ensemble E dans la tribu borélienne tel que $\mu(E) = 0$ et $\nu(E) = 1$. Comme la suite $\bigvee_{-n}^{n} S^{-k}\alpha$ engendre la tribu borélienne, il existe une suite F_n de sous-ensembles formés d'éléments de $\bigvee_{-n}^{n} S^{-k}\alpha$ telle que $\lim_n (\mu+\nu)(F_n \Delta E) = 0$. On a donc $\lim_n \mu(F_n) = 0$, $\lim_n \nu(F_n) = 1$. Les mesures ν et μ étant stationnaires, on a de même $\lim_n \mu(S^n F_n) = 0$, $\lim_n \nu(S^n F_n) = 0$. Posons $E_{2_n} = E_{2_{n+1}} = S^n F_n$, $n \geq 0$. Les ensembles E_n sont formés d'éléments de $\bigvee_0^n S^{-k}\alpha$ et vérifient $\lim_n \mu(E_n) = 0$, $\lim_n \nu(E_n) = 1$.

Soit $A(i_0, \ldots, i_{n-1})$ un cylindre $\in \bigvee_0^{n-1} S^{-k}\alpha$. D'après la définition de la mesure markovienne μ, on a pour une suite admissible $(i_0, \ldots, i_{n-1})$, $\mu(A(i_0, \ldots, i_{n-1})) = \lambda^{-n} V_{i_0} U_{i_{n-1}}$. D'où la majoration $\mu(A) \geq k_1 \lambda^{-n}$, où $k_1 = \inf_{i,j=1,\ldots,r} (V_i U_j)$ est une constante, pour tout élément $A \in \bigvee_0^{n-1} S^{-k}\alpha$.

En faisant décrire à A les éléments de la partition $\bigvee_0^{n-1} S^{-k}\alpha$, on peut écrire :

$$H_\nu\left(\bigvee_0^{n-1} S^{-k}\alpha\right) = -\sum_{A \subset E_n} \nu(A) \operatorname{Log} \nu(A) - \sum_{A \subset E_n^c} \nu(A) \operatorname{Log} \nu(A) ,$$

d'où

$$H_\nu(\bigvee_0^{n-1} S^{-k}\alpha) \leq \nu(E_n)\mathrm{Log}|E_n| + \nu(E_n^c)\mathrm{Log}|E_n^c| - \nu(E_n)\mathrm{Log}\,\nu(E_n) - \nu(E_n^c)\mathrm{Log}\,\nu(E_n^c) .$$

où $|E_n|$ et $|E_n^c|$ désignent le nombre d'éléments $A \in \bigvee_0^{n-1} S^{-k}\alpha$ dont sont formés E_n et E_n^c .

En utilisant la majoration $\mu(A) \geq k_1 \lambda^{-n}$, on peut majorer $|E_n|$ et $|E_n^c|$ respectivement par $k_1^{-1} \lambda^n \mu(E_n)$ et $k_1^{-1} \lambda^n \mu(E_n^c)$.

Au total, on obtient la majoration :

$$\begin{aligned} H_\nu(\bigvee_0^{n-1} S^{-k}\alpha) \leq n \,\mathrm{Log}\, \lambda - \mathrm{Log}\, k_1 &+ \nu(E_n)\,\mathrm{Log}\,\mu(E_n) \\ &+ \nu(E_n^c)\,\mathrm{Log}\,\mu(E_n^c) - \nu(E_n)\,\mathrm{Log}\,\nu(E_n) \\ &- \nu(E_n^c)\,\mathrm{Log}\,\nu(E_n^c) . \end{aligned}$$

La suite $\frac{1}{n} H_\nu(\bigvee_0^{n-1} S^{-k}\alpha)$ converge en décroissant vers sa limite $\mathrm{Log}\,\lambda$. On a donc, pour tout n , $H_\nu(\bigvee_0^{n-1} S^{-k}\alpha) \geq n \,\mathrm{Log}\,\lambda$. D'autre part, les trois derniers termes du membre de droite de l'inégalité obtenue tendent vers 0 , quand n tend vers l'infini, d'après le choix de E_n . On devrait donc avoir

$$0 \leq \lim_n \nu(E_n)\,\mathrm{Log}\,\mu(E_n) = -\infty$$

d'où une contradiction.

5.- REPRESENTATION DE SYSTEMES DYNAMIQUES PAR DES SOUS-SHIFT

Soit $(X,\mathcal{Q},\mu,T)$ un système dynamique mesuré. Soit $\gamma = (C_1,\dots,C_r)$ une partition mesurable de X . A γ est associée une matrice M de 0 et de 1 définie par : $m_{ij} = 1$ si $m(T\,C_i \cap C_j) > 0$, 0 sinon. La partition γ permet de réaliser un codage du système dynamique : à un point $x \in X$ faisons correspondre la suite $\varphi(x) = \omega(x) = (\omega_n(x)\ ,\ n \in \mathbb{Z}) \in \Omega = \{1,\dots,r\}^{\mathbb{Z}}$ définie par $T_x^n \in C_{\omega_n(x)}\ ,\ n \in \mathbb{Z}$.

Il est clair que le codage φ envoie X sur l'espace Ω_M des suites M-admissibles dans Ω . D'autre part, φ est injective si γ est une partition génératrice.

Considérons alors l'image par φ de la mesure m . Cette mesure φ_m sur Ω_M est invariante par le shift S . D'après le théorème d'unicité, pour que φ_m soit égale à la mesure μ sur Ω_M d'entropie maximale, il suffit que l'on ait $h_m(T) = \text{Log}\ \lambda_M$.

Cependant nos raisonnements reposent sur l'hypothèse d'apériodicité de la matrice M . Cette condition est réalisée si le système est mélangeant. En effet, dans ce cas, il existe un entier $n > 0$ tel que $m(T^n C_i \cap C_j) > 0$, sur tout couple (i,j), $1 \leq i,j \leq r$.

En résumé, nous avons obtenu le

<u>Théorème 2</u>

Soit $(X,\mathcal{a},m,T)$ un système dynamique mélangeant. Soient γ une partition finie génératrice pour T , et M la matrice de transition associée à γ . Soit λ_M la valeur propre >0 de M supérieure au module des autres valeurs propres. Si $h_m(T) = \text{Log}\ \lambda_M$, le système $(X,\mathcal{a},m,T)$ est métriquement isomorphe au système (Ω_M, B, μ, S_M) , défini par la mesure markovienne μ d'entropie maximale associée au sous-shift de type fini (Ω_M, S_M).

Adler et Weiss ont utilisé la méthode de représentation décrite dans le théorème 2 pour représenter les automorphismes ergodiques du tore de dimension 2 par des sous-shift de type fini.

BIBLIOGRAPHIE

Références générales pour l'ensemble du cours :

V.I. ARNOLD, A. AVEZ, Problèmes ergodiques de la mécanique classique, Gauthier-Villars, (1967).

P. BILLINGSLEY, Ergodic theory and information, Wiley (1965).

P.R. HALMOS, Lectures on ergodic theory, Chelsea (1956).

Ya SINAI, Ergodic Theory, Aarhus Universitet, Lecture Notes séries, n° 23, (1970).

Chapitre I

Sur les théorèmes de convergence ponctuelle généralisant le théorème de Birkhoff, citons :

A.M. GARSIA, Topics on almost everywhere convergence, Lectures in advanced math 4, Chicago, Markham publ. Comp. (1970)

Sur les propriétés spectrales des systèmes dynamiques :

N. FRIEDMAN, Introduction to ergodic theory, Van Nostrand Math. Studies, n° 29.

P.R. HALMOS, cité plus haut,

J. NEVEU, Théorie ergodique, Cours polycopié, Paris, (1967).

Chapitre II

Sur les points génériques et les mesures invariantes pour les systèmes topologiques :

J. OXTOBY, Ergodic Sets, B.A.M.S. v. 58, (1952) 116-136.

Sur certaines transformations strictement ergodiques :

H. FURSTENBERG, Strict ergodicity and transformations on the torus, Amer. J. Math. 83, (1961), 573-601.

H. FURSTENBERG, The unique ergodicity of the horocycle flow, in Recent advances in topological dynamics, Lecture Notes n° 318, Springer Verlag .

Sur la représentation des systèmes comme systèmes strictement ergodiques :

R. JEWETT, The prevalence of uniquely ergodic systems, J. Math. Mech. v. 19, (1970), 717-729.

Plusieurs auteurs ont obtenu des améliorations importantes du résultat de Jewett [Krieger, Hansel et Raoult, Denker]
Citons parmi ces travaux :

M. DENKER, On strict ergodicity, Math. Z. 134, (1973), 321-353.

Chapitre III

De nombreux travaux ont étudié les propriétés ergodiques des systèmes de type algébrique, généralisant les endomorphismes de groupes compacts, notamment les transformations affines sur des espaces homogènes de groupes de Lie .
Citons en particulier :

L. AUSLANDER, L. GREEN, G. HAHN, Flows on homogeneous spaces, Annals of Math. Studies, n° 53.

W. PARRY, Ergodic properties of affine transformations and flows on nilmanifolds, Amer. J. Math. v. 91, (1969), 757-771.

En utilisant la théorie d'Ornstein, Y. KATZNELSON a montré que les automorphismes ergodiques des tores de dimension finie sont isomorphes à des schémas de Bernoulli :

Y. KATZNELSON, Ergodic automorphisms of $\mathbb{T}^n$ are Bernoulli-shifts, Israel J. of Math. v.10, n° 2, (1971) .

La démonstration du théorème 6 est tirée de :

J.P. CONZE, Equations fonctionnelles et systèmes induits en théorie ergodique, Z. Wahrsch. 23, (1972), 75-82.

Le cas général (α irrationnel quelconque) est traité dans :

G. HANSEL, Automorphismes induits et valeurs propres, Z. Wahrsch. 25, n° 2, (1973), 155-157.

On trouvera d'autres résultats sur les systèmes induits dans le livre de FRIEDMAN déjà cité.

Chapitre IV

Sur l'entropie métrique des systèmes dynamiques et la propriété de K-système :

V.A. ROKHLIN, Lectures on the entropy theory of measure preserving transformations, Russian Math. Survey v. 22, n° 5, (1967), 1-52.

J. NEVEU, cité plus haut.

W. PARRY, Entropy and generators in ergodic theory, Benjamin, (1969).

Sur l'existence de partitions génératrices finies :

W. KRIEGER, On entropy and generators of measure preserving transformations, T.A.M.S. v. 149, (1970), 453-464.

Sur les générateurs et la stricte ergodicité, voir également :

M. DENKER, cité plus haut.

Pour une extension de la théorie de l'entropie aux systèmes multidimensionnels (action de $\mathbb{Z}^n$) voir :

J.P. CONZE, Entropie d'un groupe abélien de transformations, Z. Wahrsch. v. 25, (1972), 11-30.

Chapitre V

Sur les travaux d'Ornstein :

P. SHIELDS, Isomorphisms of Bernoulli Schemes, Chicago Press, (1973)

M. SMORODINSKY, Ergodic theory, entropy, Lecture Notes in Math. vol. 214, Springer-Verlag.

D.S. ORNSTEIN, Ergodic theory, Randomness and Dynamical Systems, Yale Math. Monographs, n° 5, (1974).

Chapitre VI

L'entropie topologique a été introduite dans :

R. ADLER, A.G. KONHEIM, M.H. MC ANDREW, Topological Entropy, T.A.M.S v. 114, (1965), 309-319.

Le chapitre VI provient pour une grande part de :

R. BOWEN, Entropy for group endomorphisms and homogeneous spaces, T.A.M.S. v. 153, (1971), 401-414

Sur le théorème de Goodwyn :

L.W. GOODWYN, Topological entropy bounds measure theoretic entropy, Proc. Am. Math. Soc. v.23, (1969), 679-688.

M. MISIUREWICZ, Topological conditional entropy, preprint (1974).

Chapitre VII

W. PARRY, Intrinsic Markov chains, T.A.M.S. v. 112, (1964), 55-66

R. ADLER, B. WEISS, Similarity of automorphisms of the torus, Memoirs of the A.M.S., n° 98, (1970)

PROCESSUS STOCHASTIQUES
DE POPULATION

PAR J. GANI

Notes rédigées par Mme J. BADRIKIAN

Chapitre 1

PREMIERS MODELES DEMOGRAPHIQUES

TABLES DE SURVIE - DENSITE D'AGE

1.1. Les tables de survie

a) Les tables de survie de type cohorte.

α) Table de GRAUNT.

Historique

La première application de méthodes mathématiques aux problèmes de population fut faite par :

John GRAUNT (en 1962) à l'aide de feuilletons hebdomadaires donnant des listes de naissances et de morts pour les arrondissements de Londres et datant de 1630 : les "Natural and Political Observations on the Bills of Mortability", ou -plus succintement- : les "Bills" (cf. [G27]). Les différentes causes de mort y furent par la suite spécifiées. La bourgeoisie londonienne, d'après "l'état de santé de la ville" dans la semaine précédente, décidait s'il était opportun ou non de s'éloigner quelques temps à la campagne afin d'échapper -entre autre- à la peste qui sévissait alors dans la grande ville.

GRAUNT, lui, avait l'ambition d'essayer de savoir :

"1. la taille de la population

2. combien il y a d'hommes et de femmes

3. combien de gens mariés, combien de célibataires

4. combien de femmes enceintes

5. combien dans ces catégories pendant chaque période de 7ans (de 10ans)

6. combien d'hommes capables de porter les armes

7. comment la population s'agrandit-elle à Londres

8. combien faut-il de temps pour renouveler la population après la peste

9. quelle proportion de la population meurt

10. quelles sont les périodes reproductrices et de mortalité, leurs longueurs et leur succession

11. quelle proportion néglige les ordres de l'Eglise, comment les sectes ont-elles augmenté

12. quelles sont leurs variations entre les diverses paroisses

13. pourquoi les enterrements à Londres excèdent-ils les baptêmes, alors que c'est le contraire qui se produit à la campagne".

L'ampleur de ces préoccupations -d'ordre démographique, épidémiologique et politique, nécessitait peut-être d'autres renseignements que ceux fournis par les "Bills".

Quoi qu'il en soit -en consultant ces relevés statistiques- GRAUNT fut amené à inventer la notion d'une table de survie, où approximativement, le nombre d'individus passant de l'âge i à l'âge i+10 était un nombre fixe sauf si cela donnait un nombre de personnes non entier, "les gens ne mourant pas par fractions".

GRAUNT prend :

$$P_{i,i+10} \simeq \frac{5}{8} \text{ : proportion de survivants}$$

et dresse la première table de survie :

Age en années	Nombre de survivants
0	100 } Hypothèses de départ
6	64 }
16	40
26	25
36	16
46	10
56	6
66	3
76	1
80	0

β) Table de HALLEY

Historique (cf [H3])

Le mathématicien Edmund HALLEY se souciait de calculs d'annuités. D'après des documents de la mairie de BRESLAU (l'actuelle ville de WROCLAW) fournis par NEUMANN, il publie en 1693 (H3) .

La table de survie de Halley, mise en forme par Böckh, a l'allure suivante :

Age en années	Nombre de survivants
0	100
5	58
15	50
25	46
35	39
45	32
55	23
65	15
75	7
80	0

b) les tables de survie courantes.

Dans de telles tables, ce n'est pas le nombre de survivants d'âge i qui est donné mais la proportion : $p_{i,i+1}(t)$ d'individus passant de l'âge i à l'âge i+1 au cours de l'année t.

Une représentation commode est de dresser la matrice de survie : "S" définie par le tableau ci-dessous (où l'âge maximum est supposé être 100ans):

t \ t+1	0	1	2	100
0	0	$p_{0,1}(t)$		0
1	0	0	$p_{1,2}(t)$	0
99	0	0	0	$p_{99,100}(t)$
100	0	0	0	0

Si on considère un état supplémentaire pour représenter la mort, on met en évidence une matrice markovienne M :

$$
M = \begin{array}{c} \\ 0 \\ \\ 99 \\ 100 \\ \text{mort} \end{array}
\begin{array}{c} \begin{array}{cccc} 0 & 1 \;\ldots & 100 & \text{mort} \end{array} \\
\left[\begin{array}{cccc}
0 & p_{0,1}(t) & \ldots\ldots & 1-p_{0,1}(t) \\
 & & & \vdots \\
 & & p_{99,100}(t) & 1-p_{99,100}(t) \\
 & & & 1 \\
 & & & 1
\end{array} \right] \end{array}
$$

Notons bien que -sauf pour des populations stables, ce qui est rare- les $p_{i,i+1}$ sont fonctions du temps.

c) Relation entre les 2 types de tables (cf [G19])

α) des tables en cohorte, on peut déduire les matrices de survie liées aux tables courantes.

Supposons qu'en chacune des années consécutives 1961, 1962,..., 1966, on s'intéresse à 100 individus (en prenant, par exemple, des populations de laboratoire (souris), qui meurent avant d'atteindre 6 ans), et que l'on ait suivi leur évolution au cours de 6 années.

On dipose alors des tables en cohorte :

année de naissance	1961	1962	1963	1964	1965	1966
Age i :	NOMBRE D'INDIVIDUS VIVANTS D'AGE i :					
0	100	100	100	100	100	100
1 an	68	70	74	77	80	83
2 ans	49	53	57	62	69	73
3 ans	39	42	46	51	61	64
4 ans	31	34	36	41	50	52
5 ans et +	14	16	20	24	30	33

tableau n° 1

Sur la diagonale soulignée est indiqué le nombre de vivants âgés de i années en 1966 : "$v_i(1966)$" et sur la diagonale du dessous : le nombre de vivants âgés de (i+1) années en 1967 : $v_{i+1}(1967)$, d'où :

Age i	Nombre d'individus		Intervalle d'âge : (i, i+1)	Proportion de Survivants : $v_{i+1}/v_{(i)}$
	d'âge i en 1966 $v_i(1966)$	d'âge i+1 en 1967 $v_{i+1}(1967)$		
0	100	83	(0,1)	0.83
1	80	69	(1,2)	0.8625
2	62	51	(2,3)	0.8226
3	46	36	(3,4)	0.7826
4	34	16	(4,5)	0.4706
5	14	0	(5 et +)	0

La dernière colonne fournit donc les éléments de la table courante correspondant à l'année 1966 :

$$p_{i,i+1}(t) = \frac{v_{i+1}(t+1)}{v_i(t)} \qquad \text{et :}$$

$$S(1966) = \begin{array}{c} \\ 0 \\ 1 \\ 2 \\ 3 \\ 4 \\ 5 \end{array} \begin{array}{c} \begin{array}{cccccc} 0 & 1 & 2 & 3 & 4 & 5 \end{array} \\ \left[\begin{array}{cccccc} & 0.83 & & & & \\ & & 0.8625 & & & \\ & & & 0.8226 & & \\ & & & & 0.7826 & \\ & & & & & 0.4706 \\ & & & & & 0 \end{array}\right] \end{array}$$

Réciproquement :

on peut établir les listes en cohorte à l'aide des différentes matrices de survie S (t). La méthode est déterministe, utilisant les <u>taux</u> de survie : $p_{i,i+1}(t)$

d'où les valeurs des $v_i(\tau+i)$:

Age i	Nombre de survivants
0	$v_0(\tau) = 100$
1	$v_1(\tau+1) = v_0(\tau).p_{01}(\tau)$
⋮	⋮
j	$v_j(\tau+j) = v_{j-1}(\tau+j-1).p_{j-1,j}(\tau+j-1)$
⋮	⋮

1.2. CAS CONTINU.

a) Courbes de survie.

En supposant que le cas continu prolonge le cas discret, on trace "les courbes de survie" à partir de relevés de cohorte.

Sur un même graphique, on a représenté les 6 courbes de taux de survie correspondant aux données du tableau n° 1

en abscisse, le temps $t = \tau+x$ où τ est l'année de naissance et x l'âge des individus ; en ordonnée, la proportion de survivants d'âge x nés en l'année τ

$$f_\tau(t) = \frac{v_{t-\tau}(t)}{v_0(\tau)}$$

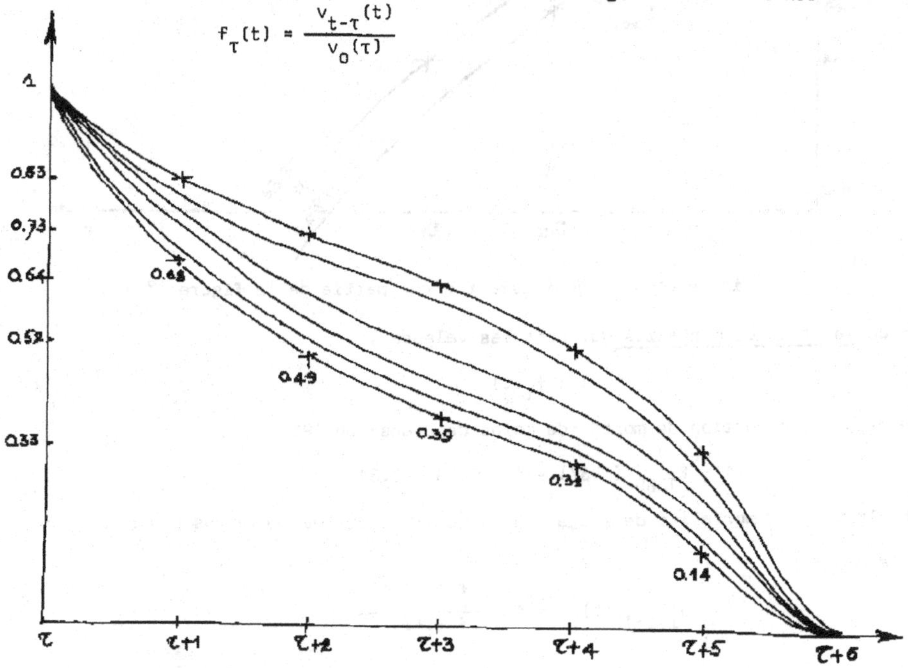

Figure n° 1 : courbes de survie

On lit facilement :

- les taux de survie de la table courante

En effet : $p_{i,i+1}(t) = \dfrac{f_\tau(t+1)}{f_\tau(t)} = \dfrac{f_\tau(\tau+i+1)}{f_\tau(\tau+i)}$ où $t = \tau+i$.

Ainsi : $p_{01}(1966) = 0.83$

$p_{12}(1966) = \dfrac{0.69}{0.80}$

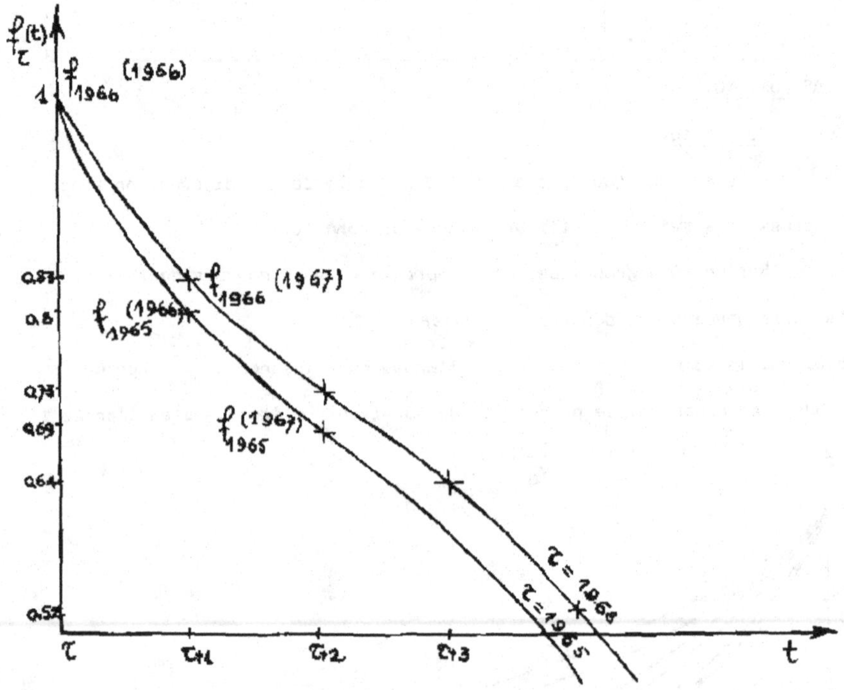

Figure n° 2 (grossissement d'une partie de la figure n° 1)

- ou les taux de mortalité qui sont les valeurs :

$$1 - f_\tau(t)$$

Ainsi, la proportion de morts -de moins de 2 ans- en 1967 :

$$1 - f_{1965}(1967) = 1 - 0.69 = 0.31$$

Et le taux de mortalité de l'âge i à l'âge i+1 pour les individus nés en l'année τ :

$$1 - p_{i,i+1}(t) = 1 - \frac{f_\tau(\tau+i+1)}{f_\tau(\tau+i)}$$

b) fonction densité et fonction de répartition d'âge.

Historique

En 1970, BARTLETT (cf B15) définit une fonction densité d'âge moyen : $f(x,t)$ t.q.

$f(x,t)\delta x$ représente le nombre moyen d'individus à l'instant t ayant un âge compris entre x et $x+\delta x$.

Trois courbes sont intéressantes :

α) La courbe de distribution d'âge à un instant donné (pyramide des âges). Elle caractérise l'état de la population à l'instant t. Elle peut être normalisée en divisant les ordonnées par $f(0,t)$.

$f(x,t)$ est -pour t fixé- la densité de l'âge de la population au temps t (prolongement au cas continu de : $v_i(t)$) (voir figure n° 3)

β) La courbe de survie pour une population née à un instant fixé.

Si τ est l'année de naissance , alors : $f(x,\tau+x)$ est -à un facteur près- la courbe de survie des individus nés en l'année τ.

Elle est obtenue, en divisant par $f(0,\tau)$; d'où :

$$f_\tau(x) = \frac{f(x,\tau+x)}{f(0,\tau)}$$

Elle permet de suivre les individus d'une même cohorte (voir figure n° 3 pour $f(x, 1962+x)$).

γ) La courbe de l'évolution d'un âge donné, au cours du temps.

Pour x fixé, c'est la représentation de : $f \longrightarrow f(x,t)$

Elle est utile lorsqu'on veut étudier des phénomènes liés à un âge déterminé. (par exemple, ajuster à la demande, la fabrication de vêtements, ou de chaussures). (voir figure n° 3)

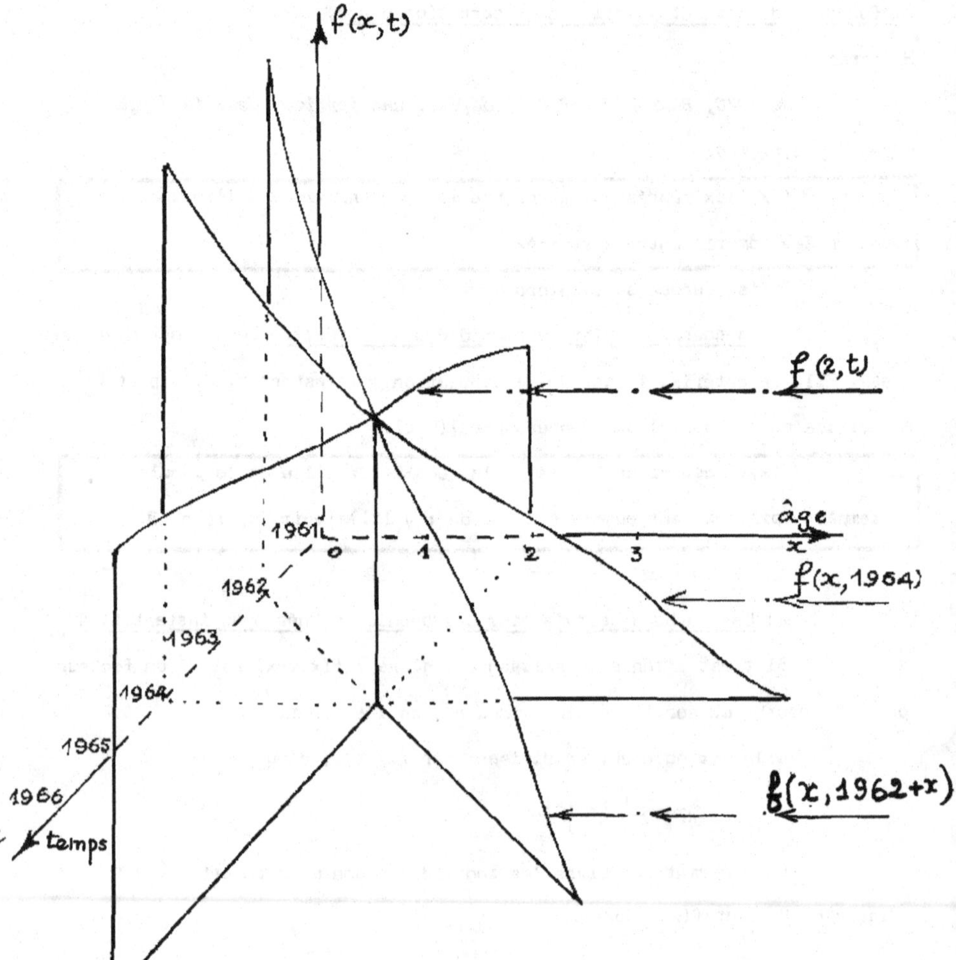

Figure n° 3 : trois courbes caractérisant la surface f (x, t)

A la densité f, on peut associer, pour chaque valeur de t, une fonction de répartition :

$$F(x,t) = \int_x^\infty f(u,t)du$$

F(x,t) est le nombre moyen d'individus d'âge > x.

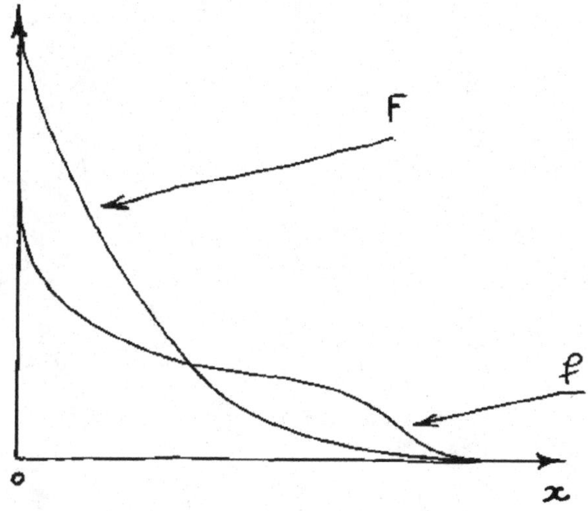

Figure n° 4 : fonctions f (x, t), F (x, t) pour t fixé

En fait -ce qui intéresse un individu d'âge x à l'instant t (et les compagnies d'assurance sur la vie), c'est de connaître la probabilité qu'il soit encore vivant à la date $y > t$, soit :

$$\frac{f(x + y - t,\ y)}{f(x,t)}$$

Pour calculer cette valeur, il faut donc extrapoler f qui n'est connu que jusqu'à l'instant t.

On le fera en extrapolant :

Soit la fonction : $y \longrightarrow f(x+y-t,y)$ comme pour $y < t$

Soit -si y est fixé- la fonction : $f(x+y-t,t)$ comme pour $x < t$.

<u>Autres références</u> : [B 24], [C 3.], [F 1], [H 6], [K 9], [K 10], [S 4].

Chapitre 2

CROISSANCE D'UNE POPULATION

Dans ce chapitre, on étudie la croissance d'une population et l'on entend par là : "évolution de sa taille", en excluant, pour l'instant, l'influence de l'immigration. D'autre part, il sera intéressant de connaître non seulement la taille totale (population simple) mais encore la taille des diverses tranches d'âges ou différentes classes (population complexe).

Malthus écrit (en 1798) dans un "Essay on the principle of human population" : "la population -non contrôlée- augmente à un taux géométrique alors que la nourriture augmente seulement à un taux arithmétique".

2.1. Trois modèles déterministes.

a. Modèle de LOTKA.

LOTKA (1907) étudie le problème de croissance de population à l'aide d'un modèle déterministe et exponentiel :

$\frac{dN}{dt} = rN$ ou $N(t)$ est le nombre d'individus de la population et r un coefficient d'accroissement,

ce qui donne : $$N(t) = N(0)e^{rt} \qquad (1)$$

Cette équation rend bien compte de la croissance des populations de laboratoire (souris, par ex.) où l'alimentation et l'espace vital sont suffisants, mais :

- pour des populations subissant des contraintes extérieures de territoire ou de réserve alimentaire, on note dans ces cas que la croissance de la population ne dépasse jamais un certain maximum fixé à N_M et c'est alors l'équation appelée "logistique" suivante qui rend compte de la situation :

$$\frac{dN}{dt} = rN\left(1 - \frac{N}{N_M}\right) \qquad \text{avec } N < N_M$$

Résolution :

$$\frac{dN}{N\left(1-\frac{N}{N_M}\right)} = rdt$$

$$\frac{N_M\, dn}{N\,(N_M - N)} = rdt \Longleftrightarrow \left(\frac{1}{N} + \frac{1}{N_M - N}\right) dN = rdt$$

d'où :

$$\text{Log } N - \text{Log } (N_M - N) = rt + c$$

$$\frac{N}{N_M - N} = Ae^{rt} \quad \text{et :} \quad N = \frac{N_M\, Ae^{rt}}{1 + Ae^{rt}}$$

Les conditions initiales $t = 0$, $N(o) = \frac{NA}{1+A}$ permettent de déterminer la constante $A = \frac{N(o)}{N_M - N(o)}$, d'où :

$$N(t) = \frac{N_M \frac{N(o)}{N_M - N(o)} e^{rt}}{1 + \frac{N(o)}{N_M - N(o)} e^{rt}}$$

$$N(t) = \frac{N_M\, N(o)\, e^{rt}}{N_M - N(o) + N(o)\, e^{rt}}$$

r est ici un facteur de reproduction nette, c'est-à-dire compte tenu des morts. On a employé cette équation pour l'étude de populations d'animaux sauvages à paturages restreints (entourés de montagnes, par ex.).

b. Population complexe.

Lotka avait envisagé une population dans son état global - sans distinction de types, ni d'âges- en ne considérant que son importance numérique et que l'on qualifie de population simple.

Par contre, toute population divisée en classes (d'âges par exemple) sera appelée complexe.

Alors :

Si $\vec{V}(t)$ est le vecteur représentant le nombre d'individus vivants à l'instant t, la $i^{\text{ème}}$ composante :

$\vec{V}(t)^i$ sera le nombre d'individus d'âge i, à l'instant t.

Soit :

$$S(t-1) = \begin{array}{c|ccccc} & 0 & 1 & 2 & \cdots & m \\ \hline 0 & & p_{01} & & & \\ 1 & & & p_{12} & & \\ \vdots & & & & \ddots & \\ m-1 & & & & & p_{m-1,m} \\ m & & & & & 0 \end{array}$$

la matrice de survie de t-1 à t,

- s'il n'y a pas reproduction, on peut considérer que l'on a :

$$\boxed{\vec{V}(t) = {}^{T}S(t-1)\,\vec{V}(t-1)}$$

$\vec{V}(t)$ est alors le vecteur donnant, pour chaque âge, le nombre de survivants à l'instant t ($\vec{V}(t)^i$ étant précisemment la valeur $v_i(t)$ du chapitre précédent).

En tenant compte du nombre de naissances au temps t : n_t, on trouve la distribution d'âge -discrète- en l'année t :

$$\boxed{\vec{V}(t) = {}^{T}S(t-1)\vec{V}(t-1) + n_t\,\vec{E}}$$

où $\vec{E} = {}^{T}(1,0,\ldots,0_m)$

La taille de la population est alors :

$$\boxed{N(t) = \sum_{i=0}^{m} \vec{V}(t)^i}$$

<u>Exemple</u> : Estimation du nombre d'étudiants australiens dans les années à venir (travaux de BORRIE [B22], DEDMAN [B21], DAVIS [D3], GANI [G6] et HALL [H1]).

La durée des études est de 3 ans. Soit la matrice de survie :

$$S = \begin{bmatrix} p_{11} & p_{12} & \\ & p_{22} & p_{23} \\ & & p_{33} \end{bmatrix}$$

les $p_{i,i+1}$ sont les probabilités de passage réel dans l'année supérieure (non les probabilités de réussite aux examens) et les p_{ii} les probabilités de doubler. Certains étudiants abandonnent, en cours d'études, et l'on a donc :

$$p_{ii} + p_{i,i+1} < 1$$

Si le nombre de nouveaux étudiants entrant en 1ère année d'université est n_t, alors :

$$\vec{V}(t) = {}^{T}S\,\vec{V}(t-1) + n_t\,\vec{E} \qquad (1)$$

Il faut supposer qu'aucun étudiant n'entre directement en 2ème ou 3ème année (population sans immigration).

a) Si les probabilités de passage et de redoublement ne varient pas au cours du temps (S est indépendante de t) alors (1) donne :

$$\boxed{\vec{V}(t) = \sum_{k=0}^{t} n_{t-k}\,{}^{T}S^{k}\vec{E}} \qquad (2)$$

b) Sinon :

$$\vec{V}(t) = n_t\,\vec{E} + \sum_{k=1}^{t} n_{t-k}\,\Big(\prod_{j=1}^{k} {}^{T}S(t-j)\Big)\vec{E}$$

et le nombre total d'étudiants en l'année t est :

$$N(t) = \sum_{i=1}^{3} \vec{V}(t)^{i}$$

<u>Méthode pratique de calcul dans le cas a)</u>

S est indépendant de t, posons :

$P = {}^{T}S$ et décomposons P en un produit de 3 matrices :

$P = A^{-1}\Lambda A$ t.q. :

$$\Lambda = \begin{bmatrix} p_{11} & 0 & 0 \\ 0 & p_{22} & 0 \\ 0 & 0 & p_{33} \end{bmatrix} \quad \text{et :}$$

$$A^{i}_{j} = \begin{cases} 0 & \text{si} \quad i < j \\ \prod_{k=j}^{i-1} \dfrac{p_{k,k+1}}{p_{ii} - p_{kk}} & \quad i > j \end{cases} \qquad \text{d'où :}$$

$$A^{-1}\,{}^{i}_{j} = \begin{cases} 0 & \text{si} \quad i \leq j \\ \prod_{k=j+1}^{i} \dfrac{p_{k-1,k}}{p_{jj} - p_{kk}} & \quad i > j \end{cases}$$

et

$$\vec{V}(t) = A^{-1} \sum_{k=0}^{t} \Lambda^{k} A \vec{E} n_{t-k}$$

c. Modèle de LESLIE (cf [L2])

En 1941, BERNADELLI et en 1942, LEWIS publièrent des modèles de population qui furent perfectionnés en 1945 par LESLIE.

Au lieu de considérer le nombre global de naissances en l'année t, exprimons que chaque individu d'âge i donne naissance à f_i individus, d'où la matrice de reproduction :

$$R = \begin{bmatrix} f_0 & f_1 & f_2 \cdots & f_n \\ 0 & & & 0 \\ \vdots & & & \vdots \\ 0 & & & 0 \end{bmatrix}$$

Alors si $L = {}^{T}S + R =$

$$\begin{bmatrix} f_0 & f_1 & & f_{m-1} & f_m \\ p_{01} & 0 & & & \\ & p_{12} & & & \\ & & & 0 & \\ & & & p_{m-1,m} & 0 \end{bmatrix}$$

on a :

$$\vec{V}(t) = L \cdot \vec{V}(t-1) \quad \text{et} \quad N(t) = \sum_{i=0}^{m} \vec{V}(t)^{i}$$

"L" est appelée matrice de Leslie.

1 - Si L est indépendante du temps, alors :

$$\vec{V}(t) = L^{t-1} \vec{V}(0)$$

2 - Sinon :

$$\vec{V}(t) = \left\{ \prod_{k=0}^{t-1} L^{(k)} \right\} \vec{V}(0)$$

2.2. Taux de croissance stable.

Si L est indépendante du temps et si, à un instant t_1 : $\vec{V}(t_1)$ est un vecteur propre de L correspondant à une valeur propre λ positive :

$$\vec{V}(t_1 + 1) = L\vec{V}(t_1) = \lambda\vec{V}(t_1)$$

d'où : $\vec{V}(t_1 + t) = L^{t} \vec{V}(t_1) = \lambda^{t} \vec{V}(t_1)$

et : $N(t_1 + t) = \lambda^{t} N(t_1)$ (3)

Donc, si $\vec{V}(t_1)$ est vecteur propre de L, à partir de l'instant t_1, chaque âge possède le même taux de croissance λ, et la population globale croît d'année en année suivant ce facteur constant λ. On dit qu'elle a atteint une "distribution d'âge stable".

λ joue le même rôle que $\underline{r}$ dans l'équation de LOTKA ; t_1 étant l'instant initial ($t_1 = 0$), la formule (3) précédente donne à l'instant t : $N(t) = \lambda^t N(0)$. En la comparant à la formule(1)de ce chapitre (§ 1.a), il vient:

$$e^{rt} = \lambda^t \quad \text{ou} \quad \underline{r = \text{Log } \lambda}$$

Le paramètre r, nommé "taux naturel de croissance" par LOTKA est aussi appelé paramètre malthusien.

Il est intéressant de connaître les cas de stabilité du taux de croissance (problèmes écologiques de préservation de la vie, par exemple, questions de recrutement professionnel , etc...) , ce qui nous amène à étudier les valeurs propres de la matrice L.

2.3 Valeurs propres de la matrice de Leslie

a. On démontre qu'une matrice de LESLIE, indépendante du temps, possède une seule valeur propre positive et que celle-ci est de plus grand module. Le polynôme caractéristique de L est :

$$\lambda^{m+1} - f_0 \lambda^m - p_{01} f_1 \lambda^{m-1} - p_{01} p_{12} f_2 \lambda^{m-2} - \dots - (p_{01} \cdot\cdot p_{m-1,m} f_m) = 0$$

Si $p_{01} p_{12} \dots p_{m-1,m} f_m \neq 0$, ce qu'on peut raisonnablement supposer, il n'y a pas de racine nulle ; on peut alors diviser par λ^{m+1} :

$$1 - f_0 \lambda^{-1} - p_{01} f_1 \lambda^{-2} - p_{01} p_{12} f_2 \lambda^{-3} \dots - (p_{01} \cdots p_{m-1,m} f_m) \lambda^{-m-1} = 0$$

équation que l'on résout, en posant :

$$f(\lambda) = f_0 \lambda^{-1} + \dots + (p_{01} \dots p_{m-1,m} f_m) \lambda^{-m-1} = 1 \qquad (4)$$

or, dans l'intervalle $[0, +\infty[$, $f(\lambda)-1$ décroît de manière monotone, ce qui implique l'existence d'une seule racine positive de multiplicité 1, soit λ_M.

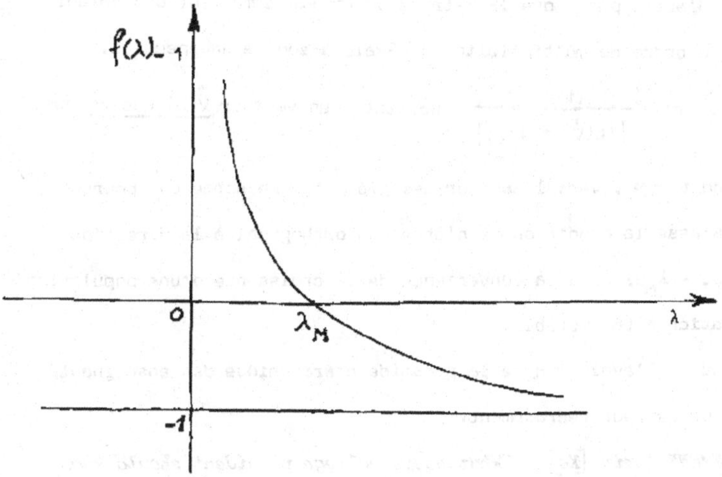

Toute autre valeur propre est donc, soit négative, soit non réelle. Démontrons que son module est inférieur à λ_M.

Soit λ_j une valeur propre différente de λ_M

Posons $\lambda_j^{-1} = \rho\, e^{i\theta}$

D'après l'équation caractéristique :

$f_0\, \rho \cos \theta + p_{01}\, f_1\, \rho \cos 2\theta + \ldots + (p_{01} \cdots p_{m-1,m}) f_m \rho^{(m+1)} \cos(m+1)\theta = 1.$

Si on avait $|\lambda_j| > \lambda_M$, c'est-à-dire $\rho \leq \lambda_M^{-1}$, on aurait :

$f_0\, \rho \cos \theta + \ldots + (p_{01} \ldots p_{m-1,m}) f_m\, \rho^{m+1} \cos(m+1)\theta < 1$ sauf si

$\cos \theta = \cos 2\theta = \ldots = \cos (m+1)\theta = 1$, donc $\theta = 2k\pi$ et $\lambda_j = \lambda_M$

contrairement à l'hypothèse.

b. La direction du vecteur propre : $\vec{V}_{\lambda_M}$ associée à λ_M sera donc :

$(V)^0$: arbitraire

$(V)^1 = p_0\, (V)^0\, \lambda_M^{-1}$

$(V)^k = p_{01}\, p_{12} \cdots p_{k-1,k} (V)^0\, \lambda_M^{-k}$

$\vdots$

$(V)^m = p_{01}\, p_{12} \cdots p_{m-1,m}\, (V)^0\, \lambda_M^{-m}$

c. On sait, d'autre part, que la matrice de Leslie admettant une valeur propre $\lambda_M > 0$, d'ordre de multiplicité un, égale à son rayon spectral, l'itération : $\vec{V}(t) = \frac{L\vec{V}(t-1)}{||L(\vec{V}(t-1))||}$, partant d'un vecteur <u>$\vec{V}(o)$ quelconque</u>, converge, quand $t \to \infty$, vers le vecteur associé à λ_M, de norme un, pourvu que $\vec{V}(o)$ satisfasse la condition de n'être pas orthogonal à la direction u telle que ${}^TLu = \lambda_M u$; d'où la convergence de la croissance d'une population vers une situation à taux stable.

<u>Exemple</u> : étude de l'évolution de la pyramide hiérarchique des enseignants canadiens en vue de leur recrutement.

Historique :*KEMENY écrit* [K4] *: "What every college president should know about mathematics"*

J. HOLMES travaille sur cette question et donne une publication [H7] *en Mars 1974.*

Il existe au Canada 3 catégories d'enseignants universitaires :

- les assistants (enseignants de grade 1)
- les professeurs associés (enseignants de grade 2)
- les professeurs en chaire (enseignants de grade 3)

Les taux de survie sont ici les probabilités de passage en 5 ans dans le grade supérieur. En supposant que certains enseignants meurent et d'autres quittent l'enseignement, si p_{ii} représente la probabilité de rester en 5 ans, au même grade, on aura ici aussi :

$$p_{ii} + p_{i,i+1} < 1$$

Soit :

$$S = \begin{bmatrix} p_{11} & p_{12} & 0 \\ & p_{22} & p_{23} \\ & & p_{33} \end{bmatrix}$$

Les facteurs de reproduction sont :

r_2 = nombre d'assistants formés par des professeurs associés en 5 ans

r_3 = nombre d'assistants formés par des professeurs en chaire en 5 ans

D'où la matrice de type LESLIE,

$$L = {}^T S + R = \begin{bmatrix} p_{11} & r_2 & r_3 \\ p_{12} & p_{22} & 0 \\ 0 & p_{23} & p_{33} \end{bmatrix}$$

et le nombre d'enseignants par classes d'âge étant représenté par le vecteur $\vec{V}(t)$:

$$\vec{V}(t) = L\vec{V}\,(t-5)$$

d'où

$$N(t) = \sum_{i=1}^{3} (LV(t-5))^{i} \quad \text{: nombre total d'enseignants}$$

On étudie les cas de stabilité avec les données suivantes :

$$L = \begin{bmatrix} 0.6 & 2 & 3 \\ p_{12} & 0.9 & 0 \\ 0 & \frac{3}{2}\,p_{12} & 0.8 \end{bmatrix}$$

et $\vec{V}(t) = 1.3\ \vec{V}(t-5)$, c'est-à-dire dans le cas où le nombre d'enseignants augmente de 30 %. On trouve $p_{12} = 0.075$, et $p_{23} = \frac{3}{2}\,p_{12} = 0.1125$; ce sont là des résultats fictifs qui servent à illustrer notre méthode.

Chapitre 3

ETUDE STOCHASTIQUE DE LA TAILLE D'UNE POPULATION

Posons maintenant le problème de manière probabiliste. Soit $X(t)$ la variable aléatoire donnant la taille d'une population, à l'instant t. Ce n'est plus la moyenne de $X(t)$, mais sa distribution que nous recherchons.

3.1. "M" étant la matrice des probabilités de passage de i à j individus en une unité de temps (par exemple, en un an), la distribution de $X(t)$ suit un processus de MARKOV, discret. Elle est donnée par le vecteur $p(t)$ de jème composante :

$$p(t)^j = P\ \{X(t) = j\}$$

et

$$p(t) = {}^T M\ p(t-1)$$

Soit $p(0)$ la distribution initiale, alors :

a) Si M est constante (c'est à dire la probabilité de passage de i à j individus ne dépendant pas du temps) :

$$\boxed{p(t) = {}^T M^t\ p(0)}$$

b) Sinon - le processus n'est pas homogène - et en notant M_k la matrice de passage de l'instant k-1 à l'instant k :

$$\boxed{p(t) = {}^T (M_1\ M_2\ \dots\ M_t)\ p(0)}$$

3.2. Dans le cas où le temps est considéré comme une variable continue et non plus discrète, on obtient des chaînes de MARKOV permanentes dont l'ensemble des états est fini ou dénombrable.

$X(t)$ prend une valeur i, reste constante jusqu'à l'instant τ_1 ($\tau_1 > t$) puis saute à la valeur $j \geqslant i$: la taille d'une population suit donc un processus de saut, que l'on nomme généralement :

"processus de naissance et de mort"

On peut alors utiliser les équations de Chapman-Kolmogorov, ou les équations différentielles de Kolmogorov.

En général, pour les processus de naissance et de mort qui sont chaînes de Markov permanentes non homogènes, on peut obtenir deux types d'équations de Kolmogorov :

Notant $P(\tau,t)$ la matrice dont les éléments sont donnés par :

$$P(\tau,t)^i_j = P\{X(t) = j/X(\tau) = i\} \quad (t \geqslant \tau)$$

on a :

$$\frac{\partial}{\partial\tau} P(\tau,t) = -A(\tau)P(\tau,t) \text{ (1) (équation en "arrière")}$$

$$\frac{\partial}{\partial t} P(\tau,t) = P(\tau,t)\, A(t) \text{ (2) (équation en "avant")}$$

La matrice "infinitésimale" : $A(t)=\frac{\partial P(0,0)}{\partial t} = \lim\limits_{t\to 0} \frac{P(0,t)-P(0,0)}{t}$

où $P(0,0) = I$, étant connue, on essaie d'intégrer :

- ce qui est facile lorsque A est constante par rapport au temps : l'équation (1) donne alors, puisque le processus devient homogène $P(\tau, t) = P(t-\tau)$, pour $\tau=0$,

$$\boxed{P(t) = e^{At}}$$

et $$p(t) = e^{At}p(0)$$

où $$p(t) = \begin{bmatrix} P\{X(t) = 0\} \\ P\{X(t) = 1\} \\ \cdot \\ \cdot \\ \cdot \\ P\{X(t) = n\} \end{bmatrix}$$

- quand le processus n'est pas homogène on a recours à des méthodes spécifiques à chaque cas. Nous allons étudier quelques uns de ces processus.

3.3. Processus de mort non homogène.

Pour un processus de mort pure, la matrice P est diagonale inférieure puisque :

$P^i_j(0,t) = P\{X(t) = j/X(0) = i\} = 0$ pour $j > i$, le nombre d'états j étant fini, puisque $j=0,1,\ldots,i$.

On appelle "taux de mortalité" le coefficient :

$$A^i_{i-1}(t) = \frac{\partial}{\partial t} P^i_{i-1}(0,0) = \mu_i(t)$$

et on suppose qu'il est proportionnel au nombre i d'habitants et fonction du temps :

$$\mu_i(t) = i\mu(t)$$

Alors la matrice infinitésimale a pour éléments :

$$A_j^i = \begin{cases} i\mu(t) & \text{si } j = i-1 \\ -i\,\mu(t) & \text{si } j = i \\ 0 & \text{sinon} \end{cases}$$

D'où l'équation "en avant" pour les probabilités $P_j^i(0,t)$ d'un nombre m+1 fini d'états (i=0,1,..., m ; $j \leqslant i$)

$$\frac{dP^0}{dt} = P.A = \begin{pmatrix} P_0^0 & 0 & 0 & \dots & 0 \\ P_0^1 & P_1^1 & 0 & \dots & 0 \\ P_0^2 & P_1^2 & P_2^2 & \dots & 0 \\ . & . & . & \dots & . \\ P_0^m & P_1^m & P_2^m & \dots & P_m^m \end{pmatrix} \begin{pmatrix} 0 & 0 & 0 & \dots & 0 \\ \mu & -\mu & 0 & \dots & 0 \\ 0 & 2\mu & -2\mu & \dots & 0 \\ . & . & . & \dots & . \\ 0 & 0 & 0 & \dots & -m\mu \end{pmatrix}$$

__Résolution__

Soit i = n la taille initiale de la population.

Désignons, pour alléger l'écriture :

$P_j^n(0,t)$ par P_j

et $\mu(t)$ par μ

Il faut donc résoudre le système d'équations différentielles de Kolmogorov :

$$\begin{cases} \frac{d}{dt}(P_n) = -n\mu P_n \\ \vdots \\ \frac{d}{dt}(P_j) = -j\mu P_j + (j+1)\mu P_{j+1} \\ \vdots \\ \frac{d}{dt}(P_0) = \mu P_1 \end{cases}$$

Soit $\phi(z;0,t) = \sum_{j=0}^{n} P_j(0,t) z^j$ la fonction génératrice associée.

En multipliant par z^n la première équation

par $z^{n-(j-1)}$ la $j^{\text{ème}}$

et en sommant membre à membre, il vient :

$$\sum_{j=0}^{n} z^j \frac{dP_j}{dt} = \sum_{j=0}^{n} (-j\mu P_j z^j) + \sum_{j=0}^{n-1} (j+1) P_{j+1} z^j,$$

c'est-à-dire :

$$\frac{\partial\phi}{\partial t} = -\mu z \sum_{j=1}^{n} jP_j\, z^{j-1} + \mu \sum_{j=0}^{n-1} (j+1)\, P_{j+1}\, z^j$$

$$\frac{\partial\phi}{\partial t} = -\mu z \frac{\partial\phi}{\partial z} + \mu \frac{\partial\phi}{\partial z}$$ ou :

$$\boxed{\frac{\partial\phi}{\partial t} = \mu(1-z)\,\frac{\partial\phi}{\partial z}}$$

Employons la méthode de Lagrange pour résoudre cette équation :

$$\frac{-\mu(t)\,dt}{1} = \frac{dz}{1-z} = \frac{d\phi}{0}$$

d'où : $- \int \mu(t)dt = \int \frac{dz}{1-z} = c$, une constante,

$- \int_0^t \mu(\tau)d\tau = - \text{Log}\,|1-z| + \text{Log}\,K$, où K est aussi une constante.

Posons $M(t) = \int_0^t \mu(\tau)\,d\tau$, alors :

$$e^{-M(t)} = \frac{K}{1-z}$$

La fonction $\phi(z,t)$ est de la forme :

$\psi(e^{-M(t)}(1-z))$ telle que :

pour $t = 0 : \phi(z;0,0) = z^n = \psi(1-z)$

Posons $u = 1-z$, alors $\psi(u) = (1-u)^n$

donc : $\phi\,(z\,;0,t) = \psi(e^{-M(t)}(1-z)) = (1 - e^{-M(t)}(1-z))^n$

$= (z\,e^{-M(t)} + (1 - e^{-M(t)}))^n$

qui est de la forme : $(pz + (1-p))^n$ et donc la fonction génératrice d'une <u>distribution binomiale</u> :

$$\sum_{k=0}^{n} (\binom{n}{k} p^k q^{n-k}) z^k = \sum_{k=0}^{n} (\binom{n}{k}(e^{-M(t)})^k (1 - e^{-M(t)})^{n-k})\, z^k$$

$$= \sum_{k=0}^{n} P_k^n\,(0,t)\,z^k$$

d'où :

$$\boxed{\forall n,\ \forall k \ :\ P_k^n = \binom{n}{k} (e^{-M(t)})^k\,(1 - e^{-M(t)})^{n-k}}$$

3.4. Processus de naissance non homogène (Processus de Yule)

L'ensemble des états est ici dénombrable et $P^i_j = 0$ pour $j < i$.

Soit $\lambda_i(t) = \frac{\partial}{\partial t} P^i_{i+1}(0,0)$ le paramètre de natalité, l'équation "en avant" est donc :

$$\frac{dP}{dt} = P \cdot A \qquad \begin{bmatrix} P^0_0 & & P^0_m \dots \\ 0 & P^1_1 & P^1_m \dots \\ \vdots & & \\ 0 & 0 & P^m_m \dots \\ \dots & & \dots \end{bmatrix} \begin{bmatrix} 0 & & & & & \dots \\ & -\lambda_1 & \lambda_1 & 0 & & \dots \\ & 0 & -\lambda_2 & \lambda_2 & 0 & \dots \\ & & 0 & 0 & & 0 \dots \\ 0 & & & & & 0 \; -\lambda_m \; \lambda_m \dots \\ \dots & & & & & \dots \end{bmatrix}$$

Résolution

1er cas : Fixons le nombre d'individus au départ : $X(0) = i$.

Prenons, par exemple, $i = 1$. Faisons les mêmes conventions d'écriture que précédemment :

P_j pour P^1_j et λ pour $\lambda(t)$, où $\lambda_j(t) = j\lambda(t)$ est proportionnel au nombre d'individus.

Le système d'équations différentielles est donc :

$$\begin{cases} \dfrac{dP_1}{dt} = -\lambda P_1 \\ \dfrac{dP_j}{dt} = \lambda(j-1)P_{j-1} - \lambda j P_j \quad \text{pour } j > 1 \end{cases}$$

et la fonction génératrice correspondant au cas où il y a initialement un seul individu : $\phi_1 = \sum_{j=1}^{\infty} P^1_j(0,t)\, z^j$

Multiplions l'équation de rang j par z^j et sommons :

$$\sum_{j=1}^{\infty} \frac{dP_j}{dt} z^j = - \sum_1^{\infty} j\, \lambda P_j\, z^j + \sum_{j=2}^{\infty} \lambda(j-1)\, P_{j-1}\, z^j$$

ou :

$$\frac{\partial \phi_1}{\partial t} = - z\lambda \sum_1^{\infty} j\; P_j\, z^{j-1} + \lambda z^2 \sum_{j=2}^{\infty} (j-1)\, P_{j-1} z^{j-2}$$

$$= - \lambda z \frac{\partial \phi_1}{\phi z} + \lambda z^2 \frac{\partial \phi_1}{\partial z}$$

c'est-à-dire :

$$\frac{\partial \phi_1}{\partial t} - \lambda z\,(z-1)\,\frac{\partial \phi_1}{\partial z} = 0$$

d'où les équations différentielles des caractéristiques :

$$-\lambda(t)\,\frac{dt}{1} = \frac{dz}{z(z-1)} = \frac{d\phi}{0}$$

$\int_0^t -\lambda(\tau)\,d\tau = \mathrm{Log}\left|\frac{z-1}{z}\right| + \mathrm{Log}\,K$, où K est une constante.

Posons $\Lambda(t) = \int_0^t \lambda(\tau)\,d\tau$

Alors : $e^{-\Lambda(t)} = K\,\frac{z-1}{z}$

ou : $\frac{z-1}{z}\,e^{\Lambda(t)} = K^{-1}$.

Cherchons donc à déterminer $\phi_1 = \psi(e^{\Lambda(t)}\,\frac{z-1}{z})$ avec la condition initiale :

pour t = 0 $\phi_1\,(z;0,0) = \sum_{j=1}^{\infty} P_j^1(0,0)z^j = P_1^1\,(0,0)z = z$

et $\Lambda(0) = 0$

donc $\phi_1(z;0,0) = \psi(e^{\Lambda(0)}\,\frac{z-1}{z}) = \psi(\frac{z-1}{z})$

Alors : $\psi(\frac{z-1}{z}) = z$

ou, en posant : $\frac{z-1}{z} = u$

$$\psi\,(u) = \frac{1}{1-u}$$

Enfin :

$$\phi_1(z;0,t) = \psi(e^{\Lambda}\,\frac{z-1}{z}) = \frac{1}{1 - e^{\Lambda}\,\frac{z-1}{z}} = \frac{z}{z - e^{\Lambda}\,(z-1)}, \text{ où } \Lambda = \Lambda(t),$$

$$\phi_1(z;0,t) = \frac{z\,e^{-\Lambda}}{1-z(1-e^{-\Lambda})}$$

qui est de la forme : $\frac{pz}{1-(1-p)z}$;

fonction génératrice associée à une <u>distribution géométrique</u>.

Donc, si le processus commence par l'état : X(0) = 1, la distribution de X(t) est :

$$P_j(t) = P\,\{X(t) = j/X(0) = 1\} = pq^{j-1}$$

avec $p = e^{-\Lambda}$ et $q = 1 - p$

d'où l'espérance de X(t), dans ce cas :

$$EX(t) = \frac{1}{p} = e^{\Lambda(t)}$$

On peut rapprocher ce résultat du nombre $N(t) = e^{rt}$ proposé par LOTKA (en faisant N(0) = 1). On a donc :

$$\Lambda(t) = rt$$

ou

$$\frac{\Lambda(t)}{t} = r$$

$$\int_0^t \lambda(\tau)\, d\tau = rt$$

le facteur malthusien est équivalent à : $\dfrac{\int_0^t \lambda(\tau) d\tau}{t}$

Si λ est constant, on trouve $r = \lambda$.

<u>2ème cas</u> : Calcul des P_j^i pour $i \neq 1$

Supposons qu'à l'instant initial: $X(0) = i \neq 1$

La fonction génératrice associée est alors :

$$\phi_i(z;0,t) = \sum_{j=1}^{\infty} P_j^i(0,t) z^j$$

avec $\phi_i(z;0,0) = P_i^i\ (0,0) z^i$
$= z^i$

On remarque que :

$\phi_i(z;0,t) = (\phi_1(z;0,t))^i$ car les naissances sont indépendantes ;

donc : $\phi_i = \left(\dfrac{z\, e^{-\Lambda}}{1-(1-e^{-\Lambda})z}\right)^i$, où $\Lambda = \Lambda(t)$,

$$\boxed{\phi_i = \left[\sum_{j=1}^{\infty} pq^{j-1} z^j\right]^i \text{ avec } X(0)=i, \text{ et } p=1-q=e^{-\Lambda}}$$

<u>Méthode de BARTLETT pour le calcul de la fonction génératrice.</u>

On peut obtenir l'équation différentielle partielle pour la fonction génératrice par une méthode directe de Bartlett qui évite la dérivation intermédiaire des équations de Kolmogorov.

Puisque $P\{X(t+\delta t) = i+1/X(t) = i\} = i\lambda(t)\delta t + o(\delta t) \quad \delta t \to 0$

exprimons $(z;0,t+\delta t)$

$\phi(z;0,t+\delta t) = E(z^{X(t+\delta t)}) = E(E(z^{X(t+\delta t)}/X(t)))$; or

$E(z^{X(t+\delta t)}/X(t)) = (1-\lambda X(t)\delta t) z^{X(t)} + \lambda X(t)\delta t\ z^{X(t)+1}$

donc : $E(z^{X(t+\delta t)}) = E\, z^{X(t)} + z(z-1)\lambda\delta t\; E(X(t)\; z^{X(t)-1})$

d'où : $\phi(z;0,t+\delta t) = \phi(z;0,t)+z(z-1)\;\lambda\,\frac{\partial\phi}{\partial z}\,\delta t$

ou $$\frac{\partial\phi}{\partial t} = z(z-1)\;\lambda\,\frac{\partial\phi}{\partial z}\;.$$

3.5. Processus de naissance et de mort.

Prenons d'abord, pour simplifier nos calculs, le cas d'un processus homogène avec des taux $\lambda_i = i\lambda$ et $\mu_i = i\mu$ de naissance et de mortalité lorsque i est le nombre d'individus. Le système des équations en avant s'écrit -pour une taille initiale égale à un- :

$$\begin{cases} \frac{dP_0}{dt} = \mu P_1 \\ \frac{dP_1}{dt} = -(\lambda+\mu)\,P_1 + 2\mu P_2 \\ \vdots \\ \frac{dP_j}{dt} = (j-1)\lambda\,P_{j-1} - j(\lambda+\mu)P_j + (j+1)\mu\,P_{j+1} \quad \text{etc...} \end{cases}$$

On obtient dans le cas où λ et μ sont constants :

$$\phi(z,t) = \begin{cases} \dfrac{\mu e^{(\lambda-\mu)t}(z-1)-(\lambda z-\mu)}{\lambda e^{(\lambda-\mu)t}(z-1)-(\lambda z-\mu)} & \text{si } \lambda \neq \mu \\[2ex] \dfrac{1-(\lambda t-1)\,(z-1)}{1-\lambda t(z-1)} & \text{si } \lambda = \mu \end{cases}$$

d'où la probabilité d'extinction

$$\phi(0,t) = \begin{cases} \dfrac{\mu(e^{(\lambda-\mu)t}-1)}{\lambda\, e^{(\lambda-\mu)t}-\mu} & \text{si } \lambda \neq \mu, \\[2ex] \dfrac{\lambda t}{1+\lambda t} & \text{si } \lambda = \mu \end{cases}$$

qui tend vers 1 lorsque t tend vers l'infini, dans le cas où $\lambda \leqslant \mu$

et vers $\frac{\mu}{\lambda}$ dans le cas où $\lambda > \mu$.

On déduit également :

$$EX(t) = e^{(\lambda-\mu)t}$$

$$\text{et var } X(t) = \begin{cases} \dfrac{\lambda+\mu}{\lambda-\mu}\; e^{(\lambda-\mu)t}\,(e^{(\lambda-\mu)t}-1) & \text{si } \mu \neq \lambda \\ 2\lambda t & \text{si } \mu = \lambda \end{cases}$$

-Pour λ et μ constants ou fonctions du temps, on peut employer la méthode de BARTLETT sachant que :

$$P\{X(t+\delta t) = n+1/X(t) = n\} = n\lambda(t)\ \delta t + o(\delta t) \quad \delta t \to 0$$

et

$$P\{X(t+\delta t) = n-1/X(t) = n\} = n\mu(t)\ \delta t + o(\delta t) \quad \delta t \to 0$$

$\phi(z;0,t+\delta t) = E(z^{X(t+\delta t)})$. Alors :

$$E(z^{X(t+\delta t)}/X(t)) = X(t)\mu\delta t\ z^{X(t)-1} + X(t)\lambda\delta t\ z^{X(t)+1} + (1-X(t)\mu\delta t - X(t)\ \lambda\delta t)\ z^{X(t)}$$

$$= z^{X(t)} + \mu X(t)z^{X(t)-1}\delta t + \delta X(t)z^{X(t)+1}\delta t$$

$$- \mu X(t)z^{X(t)}\delta t - \lambda X(t)z^{X(t)}\delta t$$

$$= z^{X(t)} + (\mu+\lambda z^2 - \mu z - \lambda z)\ X(t)\ z^{X(t)-1}\ \delta t$$

$$E(z^{X(t+\delta t)}) = Ez^{X(t)} + (\mu(1-z) + \lambda z(z-1))\delta t\ E(X(t)\ z^{X(t)-1})$$

i.e.

$$\phi(z;0,t+\delta t) = (z;0,t) + (\lambda z-\mu)\ (z-1)\ \frac{\partial\phi}{\partial z}\ \delta t$$

d'où :

$$\boxed{\frac{\partial\phi}{\partial t} - (\lambda z-\mu)\ (z-1)\ \frac{\partial\phi}{\partial z} = 0}$$

<u>Résolution</u>

$$\frac{dt}{1} = \frac{dz}{(\lambda z-\mu)(1-z)} = \frac{d\phi}{0}$$

En 1948, KENDALL résout le système pour λ et μ fonctions du temps t.

Pour cela, posons $u^{-1} = z-1$

d'où :

$$\frac{dt}{+1} = \frac{du}{u(\lambda\ \frac{1+u}{u} - \mu)} = \frac{d\phi}{0}$$

$$\frac{dt}{1} = \frac{du}{\lambda(1+u-\mu u)} = \frac{du}{\lambda+(\lambda-\mu)u}$$

$$\boxed{\frac{du}{dt} + (\mu-\lambda)\ u = \lambda}$$

1. équation avec 2ème membre nul :

$$\frac{du}{u} = -\ (\mu-\lambda)dt \qquad \text{d'où } u = C\ e^{-\int_0^t (\mu-\lambda)\ dt}$$

$$u = Ce^{-\rho(t)} \qquad \text{avec } \rho = \int_0^t (\mu(\tau) - \lambda(\tau))\, d\tau,$$ qu'on

suppose être différent de zéro.

2. équation complète :

$$\frac{d}{dt}(u\, e^{\rho(t)}) = \lambda\, e^{\rho(t)} \text{ d'où } u e^{\rho(t)} = \int_0^t \lambda(\tau)\, e^{\rho(\tau)}\, d\tau + K$$

d'où $$\boxed{u = \left(\int_0^t \lambda\, e^{\rho(\tau)}\, d\tau + K\right) e^{-\rho(t)}}$$

donc : $$e^{\rho(t)} \frac{1}{z-1} - \int_0^t \lambda\, e^{\rho(\tau)} d\tau = K$$

Cherchons donc ϕ sous la forme :

$$\phi(z;0,t)\, \psi\left(\frac{e^{\rho}}{z-1} - \int_0^t \lambda e^{\rho} d\tau\right)$$

Au temps $t = 0$; $\phi(z;0,0) = z^i$ et $\rho = 0$, d'où :

$\phi(z;0,t) = \psi\left(\frac{1}{z-1}\right) = z^i$, et la fonction ψ est donc $\psi(v) = \frac{1}{v} + 1$.

Alors :

$$\phi(z;0,t) = \psi(v) = \left(\frac{1}{v} + 1\right)^i \text{ avec } v = \frac{e^{\rho}}{z-1} - \int_0^t \lambda e^{\rho} d\tau$$

Soit en posant $\int_0^t \lambda\, e^{\rho} d\tau = K(t)$:

$$\boxed{\phi(z;0,t) = \left(\frac{1}{\dfrac{e^{\rho}}{z-1} - K(t)} + 1\right)^i}$$

Calcul de $(z;0,t)$ dans le cas où la taille initiale est 1.

$$\phi_1(z;0,t) = 1 + \frac{z-1}{e^{\rho} - K(t)(z-1)} = \frac{e^{\rho} + (z-1)(1-K)}{e^{\rho} - K(z-1)}$$

$$= \frac{(e^{\rho} + K - Kz) + z - 1}{e^{\rho} + K - Kz} = \frac{1 - \dfrac{Kz}{e^{\rho} + K} + \dfrac{z-1}{e^{\rho} + K}}{1 - \dfrac{Kz}{e^{\rho} + K}}$$

fonction génératrice d'une distribution géométrique modifiée en posant :

$$q = \frac{Kz}{e^{\rho} + K} \quad \text{d'où} \quad p = \frac{e^{\rho}}{e^{\rho} + K}$$

$$\phi_1 = \frac{1 - \dfrac{Kz}{e^{\rho} + K(t)} + \dfrac{z-1}{e^{\rho} + K(t)}}{1 - qz}$$

$$\boxed{\phi_1 = e^{-\rho}\left(e^{\rho} + \frac{p(z-1)}{1-qz}\right)}$$

De plus, DJ KENDALL montre que la probabilité d'extinction tend vers 1 si $\int_0^\infty \mu e^\rho d\tau$ diverge (cf [K5]).

En effet :

$$P\{X(t) = 0\} = \phi(0;0,t) = 1 - \frac{1}{K(t) + e^\rho}$$

$$= 1 - \frac{1}{\int_0^t \lambda\, e^\rho d\tau + e^\rho}$$

or $$\int_0^t \lambda e^\rho d\tau + e^\rho = 1 + \int_0^t \mu e^\rho d\tau$$

donc quand $t \to \infty$ $P(X(t) = 0) \to 1$ si $\int_0^\infty \mu\, e^\rho\, d\tau$ diverge.

3.6. Processus de naissance et de mort avec immigration

Supposons qu'il existe une immigration apparaissant dans le temps suivant un processus de Poisson de paramètre $\nu(\tau)$. Considérons la sous-population issue d'un seul individu immigrant entre les instants τ et $\tau+d\tau$.

Elle suit un processus de vie et de mort, commençant à l'instant τ et de fonction génératrice $\phi_1(z;\tau,t)$ (§ 3.4)

Donc, à l'instant t, la fonction génératrice de cette sous-population est :

$$\varphi_1\ (z;\tau,t) d\tau = 1 - \nu(\tau)d\tau + \nu(\tau)\phi_1(z,\tau,t)d\tau + o(d\tau)$$

d'où $$\text{Log}\ \varphi_1 \sim \nu(\tau)(\phi_1(z,\tau,t) - 1)d\tau$$

La fonction génératrice $\psi(z,t)$ du processus global est telle que

$$\text{Log}\ \psi = \int_0^t \text{Log}\ \varphi_1\ d\tau$$

d'où $$\psi(z;0,t) = \exp \int_0^t \nu(\tau)(\phi_1(z;\tau,t)-1)d\tau$$

avec :

$$\phi_1(z;\tau,t) = 1 + \frac{z - 1}{e^{\rho^*} - (z-1)\int_0^t \lambda e^{\rho^*} dv}$$

où : $$\rho^* = \int_\tau^t (\mu-\lambda)dv$$

Si, en outre, il y avait déjà N individus à l'instant initial, alors :

$$\phi_N(z;0,t) = \phi_1^N\ (z;0,t)\ \psi\ (z;0,t)$$

Dans le cas particulier où λ,μ,ν sont constants, on obtient :

$$\phi(z,t) = \left(\frac{e^{(\lambda-\mu)t}\mu(1-z) + \lambda z - \mu}{e^{(\lambda-\mu)t}\lambda(1-z) + \lambda z - \mu}\right)^N \left(\frac{e^{(\lambda-\mu)t}\lambda(1-z) + \lambda z - \mu}{\lambda - \mu}\right)^{-\nu/\lambda}$$

Pour N = 0, X(t) a donc une distribution binomiale négative.

Il peut se faire que l'immigration donne à X(t) une distribution stable :

c'est le cas, par exemple, si $\phi_1(z,\tau,t) \to 1$ quand $t \to \infty$ de façon que :

$$\lim_{t\to\infty} \int_0^t \nu(\tau)\,(\phi_1(z,\tau,\ t) - 1)\,d\tau \text{ existe}$$

Si $\phi_1(z,\tau,t) = H(z,t-\tau)$ et que ν soit constante

$$\lim_{t\to\infty} \psi(z,t) = \exp \nu\int_0^\infty (H(z,\tau)-1)\,d\tau$$

En particulier, si λ et μ sont constants et $\mu > \lambda$

$$\forall N, \quad \phi(z,t) \to \left(\frac{\mu-\lambda z}{\mu-\lambda}\right)^{-\nu/\lambda}$$

Si $\lambda = 0$, $\phi(z,t) \to e^{\frac{\nu}{\mu}(z-1)}$: la distribution limite est Poissonnienne.

Ce modèle a été proposé pour les particules colloïdes et les spermatozoïdes par Chandrasekhar (cf [C1]), Rothschild et Ruben (cf [R2]).

Autres références : [B3], [B7], [B10], [B18], [G23], [H4], [K1], [K3], [K5], [K5'], [M5], [P3], [P4].

Chapitre 4

PROCESSUS DE BRANCHEMENT

Historique : *C'est GALTON après avoir lu de CANDOLLE qui parla, le premier, des processus "de branchement" en 1873 (cf [G3]), à propos de la survie des noms de famille. Puis H.W. WATSON et GALTON établirent en 1874 (cf [G4]) la théorie avec cependant une erreur que corrigea STEFFENSEN en 1930 (cf [S7]). Il se trouve que dès 1845 le français BIENAYME énonçait la solution exacte, en omettant toutefois la démonstration (cf [B20]).*

Pour rendre à César ce qui est à César, on devrait donc parler de "processus de BIENAYME - GALTON - WATSON" (cf [H5]).

4.1. Enoncé du problème et premiers calculs.

On suppose qu'à chaque génération, chaque individu peut avoir :

0, 1, 2,..., n enfants avec les probabilités $p_0, p_1, p_2, \ldots, p_n$

Suivant Galton, étant donné un seul individu (mâle) au départ, intéressons-nous au nombre X_j d'individus (mâles) à la génération j : c'est par leur intermédiaire que survit un nom de famille :

génération 0 $X_0 = 1$

génération 1 $X_1 = 3$

génération 2 $X_2 = 5$

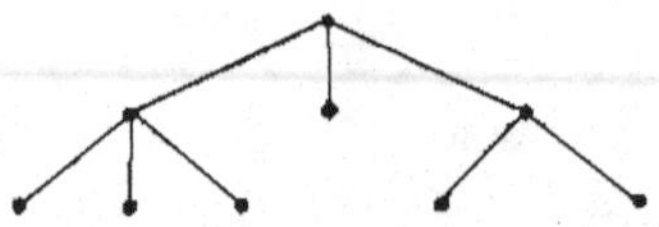

etc...

On se propose d'étudier le processus et notamment la probabilité d'extinction.

La fonction génératrice de X_j est donc :

$$z \qquad \text{à la génération } j = 0$$

$$\phi(z) = \sum_{i=0}^{n} p_i z^i \qquad \text{à la 1ère génération}$$

$$\phi(\phi(z)) = \phi_2(z) \qquad \text{à la 2ème génération}$$

$\vdots$

et donc :

$$\boxed{\phi_j(z) = \phi_{j-1}(\phi(z)) \qquad \text{la } (j-1)^{\text{ème}} \text{ itérée de } (z), \text{ à la } j^{\text{ème}} \text{ génération.}}$$

D'où l'espérance de X_j .

Si $m = E X_1$, alors :

$$EX_j = \phi'_j(1) = \phi'(1)\,\phi'_{j-1}(1) = m\,EX_{j-1}$$

et donc :

$$\boxed{EX_j = m^j}$$

On a ici l'équivalent d'un processus déterministe à croissance géométrique.

Notons σ^2 la variance de X_1 :

$\sigma^2 = \phi''(1) + \phi'(1) - \phi'^2(1)$ et l'on trouve :

$$\boxed{\operatorname{var} X_j = \begin{cases} \sigma^2 \dfrac{m^j\,(m^j - 1)}{m\,(m-1)} & \text{si } m \neq 1 \\ j\,\sigma^2 & \text{si } m = 1 \end{cases}}$$

On remarque que dans les 2 cas, la variance augmente rapidement .

4.2. Probabilité d'extinction.

Essayons, à présent, de chercher :

$$q = \lim_{j\to\infty} P\{X_j = 0 / X_0 = 1\} = \lim_{j\to\infty} \phi_{j-1}(\phi(0))$$

Remarquons que, tel qu'il a été posé, le problème est une simplification du cas réel car :

1 - la distribution $\{p_j\}$ varie suivant les générations et :

2 - diffère également -au niveau d'une génération- pour chaque individu.

Théorème :

> La probabilité d'extinction est la plus petite racine positive de $\phi(z) = z$. (cf [H4]).

En effet :

$$P\{X_j = 0 \,/\, X_o = 1\} = \phi_j(0)$$

or, dans l'intervalle $[0,1]$, $\phi(z) = z$ a une racine $z=1$ et $\phi''(z) \geq 0$ dans cet intervalle implique une autre racine au plus comprise entre 0 et 1.

On a donc les 2 possibilités :

a) Soit seulement la racine $z = 1$, dans le cas où $m = \phi'(1) \leq 1$, alors

$$\boxed{q = 1}$$

Galton et Watson avaient noté seulement ce résultat ; Steffensen corrigea leur erreur en notant le second cas suivant

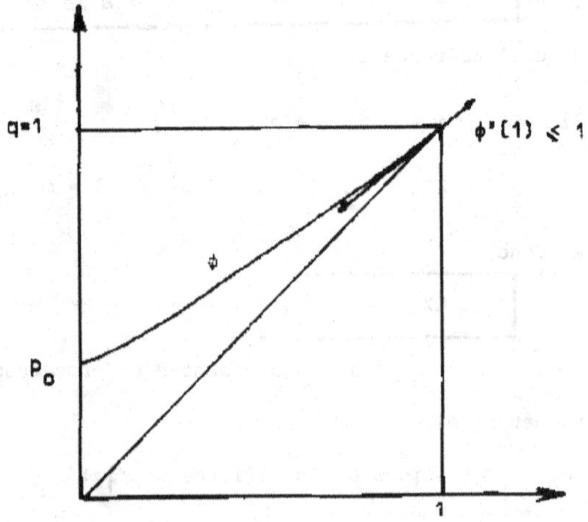

b) Soit la racine z=1 et une seconde solution comprise entre 0 et 1, dans le cas où $m = \phi'(1) > 1$, alors $0 < q < 1$

Celle-ci peut être déterminée par la méthode des approximations successives. ($\phi(z)$ étant strictement monotone, il y a convergence de la méthode) en formant la suite :

$\phi(o) = p_o$

$\phi(\phi(o)) = \phi(p_o) > p_o$

$\vdots$

$\phi_j(o) = \phi_{j-1}(p_o) > \phi_{j-2}(p_o)$

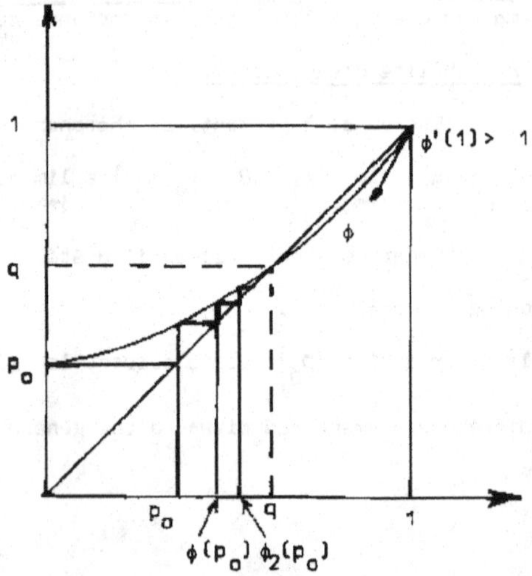

4.3. Deux applications du théorème.

a) Extinction d'une population humaine.

Lotka cherche (en 1931) la probabilité d'extinction de la race blanche aux U.S.A., en prenant 1920 comme instant initial

D'autre part, il ne compte, à chaque génération que les individus mâles atteignant l'âge adulte et il se fixe, pour la distribution de X_j, les valeurs :

$p_0 = 0.4982$	$p_1 = 0.2103$	$p_2 = 0.1270$
$p_3 = 0.0730$	$p_4 = 0.0418$	$p_5 = 0.0241$
$p_6 = 0.0132$	$p_7 = 0.0069$	$p_8 = 0.0035$
$p_9 = 0.0015$	$p_{10} = 0.0005$	$p_j \simeq 0 \quad j > 10$

qui donnent pour l'espérance m = 1.145.

. Le théorème précédent permet de calculer la valeur de q :

q = Probabilité d'extinction de la race blanche aux U.S.A. = 0.8797

. Une méthode approchée consistant en un lissage de $\phi(z)$:

$$\phi(z) = \frac{0.482 - 0.041 \quad z}{1 - 0.559 \quad z} \qquad (1)$$

donne, comme racine de $\phi(z) = z$, c'est-à-dire de :

$$0.482 - 1.041z + 0.559\, z^2$$

$$= (1-z)\,(0.482 - 0.559\, z) = 0,$$ la valeur :

$$q = \frac{0.482}{0.559} = 0.86$$

On remarque que cette approximation est nettement satisfaisante et donc que l'on a intérêt à mettre $\phi(z)$ sous la forme (1), c'est-à-dire :

$$\phi(z) = \frac{a - bz}{1 - cz} \quad \text{d'où l'on déduit} \quad q = \frac{a}{c}$$

en effet : $\phi(z) = z$:

$$z(1 - cz) - a + bz = 0$$

$$cz^2 - z(1 + b) + a = 0$$

et comme $\phi(1) = 1 = \frac{a-b}{1-c}$ donne $c = 1 - a + b$

on a $\quad z^2(1 - a + b) - z(1 + b) + a = 0$

ou : $\quad (z-1)\ [(1 - a + b)\ z - a] = 0$

d'où l'on tire facilement la formule :

$$q = \frac{a}{1 - a + b} = \frac{a}{c}$$

b) Etude d'une mutation dans une population de N gènes (Fisher cf [F2])

Considérons une mutation génétique qui se déclare dans un ensemble fini de N gènes avec un avantage reproductif : $m = E(X_1) = 1 + \varepsilon$. Cherchons une valeur approchée de 1 de la probabilité d'extinction pour $\varepsilon > 0$ petit. Pour un gène initial, l'équation $z = \phi(z)$ équivaut, en prenant les logarithmes à :

$$\text{Log } z = \text{Log } \phi(z) = \text{Log } \phi(1) + \left(\frac{d \text{ Log } \phi}{d \text{ Log } z}\right)_{z=1} \text{Log } z + \frac{1}{2}\left(\frac{d^2 \text{ Log}\phi}{d(\text{Log} z)^2}\right)_{z=1} (\text{Log } z)^2 + o\ (\text{Log } z)^2$$

d'où $1 = \left(\frac{d \text{ Log } \phi}{d \text{ Log } z}\right)_{z=1} + \frac{1}{2}\left(\frac{d^2 \text{ Log } \phi}{d(\text{Log } z)^2}\right)_{z=1} \text{Log } z + o(\text{Log } z)$, puisque $\text{Log } \phi(1) = 0$,

or, $\left(\frac{d \text{ Log } \phi}{d \text{ Log } z}\right)_{z=1} = EX_1 = m$ et $\frac{d^2 \text{ Log } \phi}{d(\text{Log } z)^2} = \sigma^2 = \text{var } X_1$

d'où $\quad \text{Log } q \simeq \frac{2(1-m)}{\sigma^2} = \frac{-2\varepsilon}{\sigma^2}$, et $q \sim e^{-\frac{2\varepsilon}{\sigma^2}}$ proche de 1.

Pour N gènes on a donc une probabilité d'extinction $q^N \sim e^{-\frac{2N\varepsilon}{\sigma^2}}$

Pour $\varepsilon = 0\ 01$, par exemple, on obtient $q \simeq 0{\cdot}9804$ et pour $N = 250$, $q^{250} \leqslant 0{\cdot}01$.

Fisher supposait, en outre, la répartition des mutants poissonnienne, donc $\phi(z) = e^{(z-1)m}$. La solution exacte de $z = \phi(z)$ est alors $q = 0{\cdot}9803$, l'approximation faite ici est donc très bonne.

4.4. Processus de branchement temporel

Limitons-nous au cas le plus simple d'un processus homogène, pour un temps t continu.

Considérons toujours un seul individu initial.

Soit θ de fonction de répartition G l'instant de la première reproduction. L'individu initial sera, à ce moment là, remplacé par N individus, N étant aléatoire de fonction génératrice f.

Calculons :

$$\phi(z,t) = E(z^{X(t)}) = E(E(z^{X(t)}/\theta = \tau))$$
$$= \int_0^\infty E(z^{X(t)}/\theta = \tau))dG(\tau)$$
$$= \int_0^t E(z^{X(t)}/\theta = \tau)dG(\tau) + z(1 - G(t))$$

Or, si $0 < \tau < t$, $X(t) = \sum_{i=1}^{N} Y_i(t-\tau)$ où $Y_i(t-\tau)$ est le nombre de descendants à l'instant t du $i^{\text{ème}}$ individu né à l'instant τ, donc

$z^{X(t)} = \prod_{i=1}^{N} z^{Y_i(t-\tau)}$ et comme les $Y_i(t)$ ont même loi que X(t) et sont indépendants :

$$E(z^{X(t)}/\theta = \tau) = E\left(E \prod_{i=1}^{n} z^{Y_i(t-\tau)} /N = n\right)$$
$$= \sum_{n=0}^{\infty} (\phi(z, t-\tau))^n P(N = n)$$
$$= f(\phi(z, t-\tau))$$

d'où l'équation intégrale :

$$\phi(z,t) = z(1 - G(t)) + \int_0^t f(\phi(z, t-\tau))\, dG(\tau)$$

On peut retrouver comme cas particulier certains processus connus, en particulier, les processus de naissance et de mort.

Par exemple, nous avons étudié au chapitre 3 , le processus de naissance de Yule ; pour le retrouver, choisissons $G(t) = 1 - e^{-\lambda t}$ et $f(z) = z^2$ (λ = constante).

Notre équation intégrale devient :

$$\phi(z,t) = z\, e^{-\lambda t} + \int_0^t \phi^2(z,t-\tau)\, \lambda e^{-\lambda\tau} d\tau$$

Résolvons-la : posons $u = t - \tau$, il vient :

$$\phi(z,t) = z\, e^{-\lambda t} + e^{-\lambda t} \int_0^t \phi^2(z,u)\, \lambda e^{\lambda u}\, du$$

d'où $\frac{\partial\phi}{\partial t} = -\lambda z\, e^{-\lambda t} - \lambda e^{-\lambda t} \int_0^t \phi^2(z,u)\lambda e^{\lambda u}du + e^{-\lambda t}\phi^2(z,t)\lambda e^{\lambda t}$

$$= \lambda\phi^2(z,t) - \lambda\phi(z,t)$$

dont les caractéristiques ont pour équations différentielles :

$$\frac{dt}{1} = \frac{dz}{0} = \frac{-d\phi}{\lambda\,\phi(1-\phi)} = \frac{d\phi}{\lambda}\left(\frac{1}{\phi-1} - \frac{1}{\phi}\right)$$

d'où $\lambda t + C = \text{Log}\,\frac{\phi-1}{\phi}$ où C est une constante, et $z = K$ une constante,

donc, $\frac{\phi(z,t) - 1}{\phi(z,t)}\, e^{-\lambda t} = \psi(z)$.

Lorsque $t = 0$ $\quad \phi(z,0) = z$, donc $\frac{z-1}{z} = \psi(z)$

$$\frac{\phi(z,t) - 1}{\phi(z,t)}\, e^{-\lambda t} = \frac{z-1}{z}$$

et $\quad \phi(z,t) = \frac{e^{-\lambda t}\, z}{1 - (1 - e^{-\lambda t})z}$

on retrouve bien la fonction génératrice du processus de Yule homogène où λ = constante.

Remarque : de la même façon, on retrouverait l'équation satisfaite par la fonction génératrice du processus de naissance et de mort, mais notre équation intégrale permet de traiter des cas non markoviens ($G(t) \neq 1 - e^{-\lambda t}$ par exemple).

4.5. Généralisation : processus de branchement multitype

Nous supposons maintenant que nous distinguons dans la population, à chaque génération, m types d'individus.

Pour nous définir le processus, nous nous donnons les probabilités $p_i(r_1, r_x, \ldots, r_m)$ qu'un individu de type i engendre à la génération suivante r_j individus de type j, $1 \leqslant j \leqslant m$, et ceci pour $1 \leqslant i \leqslant m$.

On associe à ces m probabilités les m fonctions génératrices de m variables

$$\boxed{\phi_i(z_1, z_2, \ldots, z_m) = \sum_{r_1, r_2, \ldots, r_m} p_i(r_1, r_2, \ldots, r_m)\, z_1^{r_1}\, z_2^{r_2} \cdots z_m^{r_m}}$$

Nous noterons $\vec{\phi}(\vec{z})$ le vecteur correspondant.

On peut associer à $\vec{\phi}$ la matrice $M_{(m \times m)}$ des moyennes (dont certains termes peuvent être infinis).

$$M = \begin{bmatrix} m_{11} & m_{12} & \cdots & m_{1m} \\ m_{21} & m_{22} & \cdots & m_{2m} \\ \cdot & \cdot & \cdots & \\ m_{m1} & m_{m2} & \cdots & m_{mm} \end{bmatrix} = \begin{bmatrix} \frac{\partial \phi_1}{\partial z_1}(\vec{1}) & \cdots & \frac{\partial \phi_1}{\partial z_m}(\vec{1}) \\ \cdot & \cdots & \cdot \\ \frac{\partial \phi_m}{\partial z_1}(\vec{1}) & \cdots & \frac{\partial \phi_m}{\partial z_m}(\vec{1}) \end{bmatrix}$$

La fonction génératrice de la population à la (j+1)ème génération sera, comme dans le cas où $m = 1$: $\boxed{\vec{\Phi}_{j+1}(\vec{z}) = \vec{\Phi}_j\,(\vec{\Phi}(\vec{z}))}$ $j^{\text{ème}}$ itérée de $\vec{\phi}$.

On en déduit, en notant $\vec{X}(j)$ le vecteur représentant la population à la $j^{\text{ème}}$ génération :

$$E(\vec{X}(j)) = {}^{T}M\vec{X}\ (j-1) = {}^{T}M^{j}\ \vec{X}(0)\ ;\ \vec{X}(0) \text{ représentant la population initiale.}$$

Remarquons que cette équation est analogue à celle obtenue au chapitre 2, § 2.1.c. pour le modèle déterministe de Leslie, où l'on peut considérer que l'âge d'un individu définit son type, la matrice M ayant alors la forme particulière

$${}^{T}M = \begin{bmatrix} f_0 & \cdots & f_{m-1} & f_m \\ p_0 & \cdots & 0 & 0 \\ \cdot & \cdots & \cdot & \cdot \\ 0 & \cdots & p_{m-1} & 0 \end{bmatrix}$$

Les <u>probabilités d'extinction</u> sont les composantes du vecteur

$$\lim_{j\to\infty} \vec{\Phi}_j\ (\vec{0}) = \vec{q}$$

Comme la suite $\vec{\Phi}_j(\vec{0})$ est croissante (pour l'ordre composante par composante) $\vec{q}$ existe et c'est la plus petite racine à composantes $\geqslant 0$ de

$$\vec{q} = \vec{\Phi}(\vec{q})$$

Cette équation admet toujours comme solution le vecteur $\vec{1}$ de composantes 1.

Nous ferons deux hypothèses sur Φ et sur M :

H1) M est une matrice positive <u>régulière</u>, c'est à dire qu'il existe k_0 tel que tous les termes de M^{k_0} soient > 0 (par exemple, les matrices de Leslie satisfont cette hypothèse).

H2) $\vec{\Phi}$ n'est pas une fonction linéaire de z.

En effet, si $\vec{\Phi}$ était linéaire, on aurait $\vec{\Phi}(\vec{z}) = M\vec{z}$ et chaque individu de type i engendrerait un individu et un seul, de type j avec probabilité m_{ij}. L'effectif total de la population resterait constant et les probabilités d'extinction seraient nulles. $\vec{0}$ est d'ailleurs la plus petite racine à composantes positives de $\vec{z} = M\vec{z}$.

H1 nous permet d'appliquer à M le théorème de Perron-Frobenius (1911) :

M possède une valeur propre simple $\lambda_o > 0$ telle que toute autre valeur propre λ de M satisfasse $|\lambda| < \lambda_o$ et que l'on puisse choisir un vecteur propre associé à λ_o ayant toutes ses composantes > 0.

Notons alors $\vec{\mu}$ et ${}^t\vec{\nu}$ deux vecteurs propres, colonne et ligne associés à λ_o, à composantes > 0 et tels que ${}^t\vec{\nu}.\vec{\mu} = 1$. Soit $M_1 = \vec{\mu}\,{}^t\vec{\nu}$ la matrice produit de la colonne $\vec{\mu}$ par la ligne ${}^t\vec{\nu}$; pour tout j, on a :

$$M^j = \lambda_o^j\,(M_1 + M_2^j) \quad \text{où} \quad M_2^j \to 0 \quad \text{quand} \quad j \to \infty$$

Nous pouvons maintenant démontrer

<u>Théorème</u> : Sous les hypothèses H_1 et H_2

Si $\lambda_o \leqslant 1$, $\vec{q} = \vec{1}$ (l'extinction est presque certaine quelle que soit la population initiale)

Si $\lambda_o > 1$ $\quad q_i < 1$ pour tout i $\quad 1 \leqslant i \leqslant m$

<u>Démonstration</u> : Supposons tout d'abord M finie

a) $\lambda_o < 1$ $\quad$ On a, pour tout z tel que $\vec{0} \leqslant \vec{z} \leqslant \vec{1}$,

$$\vec{\Phi}(\vec{z}) \geqslant \vec{1} + M\,(\vec{z} - \vec{1})$$

qui appliqué à $\vec{z} = \vec{q}$, s'écrit :

$$\vec{1} - \vec{q} \leqslant M(\vec{1} - \vec{q})$$

d'où l'on déduit $\vec{1} - \vec{q} \leqslant M^j\,(\vec{1} - \vec{q})$ pour tout j, puis

$${}^t\vec{\nu}.\,(\vec{1} - \vec{q}) \leqslant {}^t\vec{\nu}\,M^j\,(\vec{1} - \vec{q})$$

d'où $\quad {}^t\vec{\nu}(\vec{1} - \vec{q}) \leqslant \lambda_o^j\,{}^t\vec{\nu}(\vec{1} - \vec{q})$ et en faisant tendre $j \to +\infty$

${}^t\vec{\nu}(\vec{1} - \vec{q}) = 0$; comme ${}^t\vec{\nu}$ a toutes ses composantes > 0

on en déduit : $\boxed{\vec{q} = \vec{1}}$

b) $\lambda_o = 1$ ou bien $\vec{\Phi}(\vec{z}) > \vec{1} + M(\vec{z}-\vec{1})$ pour tout $\vec{z}$ tel que $\vec{0} \leqslant \vec{z} \leqslant \vec{1}$ et, comme plus haut, on obtiendrait , si $\vec{1} - \vec{q} \neq \vec{0}$:

$$^{t}\vec{\nu}(\vec{1} - \vec{q}) < {}^{t}\vec{\nu}(\vec{1} - \vec{q}) \quad , \quad \boxed{\text{donc } \vec{q} = \vec{1}}$$

ou bien (car le développement de Φ est à coefficient $\geqslant 0$)

$$\Phi(\vec{z}) = \vec{1} + M(\vec{z} - \vec{1}) \text{ pour tout } \vec{z}$$

Mais $\Phi(\vec{0}) \geqslant \vec{0}$ entraîne $M_1 \vec{\ } \leqslant \vec{1}$ et H_2 exclut $\vec{M}_1 = \vec{1}$

On aurait donc $^{t}\vec{\nu}M\,\vec{1} < {}^{t}\vec{\nu}\vec{1}$, donc $\lambda_o\,{}^{t}\vec{\nu}.\vec{1} < {}^{t}\vec{\nu}.\vec{1}$ et comme $^{t}\vec{\nu}.\vec{1} > 0 : \lambda_o < 1$.

c) $\lambda_o > 1$. La formule de Taylor à l'ordre 1 appliquée à $\vec{\Phi}_j$ s'écrit :

$$\vec{\Phi}_j(\vec{1} - \vec{z}) = \vec{1} - M^j\vec{z} + \psi_j(\vec{z})$$

et, pour tout $\varepsilon > 0$ et tout j, il existe $\eta_j > o$ tel que :

$$||\vec{z}|| < \eta_j \text{ implique } ||\psi_j(\vec{z})|| < \varepsilon||\vec{z}||$$

où l'on pose $||\vec{z}|| = \sup\limits_{1 \leqslant i \leqslant m} |z_i|$.

Soit $\vec{z} \geqslant 0$, $\vec{z} \neq \vec{0}$, on a donc $^{t}\vec{\nu}.\vec{z} > 0$ et $M_1\vec{z} > 0$

et comme $||M_1\vec{z}||$ est continue sur le compact $\vec{z} \geqslant 0$, $||\vec{z}|| = 1$,

il existe $\alpha > 0$ tel que $\forall \vec{z} \geqslant 0$, $\vec{z} \neq \vec{0}$, $||M_1\vec{z}|| \geqslant \alpha||z||$.

Alors, puisque $M^k = \lambda_o^k (M_1 + M_2^k)$ avec $M_2^k \to 0$ quand $k \to \infty$, on peut choisir k de sorte que $\forall \vec{z} > 0$, $||M^k z|| \geqslant 2||z||$; alors, en prenant $\varepsilon < 1$, et $||z|| < \eta_k$: $||\vec{1} - \vec{\Phi}_k(\vec{1} - \vec{z})|| > ||\vec{z}||$.

Si nous avions $\vec{q} = \vec{1}$, nous pourrions choisir j de sorte que :

$$||\vec{1} - \vec{\Phi}_j(\vec{0})|| \leqslant \eta_k$$

donc, en prenant $\vec{z} = \vec{1} - \vec{\Phi}_j(\vec{0})$,

$$||\vec{1} - \vec{\Phi}_k(\Phi_j(\vec{0}))|| > ||1 - \vec{\Phi}_j(\vec{0})||$$

ou

$$||\vec{1} - \vec{\Phi}_{k+j}(\vec{0})|| > ||1 - \vec{\Phi}_j(\vec{0})|| \quad ,$$

mais ceci contredit le fait que la suite $\{\Phi_n(0)\}$ est une suite croissante ($\leqslant \vec{1}$) donc, la suite $||\vec{1} - \Phi_n(\vec{0})||$ une suite décroissante.

Si nous avions $q_i = 1$ et $q_l < 1$, nous pourrions écrire :

$$1 = (\phi_j)_i(\ldots , 1 , \ldots q_l , \ldots)$$

donc, en dérivant par rapport à q_l : $(M^j)_{il} = 0$, mais ceci est en contradiction avec H1 si nous choisissons $j = k_o$ donc $\boxed{\vec{q} < \vec{1}}$

d) Si M comporte certains termes infinis, on peut remplacer le processus étudié par un processus tronqué en r obtenu en posant :

$$p_i'(r_1, \ldots, r, \ldots) = \sum_{r_j \geq r} p_i(r_1, \ldots, r_j, \ldots)$$

Pour un tel processus, on a, pour $\vec{0} \leq \vec{z} \leq \vec{1}$, $\Phi'(\vec{z}) \geq \Phi(\vec{z})$, donc $\vec{q}' \geq \vec{q}$.

Par continuité du polynôme caractéristique de M', $\lambda_o' \to +\infty$ quand $r \to \infty$; on peut donc choisir r, de sorte que $\lambda_o' > 1$, alors $\vec{q}' < \vec{1}$ donc a fortiori $\boxed{\vec{q} < \vec{1}.}$

Chapitre 5

APPLICATIONS A LA THEORIE DES EPIDEMIES

5.1. Résultats de Daniel Bernoulli (1760)

En Avril 1760, D. Bernoulli lit un mémoire sur l'effet de la petite vérole à l'Académie Royale des Sciences de Paris. En Novembre de la même année, Jean le Rond d'Alembert publie une réplique très peu favorable qu'il fait imprimer dans le 2ème volume de ses "Opuscules". Finalement, Bernoulli publie son mémoire en 1765 et peut alors répondre à la critique de d'Alembert.

Notons que si Jenner découvre la vaccination vers 1800, on pratiquait déjà à l'époque de Bernoulli l'inoculation d'humeurs prélevées sur des pustules de malades. Afin d'étudier l'effet de cette inoculation, Bernoulli se propose de comparer l'évolution du nombre de survivants dans une population où sévit la variole à ce qu'elle serait en l'absence de variole.

Appelons $\xi(t)$ le nombre de survivants à l'instant t et s(t) le nombre de ceux qui n'ont pas eu la variole. On peut écrire :

(1) $\quad -ds = \frac{sdt}{n} + \frac{s}{\xi}\left(-d\xi - \frac{sdt}{mn}\right)$ en notant $\frac{1}{n}$ le taux d'individus attrapant la variole en une unité de temps et $\frac{1}{m}$ le taux d'individus mourant de la variole en une unité de temps. Cette équation s'explique facilement :

$\frac{sdt}{mn}$ est en effet le nombre de morts par variole durant l'intervalle (t, t+dt) et $-d\xi$ le nombre de morts dans la population totale

$-d\xi - \frac{sdt}{mn}$ est donc le nombre de morts d'une cause autre que la variole dans toute la population, et $\frac{s}{\xi}\left(-d\xi - \frac{sdt}{mn}\right)$ le nombre parmi ceux qui n'ont pas eu la variole, $\frac{sdt}{n}$ le nombre d'individus qui attrapent la variole, d'où l'équation (1).

(1) s'écrit :

$$(2) \qquad \frac{d\left(\frac{\xi}{s}\right)}{\frac{\xi}{s} - \frac{1}{m}} = \frac{dt}{n} \quad \text{d'où } s = \frac{m\,\xi}{Be^{\frac{t}{n}} + 1}$$

Lorsque t = 0, $s(0) = \xi(0)$

et finalement

$$s(t) = \frac{m\xi}{(m-1)e^{\frac{t}{n}} + 1}$$

m ≈ n ≈ 8 dans le cas de Bernoulli.

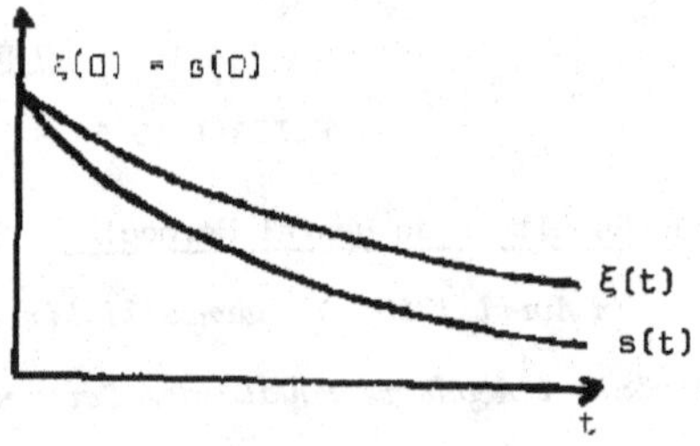

Bernoulli compara alors la table de survie de Halley à celle théorique, qu'on obtiendrait dans le cas où la variole n'existerait pas.

Il démontre ainsi qu'à l'âge de 25 ans, il y aurait 50 survivants sur 100 au lieu de 46.

5.2. Modèles pour la malaria.

Ross, en 1910, donne les équations différentielles pour le nombre d'individus atteints.

Mc Donald, en 1950, simplifie ces équations et commence à les appliquer.

Dietz, en 1970, reprend ce travail en utilisant des tests faits par l'O.M.S. au Nigeria.

Nous allons étudier en détail le modèle simple mais fondamental de Kermack et Mc Kendrick (cf. [K8]) pour une épidémie.

5.3. Théorème de seuil de Kermack et Mc Kendrick.

Ces auteurs commencèrent à étudier la propagation des épidémies en 1926 et continuèrent jusqu'en 1939. Le théorème de seuil date de 1927.

Soient x(t), y(t), z(t) les nombres de susceptibles, d'infectieux, et d'inactifs à l'instant t. Sous le nom d'inactifs, nous regroupons à la fois les isolés, les morts, les immunisés (naturels ou guéris). Notons β le paramètre d'infection et γ celui d'inactivité. x,y,z satisfont les équations suivantes (dans ce modèle déterministe, l'épidémie se propage par les contacts entre susceptibles et infectieux dont on suppose qu'il y a un nombre xy).

$$\frac{dx}{dt} = -\beta xy$$

$$\frac{dy}{dt} = \beta xy - \gamma y$$

$$\frac{dz}{dt} = \gamma y$$

x + y + z est supposé constant, égal à n.

Nous noterons $\rho = \frac{\gamma}{\beta}$ le taux relatif d'inactivité et x_o, y_o les valeurs de x(o) et y(o). On suppose z(o) = 0.

La première équation montre que x est une fonction décroissante de t. La deuxième équation s'écrit :

$$\frac{dy}{dt} = \beta y(x - \rho)$$

si donc $x_o < \rho$, on a $\frac{dy}{dt} < 0$, et l'épidémie cesse rapidement ; si, au contraire $x_o > \rho$, elle commence par se développer : $x_o = \rho$ est le <u>seuil</u> pour le nombre initial de susceptibles qui permet la propagation de l'épidémie

La mise en évidence de ce seuil constitue le premier résultat de Kermack et Mc Kendrick.

La 1ère et la 3ème équations nous donnent

$$\frac{dx}{dz} = -\frac{\beta x}{\gamma} = -\rho x \qquad , \qquad \text{donc } x = x_o\, e^{-\frac{z}{\rho}} \qquad ;$$

puis, compte tenu de y = n - x - z,

$\frac{dz}{dt} = \gamma(n - z - x_o\, e^{-\frac{z}{\rho}})$; si donc on suppose $\frac{z}{\rho}$ petit, on obtient l'équation approchée

$$\frac{dz}{dt} = \gamma\{(n - x_o) + (\frac{x_o}{\rho} - 1)z - \frac{x_o z^2}{2\rho^2}\}$$

qui s'intègre suivant :

$$z = \frac{\rho^2}{x_o}\ \{\ \frac{x_o}{\rho} - 1 + \alpha\ \mathrm{th}\ (\frac{1}{2}\alpha\gamma t - \varphi)\ \}$$

avec $\alpha = \{(\frac{x_o}{\rho} - 1)^2 + \frac{2x_o y_o}{\rho^2}\}^{\frac{1}{2}}$, $\varphi = \mathrm{Arg\ th}\ [\frac{1}{\alpha}(\frac{x_o}{\rho} - 1)]$.

On en déduit :

$$\frac{dz}{dt} = \frac{\gamma\rho^2\alpha^2}{2\,x_o}\ \frac{1}{\mathrm{ch}^2\,(\frac{1}{2}\alpha\gamma t - \varphi)}$$

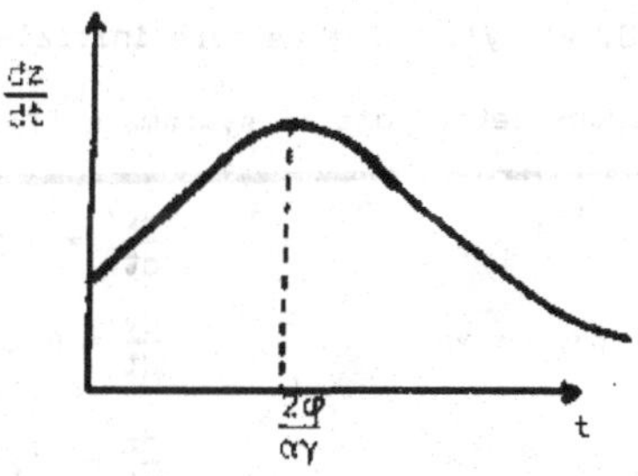

Le graphe de $\frac{dz}{dt}$ est symétrique par rapport à $t = \frac{2\varphi}{\alpha\gamma}$

On peut en déduire $\frac{dy}{dt}$, y(t), x(t) qui décrivent la propagation de l'épidémie.

$$\text{Si } t \to \infty \;, \; z \to z_\infty = \frac{\rho^2}{x_0} \left(\frac{x_0}{\rho} - 1 + \alpha \right) \sim 2\rho\left(1 - \frac{\rho}{x_0}\right)$$

$$\text{si } \frac{2x_0 y_0}{\rho^2} \ll \left(\frac{x_0}{\rho} - 1 \right)^2 \text{ et } x_0 > \rho \,.$$

Si on pose $x_0 = \rho + \nu$, $z_\infty \sim 2\nu$ et $x_\infty \sim \rho - \nu$

C'est le deuxième résultat de Kermack et Mc Kendrick. Leur théorème nous donne donc :

1) une épidémie ne se propage que si $x_0 = \rho + \nu$ ($\nu > 0$)

2) à la fin de l'épidémie, il restera $x_\infty = \rho - \nu$ susceptibles dans la population.

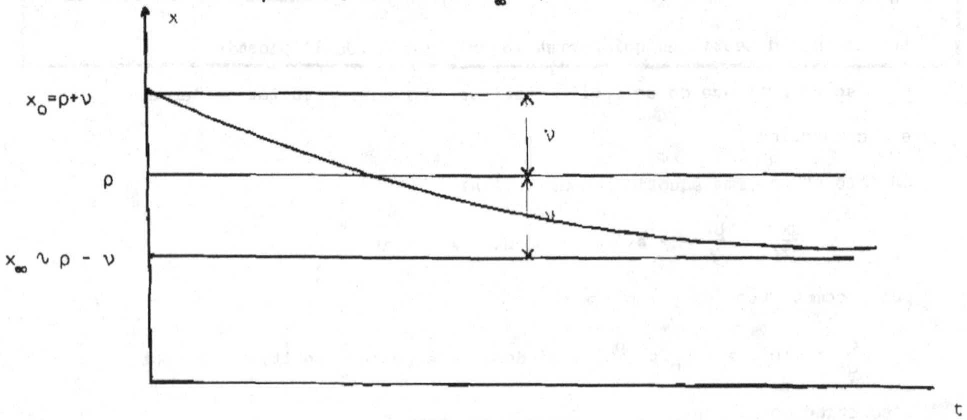

5.4. Généralisation au cas de la malaria.

Dans le cas de la malaria, la propagation de la maladie se fait par l'intermédiaire d'un agent, l'anophèle.

Nous noterons comme, plus haut, x, y, z les nombres d'humains susceptibles, infectieux et inactifs ($x+y+z = n$) , x', y', z' les nombres d'agents intermédiaires dans les mêmes catégories avec $x'+y'+z' = n'$ et x_0, y_0, 0, x'_0, y'_0, 0 les valeurs initiales.

Nous obtenons cette fois le système différentiel :

$$\frac{dx}{dt} = -\beta x y' \qquad \frac{dx'}{dt} = -\beta' x' y$$

$$\frac{dy}{dt} = \beta x y' - \gamma y \qquad \frac{dy'}{dt} = \beta' x' y - \gamma' y'$$

$$\frac{dz}{dt} = \gamma y \qquad \frac{dz'}{dt} = \gamma' y'$$

Les équations de la première et de la troisième lignes nous donnent

$$- \operatorname{Log} \frac{x}{x_0} = \frac{\beta}{\gamma'} z' , \quad - \operatorname{Log} \frac{x'}{x'_0} = \frac{\beta'}{\gamma} z$$

Soit $(n(1-i), 0, ni)$, $(n'(1-i'), 0, n'i')$ les limites quant $t \to \infty$ de nos deux populations : i et i' désignent les intensités de l'épidémie, c'est-à-dire les taux de susceptibles finalement atteints par la maladie.

On en déduit $\frac{\beta n' i'}{\gamma'} = - \operatorname{Log} (1-i) \frac{n}{x_0}$ et $\frac{\beta' n i}{\gamma} = - \operatorname{Log} (1-i') \frac{n'}{x'_0}$.

Si on suppose à la fois $x_0 \sim n$, $x'_0 \sim n'$, i et i' petits, on obtient en développant les logarithmes et en multipliant :

$$\frac{\beta\beta' \, nn' \, ii'}{\gamma\gamma'} \sim ii' \left(1 + \frac{i}{2}\right) \left(1 + \frac{i'}{2}\right)$$

ou

$$\boxed{\frac{nn'}{\rho\rho'} - 1 \sim \frac{1}{2} (i + i')}$$

on remarque que, pour que l'épidémie se développe, il est nécessaire que $nn' > \rho\rho'$, ce qui équivaut à la condition de seuil de Kermack et Mc Kendrick. Il n'y a pas de seuils pour chaque population mais un seuil conjoint humains-intermédiaires.

Toujours avec les mêmes approximations,

$$x_\infty x'_\infty \sim x_0 \, x'_0 \, (1 - i - i')$$

de sorte que si l'on pose $x_0 \, x'_0 = \rho\rho' + \nu$

$$\boxed{x_0 x'_0 - x_\infty x'_\infty = x_0 x'_0 \, (i+i') \sim 2 \, x_0 x'_0 \left(\frac{nn'}{\rho\rho'} - 1\right) \sim 2\nu}$$

Ce qui équivaut au deuxième résultat de Kermack et Mc Kendrick.

5.5. <u>Solution exacte du modèle de Kermack et Mc Kendrick.</u>

D.G. Kendall montre dans [K.6] que la solution de Kermack et Mc Kendrick est exacte quand on suppose que le paramètre d'infection β est une fonction convenable de z. En effet, on a alors en partant de l'équation $\frac{dx}{dz} = - \frac{\beta(z)x}{\gamma}$:

$$x = x_0 \exp \int_0^z - \frac{\beta(w)}{\gamma} \, dw \text{ de sorte que :}$$

$$\frac{dz}{dt} = \gamma \left[n - z - x_0 e^{- \frac{1}{\gamma} \int_0^z \beta(w) dw} \right]$$

et l'approximation $\frac{dz}{dt} = \gamma \left[n - x_0 + \left(\frac{x_0}{\rho} - 1\right) z - \frac{x_0 z^2}{2\rho^2} \right]$ est exacte si l'on choisit $\beta(z) = \dfrac{2\ \beta}{(1 - \frac{z}{\rho}) + (1 - \frac{z}{\rho})^{-1}}$; on a bien $\beta(o) = \beta$

mais $\beta(z) < \beta$ lorsque z varie dans l'intervalle $]0, \rho[$.

L'approximation de Kermack et Mc Kendrick donne donc une valeur trop basse au paramètre d'infection et sous-estime la valeur de z_∞.

Revenons à l'expression exacte

$\frac{dz}{dt} = \gamma\ (x - z - x_0\ e^{-\frac{z}{\rho}})$ correspond à constant ; supposons que

l'équation $f(z) = n - z - x_0\ e^{-\frac{z}{\rho}} = 0$ ait deux racines $- \eta_1 < 0,\ \eta_2 < 0$.

Alors $t = \frac{1}{\gamma} \int_0^z \frac{dw}{f(w)}$ $\quad 0 \leqslant z < \eta_2$ donne la solution formelle du problème. On note que $t \to \infty$ lorsque $z \to \eta_2$, donc $z_\infty = \eta_2$.

Par contre, si $x_0 \to n$, $\int_0^z \frac{dw}{f\ (w)} \to \infty$, ce qui signifie qu'il faudrait attendre un temps infini pour que l'épidémie se développe.

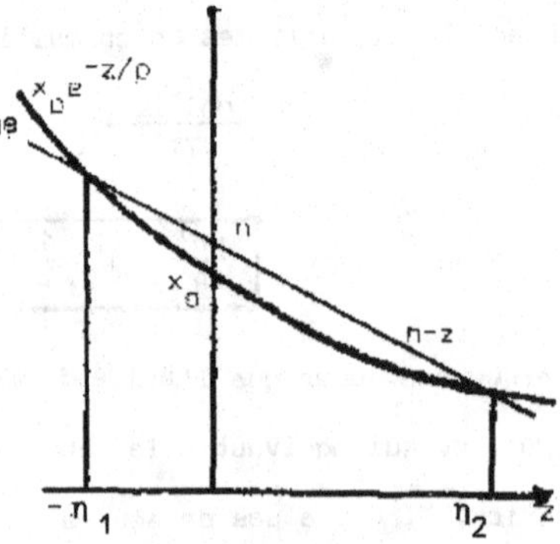

Pour lever cette difficulté, on place l'origine de l'épidémie au point $x = \rho$, qu'on peut appeler <u>centre de l'épidémie</u>, en effet :

$\frac{d^2z}{dt^2} = \gamma\ \frac{dy}{dt} = \gamma^2 y\ (\frac{x}{\rho} - 1)$ s'annule si $x = \rho$ et y passe alors par un maximum.

Soit donc $x_0 = \rho$, $z_0 = 0$, $y_0 = n - \rho$

$$t = \frac{1}{\gamma} \int_0^z \frac{dw}{y_0 - w + \rho(1 - e^{-w/\rho})}$$

Maintenant $-\infty < t < \infty$ et $-\eta_1 < z < \eta_2$, où $-\eta_1$ et η_2 sont les racines de $y_0 - z + \rho(1 - e^{-z/\rho}) = 0$. z(t) représente maintenant le nombre d'individus inactifs à partir d'un instant $\geqslant 0$. Si l'on pose $x_{-\infty} = \rho + y_0 + \eta_1 = N$, N représente la population totale si l'on étudie l'évolution depuis $-\infty$; la population évolue alors de $(N,\ 0,\ -\eta_1)$ à $(N-\eta_1\ -\eta_2,\ 0,\ \eta_2)$ puisque

$$y_{-\infty} = y_{+\infty} = 0 = \frac{1}{\gamma} \frac{dz}{dt} \Big|_{t=-\infty} = \frac{1}{\gamma} \frac{dz}{dt} \Big|_{t=+\infty}$$

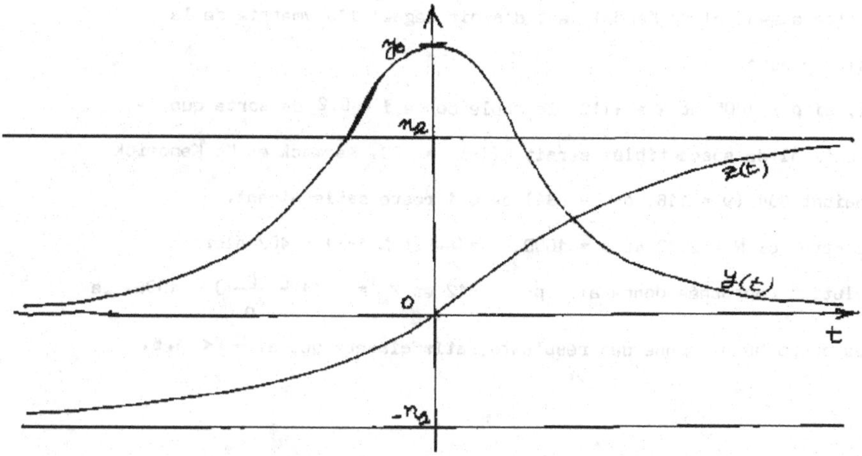

En général, $\eta_1 \neq \eta_2$ et la courbe épidémique ne sera plus symétrique comme dans la solution approchée.

Définissons l'intensité de l'épidémie par $i = \frac{\eta_1+\eta_2}{N}$; comme

$$x = N\, e^{-(z+\eta_1)/\rho} \text{ , on a } N - \eta_1 - \eta_2 = N - Ni = N\, e^{-Ni/\rho}$$

puis $\frac{N}{\rho} = -\frac{\text{Log}(1-i)}{i}$.

On en déduit une table exprimant $\frac{N}{\rho}$ en fonction de i, c'est-à-dire le rapport entre la population totale et le seuil de susceptibles en fonction de l'intensité de l'épidémie, c'est-à-dire du taux final d'individus atteints.

Table (de Bailey 1957) déduite de l'étude de Kendall (cf [B2]).

$i = \frac{\eta_1+\eta_2}{2}$	$\frac{N}{\rho}$	Proportion d'infectieux à t = 0 $\frac{y_0}{N}$	Proportion d'inactifs jusqu'à t = 0 $\frac{\eta_1}{\eta_1+\eta_2}$
0	1.000	0	0.50
0.2	1.116	0.0056	0.49
0.4	1.277	0.0255	0.48
0.6	1.527	0.0679	0.46
0.8	2.012	0.1555	0.43
0.95	3.153	0.3187	0.38

Le mérite essentiel de Kendall est d'avoir dégagé l'asymétrie de la solution exacte.

Ainsi, si ρ = 1000 et N = 1116, la table donne i = 0.2 de sorte que le nombre final de susceptibles serait $N(1-i) \simeq 893$. Kermack et Mc Kendrick obtenaient 884 (ν = 116, $\rho-\nu$ = 884) ce qui reste satisfaisant.

Par contre, si N = 2012 et ρ = 1000, i = 0.8 et $N(1-i)$ = 402 alors que la solution approchée donnerait $\rho-\nu = -12$ et $z_\infty = 2\rho(1 - \frac{\rho}{x_0}) = 1006$. Le modèle approché ne donne des résultats satisfaisants que si $\frac{N}{\rho} < 1.5$.

Autres références : [B 11] , [B 12], [M4] , [N2] , [W2].

Chapitre 6

THEORIE STOCHASTIQUE DES EPIDEMIES

6.1. Epidémie simple de Bailey (cf. [B2] - [B10]).

Bartlett a été le premier à suggérer le modèle "d'épidémie simple" que Bailey a traité en détail en 1950. Ce modèle correspond à une épidémie sans gravité étudiée sur une courte période de temps et dans laquelle il n'y a que des susceptibles en nombre $x(t)$, et des infectieux en nombre $y(t) = n+1-x(t)$.

Les équations du modèle déterministe s'écriraient :

$\frac{dx}{dt} = -\beta x(n+1-x)$, $0 < x < n$, avec les conditions initiales :

$x_o = n$, $y_o = 1$

d'où

$$x(t) = \frac{n(n+1)}{n + e^{(n+1)\beta t}}$$

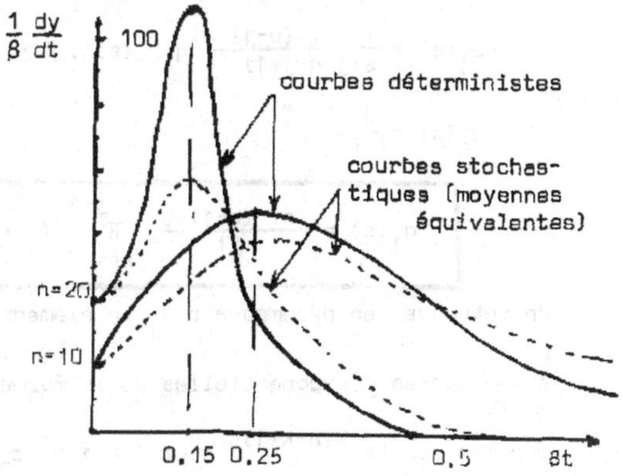

Sur la figure ci-contre, les courbes en trait plein sont des exemples de courbes épidémiques

$$t \to \frac{dy}{dt} = -\frac{dx}{dt} = \frac{n(n+1)^2\beta\, e^{(n+1)\beta t}}{(n+e^{(n+1)\beta t})^2}.$$

Le maximum de $\frac{dy}{dt}$ est atteint pour $\beta t = \frac{\text{Log } n}{n+1}$ et vaut $\frac{\beta(n+1)^2}{4}$

Le modèle stochastique est un processus Markovien : X(t) à valeurs 0,1,...,n (nombre de susceptibles) où

$$P\{X(t+\delta t) = j - 1 | X(t) = j\} = j(n+1-j)\beta\ \delta t + o(\delta t),\ \delta t \to 0$$

de sorte que, si l'on pose $p_j(t) = P\{X(t) = j/X_o = n\}$, on obtient les équations de Kolmogorov "en avant".

$$\frac{dp_j}{dt} = (j+1)\ (n-j)\beta\ p_{j+1} - j(n-j+1)\beta p_j\ ,\quad o \leq j \leq n-1\ ,$$

$$\frac{dp_n}{dt} = -n\beta\ p_n(t)$$

avec la condition initiale $p_n(o) = 1$.

Introduisant le vecteur $\underset{\sim}{P}$ de composantes p_j, on peut écrire :

$$\boxed{\frac{1}{\beta}\frac{d\underset{\sim}{P}}{dt} = \underset{\sim}{A}\,\underset{\sim}{P}} \qquad \text{où} \qquad \underset{\sim}{A} = \begin{bmatrix} 0 & n & 0 & & & \\ 0 & -n & (2n-1) & & \bigcirc & \\ \cdot & \cdot & \cdot & \cdot & \cdot & \cdot \\ & & & -3(n-2) & 2(n-1) & 0 \\ & \bigcirc & & 0 & -2(n-1) & n \\ & & & 0 & 0 & -n \end{bmatrix}.$$

Un calcul direct de la solution est compliqué par le fait que les valeurs propres de $\underset{\sim}{A}$ sont doubles.

Bailey a employé deux méthodes de résolution :

a) la première introduit la transformée de Laplace q_j des p_j :

$q_j(s) = \int_0^\infty e^{-st}\, p_j(t)dt$ pour $\mathrm{Re}\ s > 0$, qui satisfait (en supposant $\beta = 1$, ce qui revient à poser $t' = \beta t$)

$$q_j(s) = \frac{(j+1)\,(n-j)}{s+j(n-j+1)}\; q_{j+1}(s)\ ,\ 0 \leq j \leq n-1\ ,$$

$$q_n(s) = \frac{1}{s+n}$$

donc $$\boxed{q_j(s) = \frac{n!\,(n-j)!}{j!} \prod_{k=1}^{n-j+1} (s + k(n-k+1))^{-1},\ 0 \leq j \leq n\ .}$$

On retrouve, en décomposant q_j en éléments simples, les $p_j(t)$ qui s'expriment comme sommes d'exponentielles de la forme $c_{jk}\, e^{-k(n-k+1)t}$ et d'exponentielles monomes $d_{jk}\, te^{-k(n-k+1)t}$ pour $j \geq 1$ et $p_o(t) = 1$ +(une somme de telles exponentielles polynômes).

b) la deuxième méthode introduit la fonction génératrice du processus

$\varphi(z,t) = E(z^{X(t)})$ qui satisfait l'équation aux dérivées partielles où

$$\boxed{\frac{\partial\varphi}{\partial t} = (1-z)\left(n\frac{\partial\varphi}{\partial z} - z\frac{\partial^2\varphi}{\partial z^2}\right) \quad \text{avec la condition initiale } \varphi(z,o) = z^n.}$$

La recherche des solutions stationnaires $\varphi(z,t) = S(z)\,T(t)$ conduit à

$$S\dot{T} = (1-z)\,(nS' - zS'')T$$

d'où $\frac{\dot{T}}{T} = (1-z)\,(n\frac{S'}{S} - z\frac{S''}{S}) = \lambda$ constante

puis $T = Ce^{\lambda t}$ et $(1-z)\,(n\,S' - z\,S'') - \lambda S = 0$.

Bailey a démontré que S était une fonction hypergéométrique.

Mais φ doit être un polynôme de degré au plus n en z ; en écrivant que S est un polynôme de degré k, on obtient $\lambda = -k(n-k+1)$ et on retrouve les exposants obtenus en a).

On peut donc expliciter φ bien que sa forme soit compliqués.

c) <u>Remarque</u> : on peut calculer les moyennes $E[X(t)]$ et en déduire les courbes épidémiques moyennes $t \to -\frac{d}{dt}E(X(t))$. On les a tracé en pointillé sur la figure ci-dessus. Elles diffèrent des courbes déterministes mais leur maximum est obtenu pour un t voisin.

6.2. <u>Durée de l'épidémie simple.</u>

Soit T cette durée : on a

$P[T > t] = 1 - p_o(t)$ d'où $P[T \leq t] = p_o(t)$ et

$$P[t < T < t+\delta t] \simeq \frac{dp_o}{dt}\,\delta t \simeq n\,P\,[X(t) = 1]\,\delta t\,, \qquad \delta t \to 0\,.$$

On peut donc exprimer la répartition de T comme somme d'exponentielles polynômes d'exposant $-j(n-j+1)$

La transformée de Laplace de cette répartition s'écrit :

$$\int_0^\infty e^{-st}\frac{dp_o}{dt}\,dt = e^{-st}\,p_o\Big]_0^\infty + s\int_0^\infty e^{-st}\,p_o(t)dt = sq_o(s)$$

$$= (n!)^2\prod_{k=1}^{n+1}(s + k(n-k+1))^{-1}$$

$$= \prod_{k=1}^{n+1}\left(1 + \frac{s}{k(n-k+1)}\right)^{-1}$$

produit des transformées de Laplace de $e^{-k(n-k+1)t}$.

En 1957, D.G. Kendall a obtenu la forme asymptotique de la distribution de T quand n tend vers l'infini.

Il a démontré que la répartition de $F(u) = Pr(U \leq u)$ de

$$U = (n+1)\,T - 2 \operatorname{Log} n \qquad (-\infty < U < \infty),$$

convergeait vers $\boxed{F(u) = 2e^{-\frac{u}{2}} K_1 (2e^{-\frac{1}{2}u})}$

où K_1 est la fonction de Bessel modifiée de 2ème espèce.

6.3. <u>Épidémie stochastique générale de Bartlett</u> (cf [G8], [G9], [G14], [G24])

Ce modèle est l'équivalent stochastique du modèle déterministe de Kermack et Mc Kendrick. Si l'on remplace t par $t' = \beta t$ (qu'on écrira t pour simplifier) et si l'on pose $\rho = \frac{\gamma}{\beta}$, et

$$\left.\begin{array}{l} P\{X(t+\delta t) = r-1,\ Y(t+\delta t) = s+1 \mid X(t) = r,\ Y(t) = s\} = rs\ \delta t + o(\delta t) \\ P\{X(t+\delta t) = r,\ Y(t+\delta t) = s-1 \mid X(t) = r,\ Y(t) = s\} = \rho s\ \delta t + o(\delta t) \end{array}\right\}\ \delta t \to 0,$$

avec $P\{X(o) = n,\ Y(o) = a\} = 1$,

$\{X(t),\ Y(t)\}$ est une chaîne de Markov de dimension 2

et les sauts positifs de Y correspondent aux sauts (négatifs) de X.

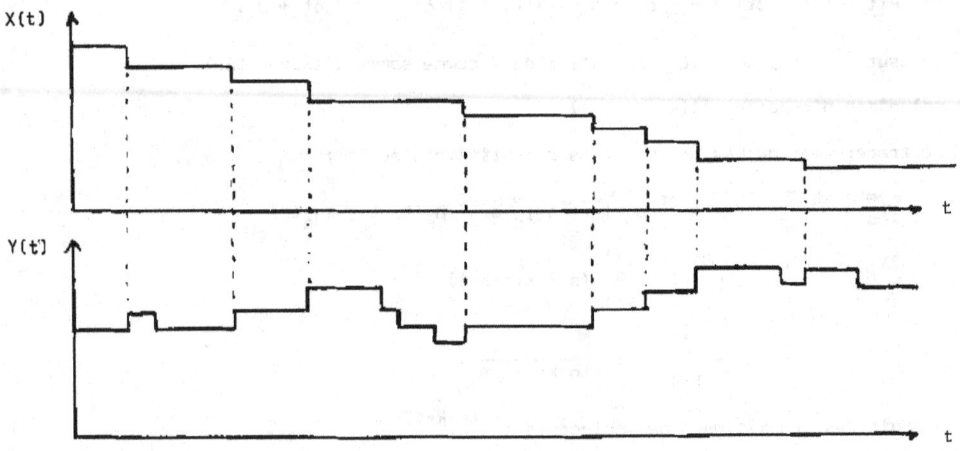

Les équations de Kolmogorov en avant s'écrivent,

pour $p_{r,s}(t) = P(X(t) = r,\ Y(t) = s)$

$$\frac{dp_{r,s}}{dt} = (r+1)\ (s-1)\ p_{r+1,s-1} - s(r+\rho)\ p_{r,s} + \rho(s+1)p_{r,s+1}$$

pour $0 \leqslant s \leqslant n+a-r$, $0 \leqslant r \leqslant n$, avec $p_{rs} = 0$ en dehors de ces intervalles,

et la condition initiale

$$p_{na}(0) = 1\ .$$

La fonction génératrice de (X,Y) : $\pi(z,w,t) = \sum\limits_{r,s} p_{r,s}(t)z^r\, w^s, |z|, |w| \leqslant 1$

satisfait l'équation aux dérivées partielles

$$\frac{\partial\pi}{\partial t} = w(w-z)\ \frac{\partial^2\pi}{\partial w\ \partial z} + \rho(1-w)\ \frac{\partial\pi}{\partial w}$$, avec la condition initiale

$$\pi(z,w,o) = z^n\ w^a.$$

La solution est détaillée dans [G14]. On y trouve en particulier le calcul de la distribution de la taille de l'épidémie :

$$P_{n-r} = P\{X(o) - X(\infty) = n-r\} = \lim_{t\to\infty} p_{ro}(t)$$

6.4. Théorème de seuil stochastique de Whittle (1955 - cf [W2])

$\{Y(t)\}$ peut être considéré comme un processus de naissance et de mort modifié, où, au lieu de prendre des taux de fécondité et de mortalité constants, on prendrait un taux de fécondité proportionnel à x : $\lambda = xy$, $\mu = \rho y$.

Si n est très grand, et au début de l'épidémie, on a $x \sim n$, donc $\lambda \sim ny$ et le processus est proche d'un processus classique de naissance et de mort.

Dans ce cas, nous avons vu que la probabilité d'extinction du processus est

$$\lim_{t\to\infty} P\{Y(t) = 0\} = \begin{cases} [\frac{\rho}{n}]^a & \text{si } n > \rho \\ 1 & \text{si } n \leqslant \rho \end{cases}$$

Whittle (1955) emploie la méthode suivante : Introduisons la probabilité qu'une épidémie ait une intensité au plus i :

$$\pi_i = \lim_{t\to\infty} P\ \{X(o) - X(t) \leqslant ni\} = \sum_{w=o}^{ni} P_w$$

Nous allons comparer le processus $Y(t)$ avec deux processus classiques de naissance et de mort ayant pour paramètre de naissance ny et $n(1-i)y$ et pour paramètre de mortalité $\mu = \rho y$.

Si l'intensité de l'épidémie est inférieure à i, le processus réel sera encadré par les deux autres. Nous associons à $Y(t)$ le nombre total d'infectés $U(t) = a+X(o)-X(t)$; $U(t)$ croit d'une unité chaque fois que $Y(t)$ croît d'une unité. Pour le processus réel, on a $U(t) \leqslant n+a$. Pour les processus d'encadrement, les U' associés peuvent ne pas satisfaire cette contrainte : c'est donc $P\{U'(t) \geqslant n+a\}$ qu'on comparera à $P\{U(t) = n+a\}$.

Appelons λ le taux de fécondité d'un des deux processus d'encadrement $(\lambda_1 = n, \lambda_2 = n(1-i))$,

$p_{y,u}(t) = P\{Y(t) = y, U(t) = u\}$ et $\varphi(s,v,t) = \sum_{y,u} p_{y,u}(t) s^y v^u$

$\{p_{y,u}\}$ satisfait les équations de Kolmogorov en avant

$$\frac{dp_{y,u}}{dt} = \lambda(y-1)p_{y-1,u-1} - y(\lambda+\rho)p_{y,u} + \rho(y+1)p_{y+1,u} ,$$

d'où l'on déduit que φ satisfait l'équation aux dérivées partielles

$$\boxed{\frac{\partial\varphi}{\partial t} = \{\lambda s^2 v - (\lambda+\rho)\, s + \rho\}\, \frac{\partial\varphi}{\partial s}}$$

avec la condition initiale

$$\varphi(s,v,0) = s^a\, v^a .$$

La méthode de Lagrange donne les équations des caractéristiques

$$\frac{d\varphi}{0} = \frac{dt}{1} = \frac{ds}{\lambda\, s^2 v - (\lambda+\rho)s + \rho} = \frac{dv}{0} .$$

Soient $\xi(v),\ \eta(v) = \dfrac{(\lambda+\rho) \pm \sqrt{(\lambda+\rho)^2 - 4\lambda\rho v}}{2\lambda v}$ les deux racines de l'équation

$$\lambda s^2 v - (\lambda+\rho)\, s + \rho = 0.$$

Supposons que, pour $v < 1$, $0 < \xi < 1 < \eta$;

alors $\varphi(s,v,t) = \psi(v, \dfrac{s-\xi}{\eta-s}\, e^{-\lambda v(\eta-\xi)t})$

et la condition initiale $\varphi(s,v,o) = s^a v^a$ redonne

$$\varphi(s,v,t) = v^a \left\{ \frac{\xi(\eta-s) + \eta(s-\xi)e^{-\lambda v(\eta-\xi)t}}{(\eta-s) + (s-\xi)\, e^{-\lambda v(\eta-\xi)t}} \right\}^a .$$

Quand $t \to \infty$, on obtient la distribution asymptotique du nombre total d'infectés $U(\infty)$ dont la fonction génératrice est donnée par

$$\varphi(1,v,\infty) = v^a \xi^a = \left(\frac{\lambda+\rho}{2\lambda} \right)^a \left[1 - (1 - kv)^{\frac{1}{2}}\right]^a \quad \text{avec } k = \frac{4\lambda\rho}{(\lambda+\rho)^2} .$$

$X(o) - X(\infty)$ a la distribution

$$P(X(o) - X(\infty) = \omega) = \begin{cases} P_\omega(\lambda) = \dfrac{a(2\omega+a-1)!}{\omega!\ (\omega+a)!} \dfrac{\lambda^\omega \rho^{\omega+a}}{(\lambda+\rho)^{2\omega+a}} , & 0 \leqslant \omega \leqslant n-1 , \\ P_n(\lambda) = 1 - \sum\limits_{\omega=0}^{n-1} P_\omega(\lambda) , & \omega = n ; \end{cases}$$

$$\text{or } \sum_{\omega=0}^{\infty} P_\omega(\lambda) = \lim_{v \uparrow 1} \varphi(1,v,\infty) = \begin{cases} \left(\dfrac{\rho}{\lambda} \right)^a & \text{si } \rho < \lambda \\ 1 & \text{si } \rho \geqslant \lambda \end{cases}$$

$$= \left[\min\left(\frac{\rho}{\lambda} , 1\right)\right]^a .$$

Puisque $\sum\limits_{\omega=0}^{ni} P_\omega(n) \leqslant \pi_i = \sum\limits_{\omega=0}^{ni} P_\omega \leqslant \sum\limits_{\omega=0}^{ni} P_\omega(n(1-i))$;

on en déduit, en supposant n assez grand, l'encadrement

$$\left[\min\left(\frac{\rho}{n} , 1\right)\right]^a \leqslant \pi_i \leqslant \left[\min\left(\frac{\rho}{n(1-i)} , 1\right)\right]^a .$$

D'où 3 résultats

1) $\rho < n(1-i)$, $\left(\frac{\rho}{n} \right)^a \leqslant \pi_i \leqslant \left(\frac{\rho}{n(1-i)} \right)^a$

2) $n(1-i) \leqslant \rho < n$, $\left(\frac{\rho}{n} \right)^a \leqslant \pi_i \leqslant 1$

(cas 1 et 2 :) il y a dans ces cas une probabilité $\sim 1 - \left(\frac{\rho}{n}\right)^a$ qu'une épidémie ait une intensité $>$ i (i petit)

3) $n \leqslant \rho$, $\pi_i = 1$ dans ce cas il y a une probabilité nulle qu'une épidémie ait une intensité $\geqslant$ i prédéterminée

On a les quatre graphes possibles pour $P_\omega(\lambda)$ en fonction de ω, où les courbes représentent d'une façon simplifiée les valeurs des $P_\omega(\lambda)$.

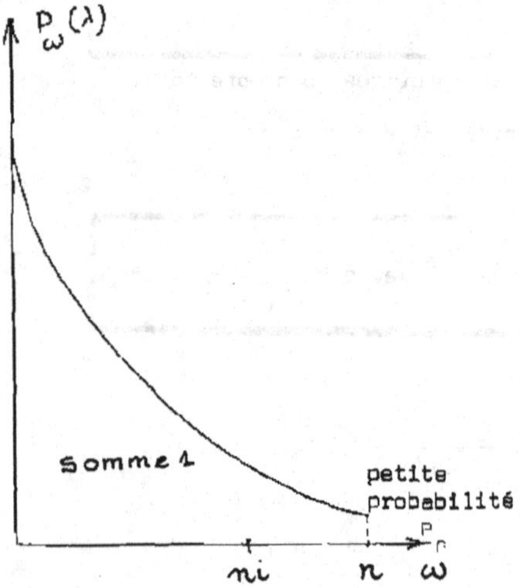

n petit, $\lambda < \rho$.

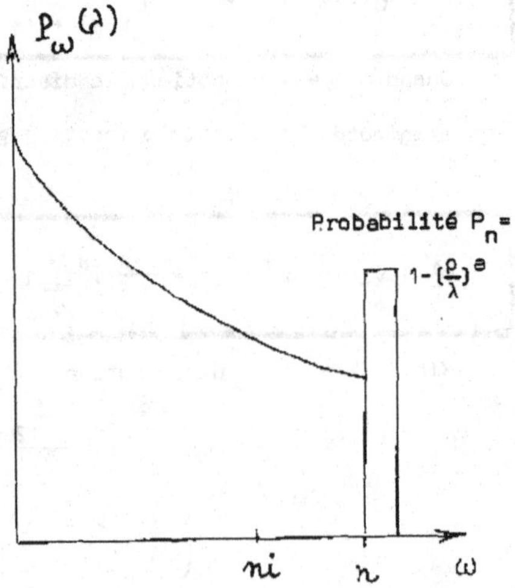

n petit, $\lambda > \rho$.

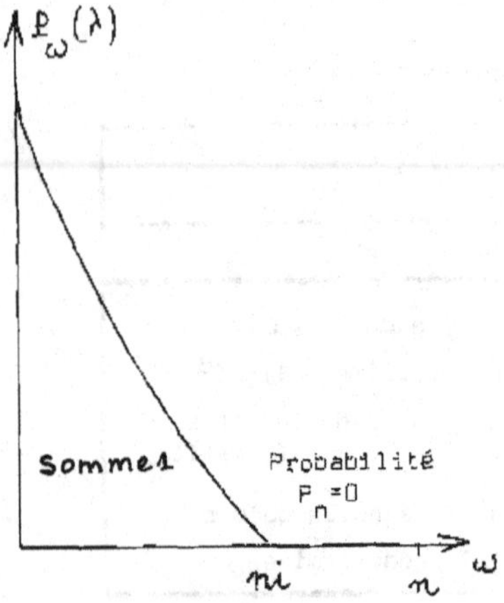

n grand, $\lambda < \rho$.

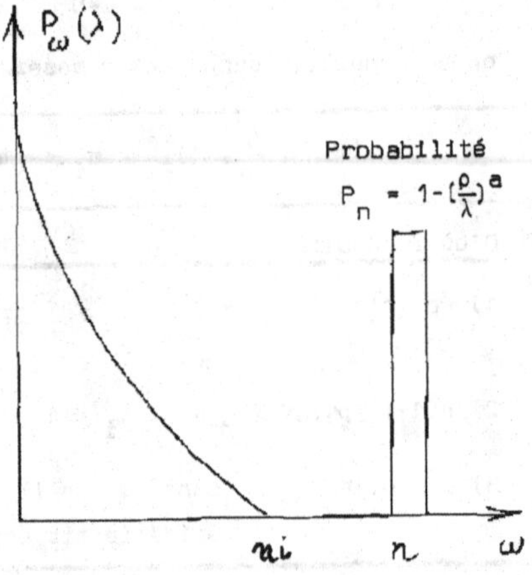

n grand, $\lambda > \rho$.

Dans le cas $\lambda > \rho$ la probabilité d'une épidémie totale est appréciable.

6.5. Récurrence d'une épidémie de rougeole.

Bartlett a étudié dans [B12] la récurrence de la rougeole.

Dans ce cas, il faut tenir compte de l'immigration et l'équation aux dérivées partielles pour la fonction génératrice π devient pour ρ, ν, ε constants,

$$\frac{\partial \pi}{\partial t} = \omega(\omega - z) \frac{\partial^2 \pi}{\partial z \partial \omega} + \rho(1-\omega) \frac{\partial \pi}{\partial \omega} + \{ \nu(z-1) + \varepsilon(\omega-1)\}\pi$$

où ν est le paramètre d'immigration des susceptibles et ε celui des infectieux.

On peut alors obtenir quelques résultats reliant la durée de l'épidémie à la taille de la population et au nombre d'infectés enregistrés chaque semaine.

Pour avoir un modèle plus réaliste, il convient d'ajouter un effet topographique. Bartlett a étudié ces modèles et esquissé un autre théorème de seuil pour la taille d'une communauté où la rougeole serait récurrente ; il trouve un effectif de l'ordre de 80 à 100,000.

Pour illustrer quelques principes des méthodes employées, étudions le modèle de Soper (1929) sur la périodicité des épidémies de rougeole. Dans le modèle déterministe, en supposant $\varepsilon = 0$ et en notant ν le paramètre d'immigration des susceptibles, on a pour les susceptibles $x(t)$ et les infectieux $y(t)$:

$$\frac{dx}{dt} = -xy + \nu$$

$$\frac{dy}{dt} = xy - \rho y$$

Ce système admet une solution indépendante du temps (équilibre): $x_0 = \rho$, $y_0 = \frac{\nu}{\rho}$. Posons $x = x_0(1+u)$, $y = y_0\ (1+v)$ et supposons u et v petits, alors

$$\frac{\rho}{\nu} \dot{u} = -(u + v + uv) \sim -(u + v)$$

$$\frac{\dot{v}}{\rho} = u(1 + v) \sim u$$

d'où $\ddot{v} + \frac{\nu}{\rho} \dot{v} + \nu v = 0$

dont la solution est $v = v_0\, e^{-kt} \cos \xi t$ avec $k = \frac{\nu}{2\rho}$, $\xi = \sqrt{\nu - \frac{\nu^2}{4\rho^2}}$

d'où $\boxed{u = v_0 \sqrt{\nu} \quad e^{-kt} \cos(\xi t + \psi) \text{ ,avec } \cos \psi = \frac{1}{2} \frac{\sqrt{\nu}}{\rho}.}$

Les perturbations linéarisées du système sont donc des sinusoïdes amorties de "période" $\frac{2\pi}{\xi}$.

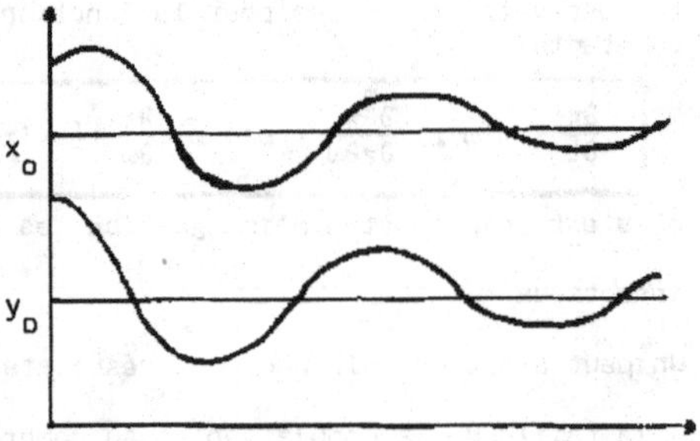

En choisissant pour estimer ρ une période d'incubation de 2 semaines

$\left[\frac{1}{\gamma} = 2, \frac{\gamma}{\beta\nu} = \frac{\rho}{\nu} = 6.2\right]$,

Soper obtint $\frac{2\pi}{\xi}$ = 73,7 semaines avec un facteur d'atténuation $\exp\left(-\frac{\pi\nu}{\rho\xi}\right) = 0.58$ entre deux maximums successifs.

En pratique, on observe que dans les grandes villes, la période est d'environ 100 semaines et qu'il n'y a pas de décroissance.

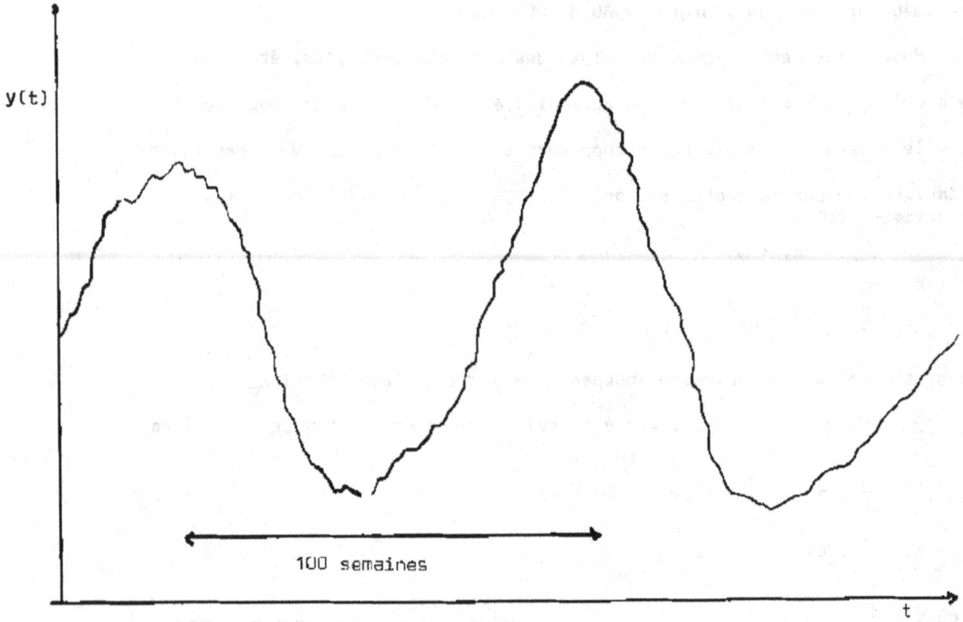

Dans les grandes villes, la rougeole ne cesse jamais ; mais

dans les petites villes au contraire la rougeole apparaît puis réapparaît par immigration d'écoliers ou de touristes venant d'une grande ville. Les modèles de Bartlett rendent mieux compte des phénomènes que le modèle déterministe.

6.6. Coût d'une épidémie (cf. [G22])

Considérons une épidémie stochastique générale avec $Y(0) = i$, $X(0) = s$, $i+s=N$. Soit T_{is} la durée de l'épidémie et $W_{is} = \int_0^{T_{is}} Y(t)\,dt$. On peut considérer que le coût de l'épidémie est une fonction linéaire de W_{is} et de T_{is} :

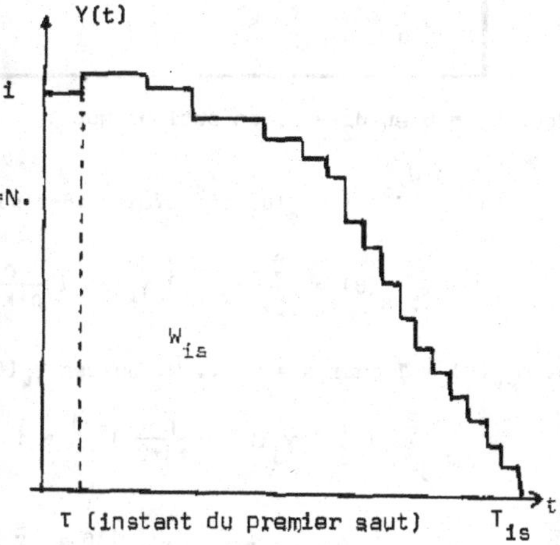

$$\boxed{C_{is} = a\,W_{is} + b\,T_{is}}$$

Par une méthode analogue à celle qui conduit aux équations en arrière de Kolmogorov , on obtient la transformée de Laplace de la répartition du couple (W_{is}, T_{is}) :

$$\boxed{\begin{aligned}\varphi_{i,s}(\theta_1,\theta_2) &= E(e^{-\theta_1 W_{is} - \theta_2 T_{is}}) \\ &= \frac{i\,\gamma\varphi_{i-1,s}(\theta_1,\theta_2)}{i\theta_1 + \theta_2 + is\beta + i\gamma} + \frac{is\,\beta}{i\theta_1 + \theta_2 + is\beta + i\gamma}\varphi_{i+1,s-1}(\theta_1,\theta_2)\end{aligned}}$$

pour $i = 1,\dots,N$ et $s = 0,\dots,N-i$,

qui permet de déterminer les $\varphi_{i,s}$ par récurrence .

Pour $\theta_1 = 0$, $\theta_2 = \theta$ on obtient que

$$E(e^{-\theta T_{is}}) = \psi_{is}(\theta) \text{ satisfait}$$

$$\{\theta + i(s+\rho)\}\,\psi_{i,s} = i\rho\,\psi_{i-1,s} + is\,\psi_{i+1,s-1}$$

$$\text{d'où}\quad \psi_{is} = \prod_{j=1}^{i} \frac{\rho}{s+\rho+\theta/j} + \frac{s}{\rho}\sum_{k=1}^{i} \psi_{k+1,s-1}\left(\prod_{j=k}^{i} \frac{\rho}{s+\rho+\theta/j}\right)$$

pour $i = 1,\dots,N-s$,et $\psi_{os}(\theta) = 1$ pour $s = 0,\dots,N$.

ce qui nous donne en particulier $N_{is} = E(T_{is}) = -\psi'_{is}(0)$:

$$N_{is} = \frac{1}{s+\rho} \sum_{k=1}^{i} \left(\frac{\rho}{s+\rho}\right)^{i-k} \{k^{-1} + s\, N_{k+1,s-1}\}$$

$$N_{io} = \frac{1}{\rho} \sum_{k=1}^{i} k^{-1}$$

Pour $\theta_1 = \theta$ et $\theta_2 = 0$, on obtient que :

$E(e^{-\theta W_{is}}) = \omega_{is}(\theta)$ satisfait $(\theta+s+\rho)\,\omega_{is} = \rho\, \omega_{i-1,s} + s\, \omega_{i+1,s-1}$ d'où

$$\omega_{i,s}(\theta) = \sum_{k=1}^{s} \binom{s}{k} \gamma_k(\theta) \left(\frac{\rho}{\rho+k+\theta}\right)^{s+i-k} \quad \text{pour } i=1,\ldots,N; s=0,\ldots,N-1,$$

et $\omega_{os}(\theta) = 1$ pour $s = 0,\ldots,N$, où les $\gamma_k(\theta)$ sont solutions de

$$\sum_{j=0}^{s} \binom{s}{j} \gamma_j(\theta) \left(\frac{\rho}{\rho+j+\theta}\right)^{s-j} = 1 \quad , \; s = 0,\ldots,N .$$

En particulier, $M_{i,s} = E(W_{i,s}) = \frac{i+s}{\rho} - \sum_{j=1}^{s} \binom{s}{j} \left(\frac{\rho}{\rho+j}\right)^{i+s-j} \beta_j$.

où les β_j satisfont $\sum_{j=1}^{s} \binom{s}{j} \left(\frac{\rho}{\rho+j}\right)^{s-j} \beta_j = \frac{s}{\rho}$.

On peut donc obtenir $E(C_{is}) = a\, E(W_{is}) + b\, E(T_{is})$, ou la moyenne du coût de l'épidémie.

Autres références

[B1], [B2], [B4], [B5], [B6], [B7], [B8], [B9], [B14], [B16], [B17], [D1], [D6], [D7], [D8], [F4], [G23], [J1], [J2], [K6], [K12], [K13], [K14], [M1], [M5], [N1], [P2], [P3], [P4], [S3], [T1], [W1], [W2].

<u>Chapitre 7</u>

MODELES DE CHAINES BINOMIALES

Pour étudier une épidémie dans un petit groupe (par exemple une famille) il est plus simple et plus pratique d'utiliser les méthodes discrètes dites des "chaînes binomiales". Ces méthodes ont été introduites aux U.S.A. par Reed et Frost en 1928 (cf. [G20] et [G21]). Le temps est discret à valeurs t = 0,1,... et l'unité de temps est égale à la somme des durées de la période latente et de la période d'incubation de la maladie (environ 10-14 jours pour la rougeole).

R_t est le nombre de susceptibles, S_t le nombre d'infectieux, q la probabilité que 2 individus pris au hasard ne se rencontrent pas ; la probabilité pour qu'un susceptible donné ne rencontre aucun des S_t infectieux est donc q^{S_t}, la probabilité qu'il soit contaminé, $1 - q^{S_t}$ et l'on peut écrire :

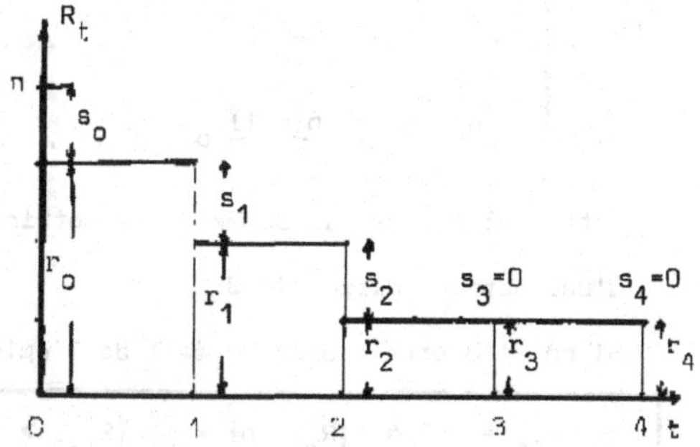

$$P(S_{t+1} = s_{t+1},\ R_{t+1} = r_{t+1} = r_t - s_{t+1} | S_t = s_t, R_t = r_t) =$$

$$= \frac{r_t\,!}{s_{t+1}!\,(r_t - s_{t+1})!}\,(1 - q^{s_t})^{s_{t+1}}\, q^{s_t\,(r_t - s_{t+1})}$$

Le couple (S_t, R_t) forme une chaîne de Markov de dimension 2.

On convient que l'épidémie se termine à l'instant t si $s_{t-1} \neq 0$ et $s_t = 0$.

7.1. <u>Modèle de Greenwood.</u>

Dans ce modèle, présenté par Greenwood en 1931, la probabilité d'infection ne dépend pas du nombre d'infectieux. C'est le cas quand l'agent d'infection (virus ou bactérie) est dans l'atmosphère ou sur les objets d'une maison dès qu'un malade y habite et quel que soit le nombre de malades.

Dans ce cas, en remplaçant q^{s_t} par q dans la formule ci-dessus, on obtient

$$P(S_{t+1} = s_{t+1}, R_{t+1} = r_t - s_{t+1} \mid S_t = s_t, R_t = r_t) = \binom{r_t}{s_{t+1}} p^{s_{t+1}} q^{r_t - s_{t+1}} ,$$

$$\text{donc, } P(R_{t+1} = r_{t+1} \mid R_t = r_t) = \binom{r_t}{r_t - r_{t+1}} p^{r_t - r_{t+1}} q^{r_{t+1}}$$

$\{R_t\}$ est dans ce modèle une chaîne de Markov dont la matrice de transition s'écrit, pour $R_o = n$:

$$R_t \begin{array}{c} \\ 0 \\ 1 \\ 2 \\ \cdot \\ n \end{array} \overset{R_{t+1}}{\begin{array}{cccccc} 0 & 1 & 2 & & & n \\ 1 & 0 & 0 & & \dots & 0 \\ p & q & 0 & & \dots & 0 \\ p^2 & 2pq & q^2 & & \dots & 0 \\ \cdot & \cdot & \cdot & & & \cdot \\ p^n & np^{n-1}q & \frac{n(n-1)}{2} p^{n-2} q^2 & \dots & & q^n \end{array}} = P + Q .$$

Cette matrice est la somme d'une matrice triangulaire inférieure P et d'une matrice diagonale Q.

Si on s'intéresse à la durée T de l'épidémie, on trouve que :

$$p_t = P\{T = t \mid R_o = n\} = \sum_i P\{R_{t-2} > i, R_{t-1} = R_t = i/R_o = n\}$$

$$= \sum_i (P^{t-1})_{ni}\, Q_{ii}$$

$$= A'_n\, P^{t-1}\, Q\, E$$

avec $A'_n = \{0,0,\dots,0,1\}$ et $E = \begin{Bmatrix} 1 \\ 1 \\ 1 \\ \cdot \\ 1 \end{Bmatrix}$.

Cette distribution est l'analogue pour une chaîne de Markov d'une distribution géométrique ,et sa fonction génératrice s'obtient par

$$\sum_{t=1}^{n+1} \theta^t p_t = \sum_{t=1}^{\infty} \theta^t p_t = A'_n \sum_1^{\infty} P^{t-1} \theta^{t-1} \theta Q E = A'_n (I - \theta P)^{-1} \theta Q E$$

d'où l'on peut déduire ET et var T.

Si on s'intéresse au nombre total d'infectés S, on peut introduire la matrice

$$P(\varphi) = \begin{bmatrix} 0 & 0 & 0 & . & . & . \\ p\varphi & 0 & 0 & . & . & . \\ p^2\varphi^2 & 2pq\varphi & 0 & . & . & . \\ p^n\varphi^n & . & . & . & np\,q^{n-1}\varphi & 0 \end{bmatrix}$$

et la fonction génératrice conjointe du nombre d'infectés et de la durée est donnée par

$$\boxed{A'_n \left[I - \theta P(\varphi)\right]^{-1} \theta QE}$$

Exemple : n = 2 , $P = \begin{bmatrix} 0 & 0 & 0 \\ p & 0 & 0 \\ p^2 & 2pq & 0 \end{bmatrix}$, $P(\varphi) = \begin{bmatrix} 0 & 0 & 0 \\ p\varphi & 0 & 0 \\ p^2\varphi^2 & 2pq\varphi & 0 \end{bmatrix}$

la fonction génératrice pour la durée T et le nombre total d'infectés S est

$$\begin{bmatrix} 0 & 0 & 1 \end{bmatrix} \{I + P(\varphi)\theta + P^2(\varphi)\,\theta^2\}\,\theta \begin{bmatrix} 1 \\ q \\ q^2 \end{bmatrix} =$$

$$\begin{bmatrix} 0 & 0 & 1 \end{bmatrix} \left\{ \begin{pmatrix} 1 & 0 & 0 \\ 0 & 1 & 0 \\ 0 & 0 & 1 \end{pmatrix} + \theta \begin{pmatrix} 0 & 0 & 0 \\ p\varphi & 0 & 0 \\ p^2\varphi^2 & 2pq\varphi & 0 \end{pmatrix} + \theta^2 \begin{pmatrix} 0 & 0 & 0 \\ 0 & 0 & 0 \\ 2p^2q\varphi^2 & 0 & 0 \end{pmatrix} \right\} \theta \begin{bmatrix} 1 \\ q \\ q^2 \end{bmatrix}$$

$$= \theta^2 p^2 \varphi^2 + \theta^3\, 2p^2 q\,\varphi^2 + \theta^2\, 2pq^2\varphi + \theta q^2$$

Donc

$P(T=1, S=0) = q^2$ (1)

$P(T=2, S=2) = p^2$ (2)

$P(T=2, S=1) = 2pq^2$ (3)

$P(T=3, S=2) = 2p^2q$ (4)

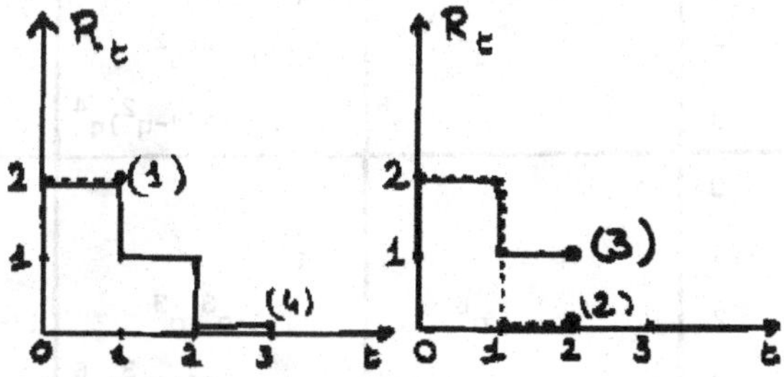

Remarque : Le processus de Greenwood peut être considéré comme une chaîne à temps discret restriction aux instants entiers du processus de mort à temps continu qu'on a étudié au chapitre 4.

Si ce dernier a un paramètre μ constant, $p = 1 - e^{-\mu\tau}$ où τ est l'unité de temps. Pour une étude en détail, voir [G 21].

7.2. Modèle de Reed-Frost.

Le principe est le même, mais le processus est de dimension 2, donc les matrices sont plus compliquées.

Par exemple, pour $n = 3$, on a la matrice de transition (seuls figurent les termes non nuls) :

S_{t+1}		0				1				2				3		
S_t	R_t \ R_{t+1}	0	1	2	3	0	1	2	3	0	1	2	3	0	1	2
0	0	1														
	1		1													
	2			1												
	3				1											
1	0	1														
	1		q			p										
	2			q^2			$2pq$			p^2						
	3				q^3			$3pq^2$			$3p^2q$			p^3		
2	0	1														
	1		q^2			$1-q^2$										
	2			q^4			$2(1-q^2)q^2$			$(1-q^2)^2$						
	3				q^6			$3(1-q^2)q^4$			$3(1-q^2)^2q^2$			$(1-q^2)^3$		
3	0	1														
	1		q^3			$1-q^3$										
	2			q^6			$2(1-q^3)q^3$			$(1-q^3)^2$						
	3				q^9			$3(1-q^3)q^6$			$3(1-q^3)^2q^3$			$(1-q^3)^3$		

Cette méthode permet d'employer des algorithmes sur ordinateur pour calculer la distribution de la durée T et du nombre d'infectés S.

On pourrait se demander si le processus de Reed-Frost est lui aussi la restriction aux instants entiers du processus d'épidémie simple auquel il ressemble.

Des calculs simples permettent de montrer qu'il n'en est rien (cf [G21])

7.3. Résultats numériques sur l'effet de l'inoculation.

Les chaînes considérées dans les modèles de Greenwood et Reed-Frost sont homogènes mais on peut considérer des matrices de transition qui dépendent du temps. Cela ne pose aucun problème de calcul. Si, par exemple, on prend pour la probabilité de non rencontre après inoculation :

$q_t = q_o + 2{,}71813\ (1 - q_o)t\ e^{-t}$

de telle façon que la protection soit pratiquement totale pour $1 < t < 2$, on obtient pour $q_o = 0.1$

E(T) = 2,99 sans inoculation et 1,15 avec,

E(S) = 19,95 sans inoculation et 3 avec.

Pour $q_o = 0{,}5$, on obtient E(T) = 4,99 et 1,01

E(S) = 19,14 et 0,05

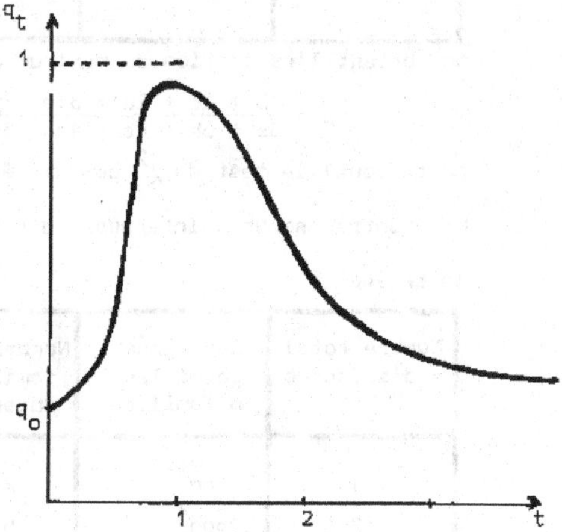

7.4. Estimation de la probabilité p d'infection.

Pour le modèle de Greenwood, on peut rechercher des données sur des familles de 4 susceptibles où l'infection est introduite par un seul infectieux. L'enquête a été faite pour des épidémies de rougeole à Providence (R.I) entre 1929 et 1934.

En séparant le mode d'infection, on obtient le tableau :

Genre d'infection	Espérance parmi les n familles	Nombre de familles observées	Données de Providence	Valeurs basées sur l'estimation $\hat{p}$=0 .791
1	nq^3	a	4	0,9
1,1	$3npq^4$	b	3	0,4
1,1,1	$6np^2q^4$	c	1	0,7
1,2	$3np^2q^2$	d	8	8,2
1,1,1,1	$6np^3q^3$	e	4	2,7
1,1,2	$3np^3q^2$	f	3	6,5
1,2,1	$3np^3q$	g	10	31
1,3	np^3	h	67	49,6
			100	100

on obtient l'estimation du maximum de vraisemblance

$$\hat{p} = \frac{b + 2c + 2d + 3(e+f+g+h)}{3a + 5b + 6c + 4d + 6e + 5f + 4g + 3h}$$

pour lequel le test du χ^2 conduit à rejeter le modèle.

Par contre, si on s'intéresse au nombre total d'infectés, on obtient le tableau :

Nombre total d'infectés	Espérance parmi les n familles	Nombre de familles observées	données de Providence	Valeurs basées sur $\hat{p}$ = 0.709
1	nq^3	a	4	2,5
2	$3npq^4$	b	3	1,5
3	$3np^2q^2(1+2q^2)$	c+d	9	14,9
4	$np^3(1+3q+3q^2+6q^3)$	e+f+g+h	84	81,1

En regroupant les deux premières classes , on obtient χ^2 = 4,74, ce qui permet d'accepter le modèle de Greenwood. Le modèle de Reed-Frost est encore meilleur.

Autres références : [B4], [S2].

Chapitre 8

POPULATIONS DE VIRUS

8.1. Histoire de la découverte des virus bactériophages : *elle est marquée par les travaux de Twort (1915), d'Hérelle (1917), Macfarlane Burnet, Schlesinger entre 1920-1930 ; ensuite Hershey, Luria, Delbrück. Ce dernier surtout attaqua les problèmes biologiques avec une formation de physicien.*

8.2. Description des bactériophages et de leur processus de reproduction (cf. [G12], [G18]).

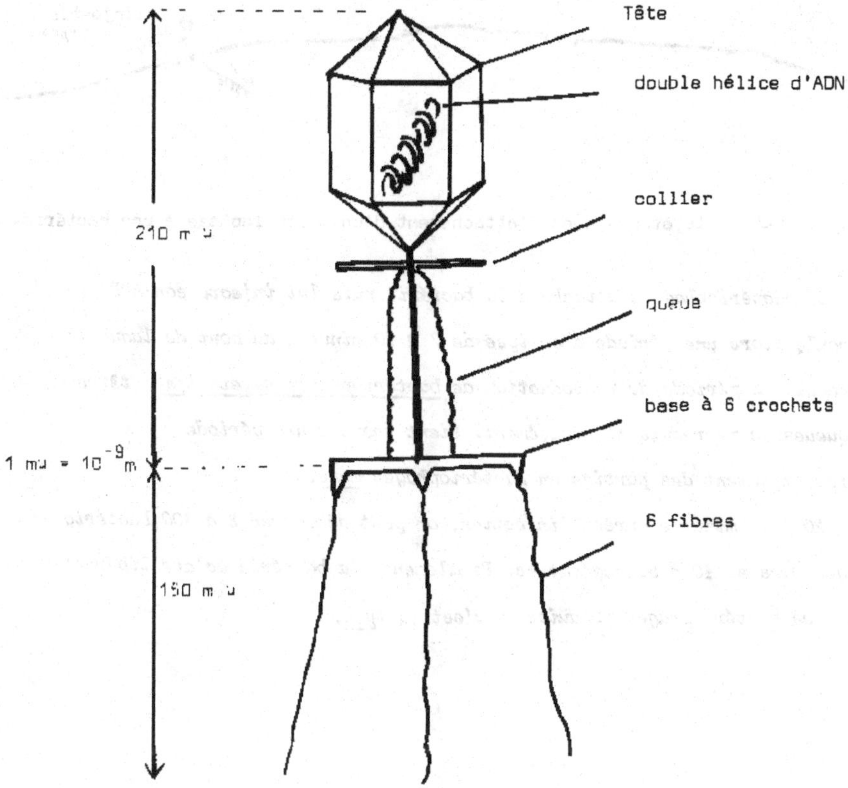

Bactériophage T-Pair

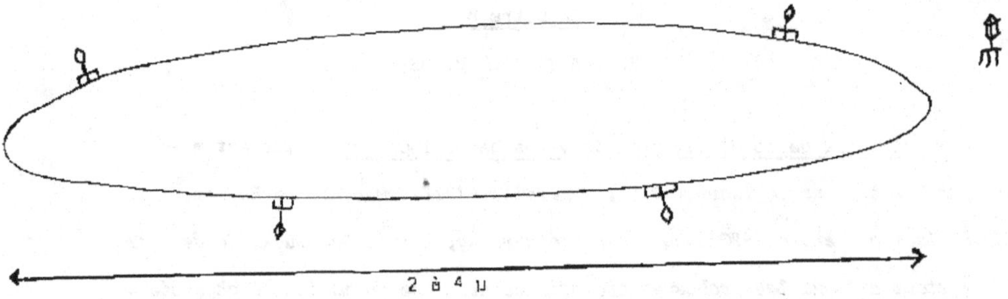

Grandeur relative d'une bactérie Escherichia- Coli et d'un bactériophage.

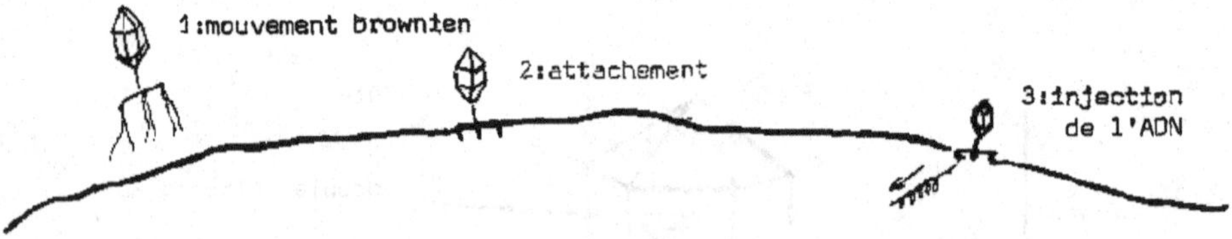

Les trois étapes dans l'attachement d'un bactériophage à une bactérie.

Le bactériophage s'attache à la bactérie puis lui injecte son ADN ; s'écoule alors une période d'éclipse de 7 à 10 minutes au bout de laquelle commence une période de reproduction de bactériophages végétatifs : têtes et queues se reproduisent séparément. Vient ensuite une période de rassemblement des parties en bactériophages murs.

20 à 25 minutes après l'injection, on peut dénombrer 2 à 300 bactériophages murs et 40 à 80 végétatifs. Finalement, la bactérie éclate libérant tous les bactériophages produits ; c'est la lyse.

8.3. <u>Premiers résultats de Delbrück</u>

En 1939, Ellis et Delbrück étudient l'accroissement des bactériophages (bp) à diverses températures : ils trouvent la courbe typique ci-dessous pour 37°C.

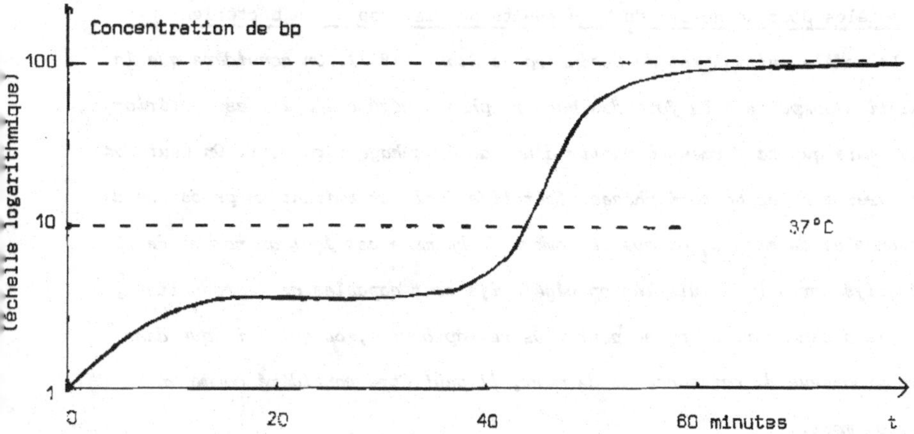

En 1945, (cf [D3]), Delbrück étudie les fluctuations du nombre de bp produites par l'éclatement d'une bactérie, suivant une méthode d'analyse de Burnet. Il obtient l'histogramme ci-dessous qui présente un maximum autour de 180, le nombre ne variant pas avec la taille de la bactérie, ni en cas d'infections multiples.

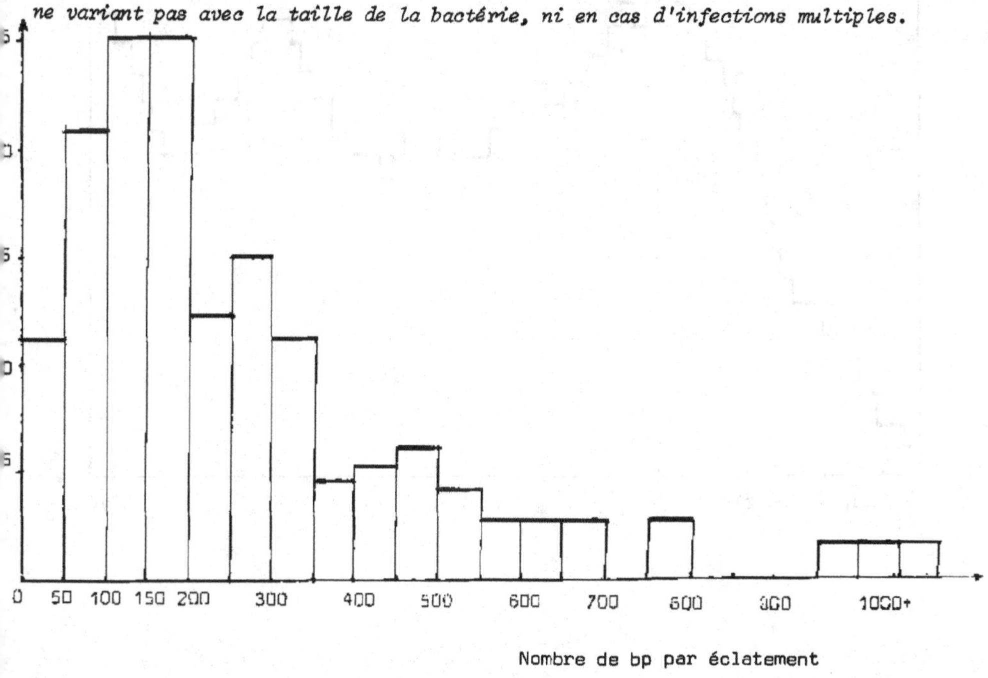

Les modèles stochastiques que nous allons décrire maintenant se proposent de rendre compte de ces résultats.

8.4. Modèles pour le nombre de bp produits par la lyse d'une bactérie

Le modèle initial est de Steinberg et Stahl (1961). On considère que la population comporte à la fois des bactériophages végétatifs et des bactériophages murs qui se forment à partir d'un bactériophage végétatif. On peut donc considérer que les bactériophages végétatifs évoluent suivant un processus de naissance et de mort S_t *et que le nombre de bp murs est égal au nombre de bp végétatifs morts* D_t. *Seuls les bp végétatifs sont capables de reproduction ; une fois devenu mur, un bp ne peut plus se reproduire, ce qui fait que dans notre processus de naissance et de mort, il peut être considéré comme un individu mort.*

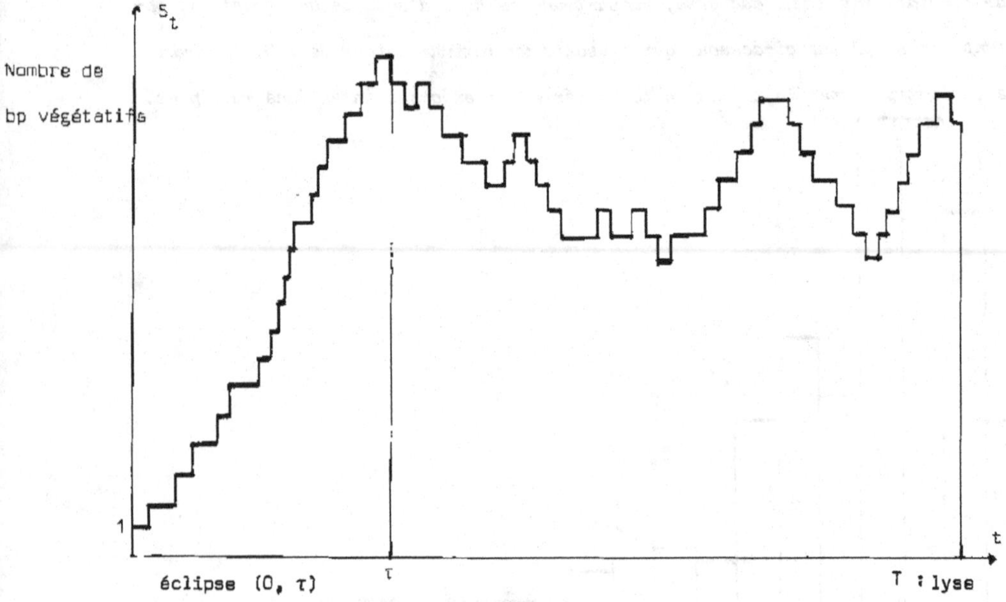

Le processus comporte deux phases. Dans la phase d'éclipse, on a un processus de naissance pur (ou de Yule) de paramètre $\lambda_o(t)$, dans la seconde phase un processus de naissance et de mort de paramètres $\lambda_1(t)$, (t). Sally Ohlsen a supposé en 1963 que $E(S_t)$ est une fonction affine de t :

$$E\,S_t = at + 1 \;;\; \text{comme} \quad E(S_t) = e^{\int_o^t \lambda_o(x)dx}, \text{ on en déduit } \lambda_o(t) = \frac{a}{at+1}.$$

Entre τ et T, on a : $E(S_t) = (a\tau + 1)\, e^{\int_\tau^t (\lambda_1(x) - \nu(x))\,dx}$

$$E(D_t) = \int_\tau^t \nu(x)\, E(S_x)dx$$

Si on suppose $E(S_t + D_t) = at + 1$ et $E(D_t) = b(t - \tau)$, on obtient

$$\lambda_1(t) = \frac{a}{(a-b)t+b\tau+1}, \qquad \nu(t) = \frac{b}{(a-b)t+b\tau+1}$$

, où $\frac{b}{a} \sim 1$ puisque le nombre de bp végétatifs varie peu.

Le processus à deux variables (S,D) rappelle celui rencontré dans l'étude de l'épidémie stochastique générale. Cette fois, la fonction génératrice $\varphi(u,v\,;\,0,\,t)$ du processus satisfait :

$$\frac{\partial\varphi}{\partial t} = \{\lambda(t)u^2 - (\lambda(t) + \nu(t))u + \nu(t)v\}\,\frac{\partial\varphi}{\partial u}$$

avec $\varphi(u,\,v\,;\,0,\,0) = u$, si l'on part d'un seul virus à $t = 0$.

Gani et Yeo ont résolu dans [G 5] cette équation dans le cas où $\frac{\nu(t)}{\lambda(t)}$ ne dépend pas de t.

Dans le modèle de Ohlsen, à la fin du processus de naissance, à l'instant τ, la répartition de S_t est géométrique :

$$P_{k+1,0}(0,\tau) = \left(\frac{a\tau}{a\tau+1}\right)^k \frac{1}{a\tau+1}$$

où k+1 est le nombre de survivants et 0 le nombre de morts.

La fonction génératrice du nombre de morts (bp murs) à T sera donc :

$$\sum_{k=0}^{\infty} P_{k+1,0}(0,\tau)\ \varphi^{k+1}(1,\nu;\tau,T) = \frac{\varphi(1,\nu;\tau,T)}{a\tau+1 - a\tau\ \varphi(1,\nu;\tau,T)}$$

C'est le résultat de Sally Ohlsen, généralisé par Gani et Yeo pour $\frac{\nu(t)}{\lambda(t)}$ constan

Dans le cas $\lambda(t) = \nu(t) = 1$, Steinberg et Stahl avaient obtenu en 1961, en passant à la limite pour une suite de chaînes discrètes :

$$\phi(1,\nu;\tau,T) = 1 - (1-\nu)^{\frac{1}{2}}\ \mathrm{th}\ (1-\nu)^{\frac{1}{2}}(T-\tau)$$

En 1969, Puri (cf. [P6]) essaye d'adapter un modèle aux résultats de Delbrück. Il propose de considérer l'instant T de la lyse comme une variable aléatoire de densité $c(t)\,s + e(t)\,d$ pour $t > \tau$ où s et d sont les nombres de bp végétatifs et murs en t. Il résout le système dans le cas particulier $\frac{\nu(t)}{\lambda(t)}$ = const, $\frac{c(t)}{\lambda(t)}$ = const, $\frac{e(t)}{\lambda(t)}$ = const, et obtient en particulier $E(D_T)$.

Pour la répartition du nombre de bp, la première courbe obtenue (courbe A) n'est pas très bonne. La courbe B, meilleure, tient compte d'infections multiples.

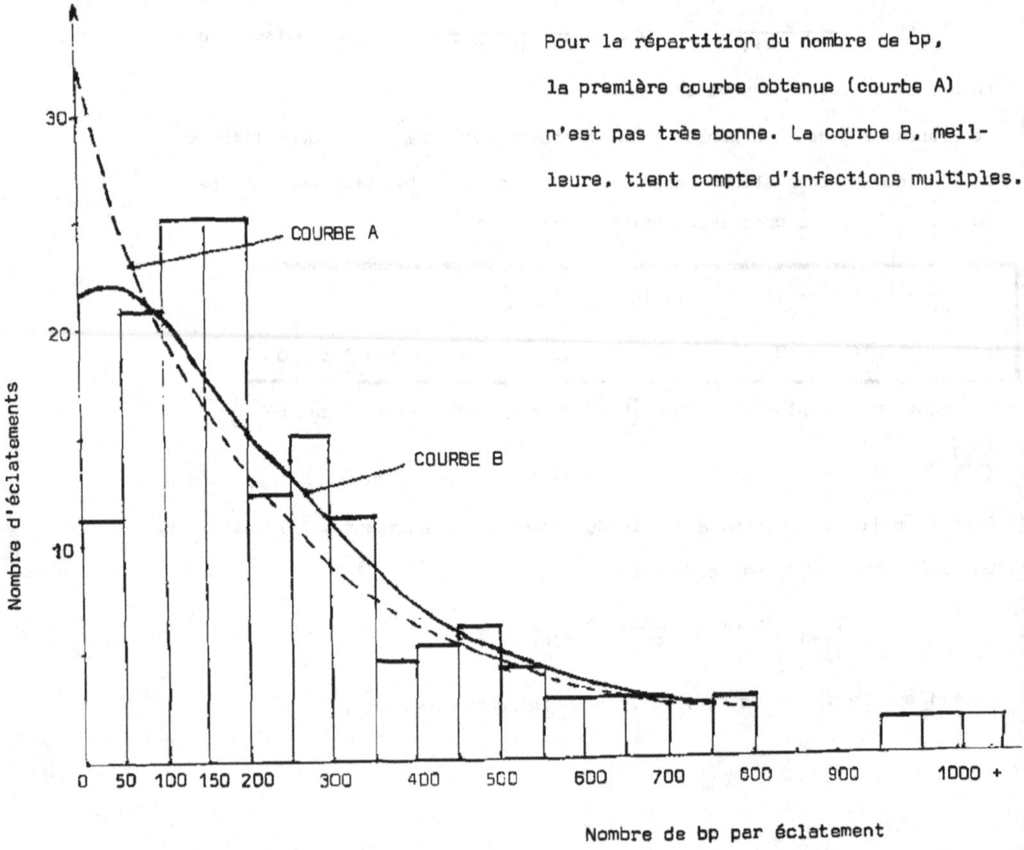

Chapitre 9

L'AGE D'UNE POPULATION DE BACTERIOPHAGES

Les bp végétatifs se reproduisent en se divisant suivant le schéma :

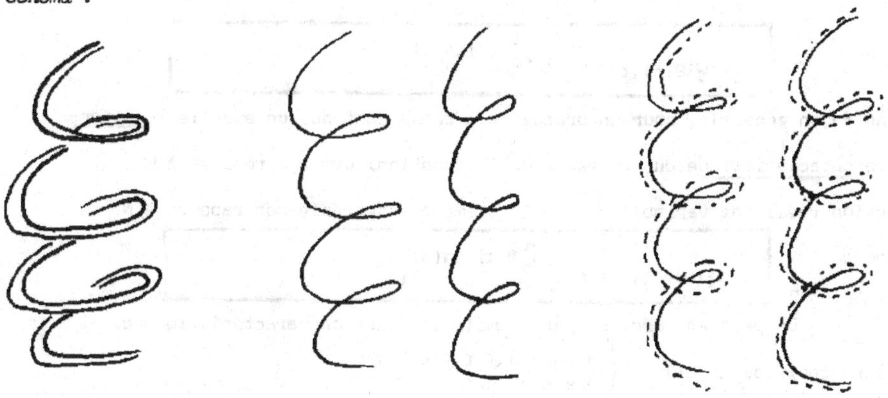

1) Les deux filaments de l'ADN forment une double hélice

2) Les deux filaments se séparent

3) Chaque filament séparé attire les acides aminés qui forment le second filament d'une nouvelle double hélice. Il y a maintenant deux doubles hélices d'ADN.

Chaque nouveau bp comporte donc une partie ancienne et une partie neuve mais on considérera que le bp a un "âge" unique et que plus cet âge est grand, plus sont grandes les possibilités de recombinaison et de mutation.

Nous utilisons pour étudier cet âge la méthode classique des fonctionnelles caractéristiques.

9.1. Fonctionnelle caractéristique

Un processus discret $\underset{\sim}{n}(t)$ de naissance à temps discret $t = 0,1,2,\ldots$

$$\underset{\sim}{n}(t) = \begin{pmatrix} n_0(t) \\ \vdots \\ n_t(t) \end{pmatrix}$$ où $n_k(t)$ désigne le nombre d'individus

nés à l'instant k (donc d'âge t-k à l'instant t) peut être étudié par l'intermédiaire de sa fonction caractéristique :

$$\varphi(\theta_o, \dots, \theta_t \; ; \; t) = E(\exp i \sum_{k=0}^{t} \theta_k \, n_k(t))$$

Introduisons le nombre N(τ) individus nés entre 0 et τ et posons $\theta_k = \theta(k)$

on peut écrire $\sum_{k=0}^{t} \theta_k \, n_k(t) = \int_0^t \theta(\tau) dN(\tau)$

et
$$\varphi(\theta(t),t) = E \, e^{i \int_o^t \theta(\tau) dN(\tau)}$$

D'une façon générale, pour un processus à temps continu, on appelle <u>fonctionnelle caractéristique</u> du processus N, la fonction, qui à t réel et à θ fonction réelle de variable réelle localement intégrable par rapport à N associe

$$\varphi(\theta(t),t) = E(e^{i \int_o^t \theta(\tau) \, dN(\tau)})$$

On peut en déduire par exemple la fonction caractéristique de N(t) en choisissant $\theta(\tau) = \begin{cases} \theta \text{ pour } 0 \leq \tau \leq t \\ 0 \text{ sinon} \end{cases}$

Le calcul des fonctionnelles caractéristiques ressemble à celui des f.c. (sommes de v.a. indépendantes, convolution), nous renvoyons à [L1] , [M11], [M12].

Nous donnerons deux exemples très simples : le processus de Poisson et le processus de naissance de Yule. Ajoutons qu'on connaît peu d'expressions explicites de fonctionnelles et que c'est un domaine d'étude ouvert ; notre troisième exemple pour le processus de naissance et de mort en démontrera la difficulté.

9.2. <u>Exemples de fonctionnelles caractéristiques</u>.

a) <u>Processus de Poisson de densité λ</u>

En employant les équations de Kolmogorov en avant, on obtient que :

$$\varphi(\theta(t),t+\delta t) = \varphi(\theta(t),t) \{1-\lambda(t)\delta t + o(\delta t)\} + \varphi(\theta(t),t) e^{i\theta(t)} [\lambda(t) \, \delta t + o(\delta t)\}$$

d'où
$$\frac{d\varphi}{dt} = -\lambda(t) \, \varphi + \lambda(t) \, \varphi \, e^{i\theta(t)}$$

$$\frac{d \operatorname{Log} \varphi}{dt} = \lambda(t) \, (e^{i\theta(t)} - 1)$$

$$\operatorname{Log} \varphi = A + \int_o^t \lambda(\tau) \, (e^{i\theta(\tau)} - 1) d\tau \quad \text{avec } \varphi(0) = 1$$

donc
$$\varphi = e^{\int_o^t (e^{i\theta(\tau)} - 1) \, \lambda(\tau) d\tau}$$

b) Processus de naissance de Yule de paramètre λ.

Ecrivons , cette fois, les équations de Kolmogorov en arrière en conditionnant par le premier saut : on obtient l'équation fonctionnelle en posant $\Lambda(t) = \int_0^t \lambda(\tau)d\tau$ et $\varphi(0,t) = \varphi(\theta(t);0,t)$:

$$\boxed{\varphi(o,t) = e^{-\Lambda(t)} + \int_0^t e^{-\Lambda(x)}\lambda(x)e^{i\theta(x)}\varphi^2(x,t)dx.}$$

Si $\lambda(t)$ dépend effectivement du temps, le processus est non homogène et il est difficile de résoudre explicitement cette équation.

Si $\lambda(t) = \lambda$, elle se réduit en posant $\varphi(t) = \varphi(\theta(t),t)$ pour le processus homogène, à

$$\boxed{\varphi(t) = e^{-\lambda t} + \int_0^t e^{-\lambda x}\lambda e^{i\theta(x)}\varphi^2(t-x)dx .}$$

Ou, en posant $t - x = u$ et $\theta(t-u) = \theta'(u)$

$$\varphi(t) = e^{-\lambda t}\left[1 + \int_0^t e^{\lambda u}\lambda e^{i\theta'(u)}\varphi^2(u)du\right]$$

$$\frac{d}{dt}\left[\varphi(t)e^{\lambda t}\right] = \lambda e^{\lambda t} e^{i\theta'(t)}\varphi^2(t)$$

$$= \lambda e^{-\lambda t + i\theta'(t)}\left[\varphi(t)e^{\lambda t}\right]^2$$

$$-\frac{e^{-\lambda t}}{\varphi(t)} = A + \int_0^t \lambda e^{-\lambda\tau + i\theta'(\tau)}d\tau, \text{ où A est une constante.}$$

Mais, puisque $\varphi(o) = 1$, $A = -1$ et

$$\varphi e^{\lambda t} = \{1 - \int_0^t \lambda e^{-\lambda\tau + i\theta'(\tau)}d\tau\}^{-1}$$

$$= \{1 - \int_0^t \lambda e^{-\lambda(t-x)+i\theta'(t-x)}dx\}^{-1}$$

$$= \{1 - \lambda e^{-\lambda t}\int_0^t e^{\lambda x + i\theta(x)}dx\}^{-1}$$

$$\varphi = \{e^{\lambda t} - \lambda\int_0^t e^{\lambda x + i\theta(x)}dx\}^{-1}$$

$$= \{1 + \int_0^t \lambda e^{\lambda x}dx - \lambda\int_0^t e^{\lambda x + i\theta(x)}dx\}^{-1}$$

$$\boxed{\varphi = \{1 - \int_0^t \lambda e^{\lambda x}(e^{i\theta(x)} - 1)dx\}^{-1}}$$

c) <u>Processus de naissance et de mort avec paramètres constants $\lambda \neq \mu$</u>.

Bartlett et Kendall en 1951 (cf. [B16]) ont obtenu cette fonctionnelle caractéristique. Ils introduisent le nombre $N(x,t)$ d'individus d'âge $\leq x$ vivants à l'instant t, c'est-à-dire le nombre d'individus nés et non décédés entre t-x et t (x < t). A l'instant initial, il n'y a qu'un individu, l'ancêtre ; on pose e (t) = 1 s'il vit encore à l'instant t et 0 sinon.

On peut alors calculer :

$$\varphi(\omega,\theta(x),t) = E(\omega^{e(t)}\, e^{i\int_0^t \theta(x)\,dN(x,t)})$$

et on obtient, pour $\lambda \neq \mu$:

$$\varphi(\omega,\theta(x),t) = 1 + \frac{(\omega-1)e^{-\mu t} + \int_0^t (e^{i\theta(x)}-1)\, g(x,t)\,dx}{1 - \int_0^t (e^{i\theta(x)}-1)\, h(x,t)\,dx}$$

où $g(x,t) = \lambda e^{-\mu x}\, e^{(\lambda-\mu)(t-x)}$

et $h(x,t) = \frac{\lambda}{\lambda-\mu}\, e^{-\mu x}\, \{\lambda e^{(\lambda-\mu)(t-x)} - \mu\}$

On en déduit, par exemple, la fonction caractéristique de $N(u,t)$ en faisant $\omega = 1$ et $\theta(x) = \theta$ pour $0 \leq x \leq u$

$$E(e^{i\theta N(u,t)}) = 1 + \frac{\int_0^u (e^{i\theta}-1)\lambda e^{-\mu x} e^{(\lambda-\mu)(t-x)}\,dx}{1 - \int_0^u (e^{i\theta}-1)\, \frac{\lambda}{\lambda-\mu}\, e^{-\mu x}\{\lambda e^{(\lambda-\mu)(t-x)} - \mu\}\,dx}$$

ou, en posant $v = t-x$

$$1 + \frac{\int_{t-u}^{t} (e^{i\theta}-1)\lambda e^{-\mu t+\lambda v}\,dv}{1 - \int_{t-u}^{t} (e^{i\theta}-1)\, \frac{\lambda}{\lambda-\mu}\, e^{-\mu t}\{\lambda e^{\lambda v} - \mu e^{\mu v}\}\,dv}$$

$$= 1 + \frac{(e^{i\theta}-1)e^{-\mu t}\left[e^{\lambda t} - e^{\lambda(t-u)}\right]}{1 - (e^{i\theta}-1)\, \frac{\lambda e^{-\mu t}}{\lambda-\mu}\, \{e^{\lambda t} - e^{\lambda(t-u)} - e^{\mu t} + e^{\mu(t-u)}\}}$$

$$= 1 + \frac{A(u,t)\,(e^{i\theta}-1)}{B(u,t) - (B(u,t)-1)e^{i\theta}}$$

On en déduit, en développant suivant les puissances de $e^{i\theta}$, la probabilité que $N(u,t) = n$, c'est à dire qu'il y ait un nombre n d'individus d'âge $\leqslant x$ à l'instant t :

$$\begin{cases} (B-A)B^{-1} & \text{si } n = 0 \\ AB^{-n-1}(B-1)^{n-1} & \text{si } n \geqslant 1. \end{cases}$$

Remarquons que la méthode suivie en b) pour le processus de Yule nous aurait conduit à l'équation intégrale

$$\varphi(\theta(x),t)=\varphi(\theta(x),t)\ e^{-(\lambda+\mu)t}+\int_0^t e^{-(\lambda+\mu)x}dx\{\mu e^{-i\theta(x)}+\lambda e^{i\theta(x)}\varphi^2(\theta(x),t-x)\}$$

9.3. Modèle simplifié pour l'âge des bactériophages (cf [G13] et [D4])

Nous nous intéressons maintenant au cas où les paramètres λ et μ dépendent de l'âge. On ne peut plus employer la méthode de la fonctionnelle caractéristique ; on étudie donc des méthodes alternatives.

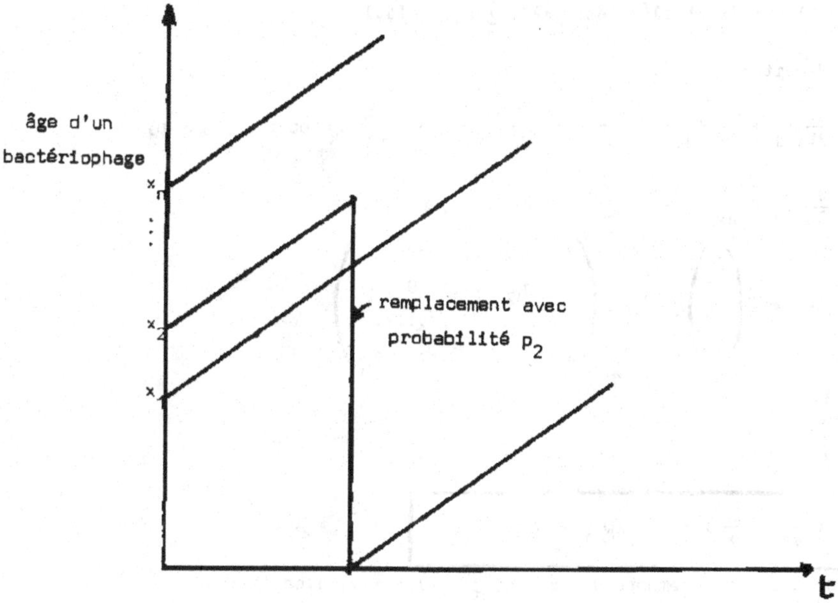

Supposons que le nombre de bactériophages, n, est fixe : chaque fois qu'un bactériophage meurt , il est immédiatement remplacé par un nouveau. Le processus est le même que si nous étudions le remplacement d'objets usés par des neufs. Nous supposons que les instants de remplacements forment un processus de Poisson de paramètre λ constant, que, à chaque instant les individus sont numérotés dans l'ordre des âges croissants, et que, si un remplacement a lieu à l'instant t , il concerne l'individu j avec une probabilité p_j, ce qui est une façon de tenir compte de l'âge des individus dans le remplacement par leur rang.

Soit $f_j(x,t) = P\{X_j(t) \leq x | X_j(o) = x_j\}$, la fonction de répartition de l'âge de l'individu de numéro j à l'instant t, et cherchons les équations de Kolmogorov en avant.

On a :

$$f_j(x,t+\delta t) = f_j(x-\delta t,t)\ \{1-\lambda\delta t+\lambda\delta t(\sum_1^{j-1} p_k)\} + f_{j-1}(x-\delta t,t)\lambda\delta t \sum_j^n p_k + o(\delta t)$$

pour $2 \leq j \leq n$

$$\text{et } f_1(x,t+\delta t) = f_1(x-\delta t,t)\{1-\lambda\delta t\} \ +\lambda\delta t \sum_1^n p_k + o(\delta t)$$

d'où l'on déduit :

$$\frac{\partial}{\partial t} f_j + \frac{\partial}{\partial x} f_j = -\lambda q_j f_j + \lambda q_j f_{j-1} \quad , \ q_j = \sum_j^n p_k \quad \text{pour } 2 \leq j \leq n,$$

$$\frac{\partial}{\partial t} f_1 + \frac{\partial}{\partial x} f_1 = -\lambda q_1 f_1 + \lambda q_1 \quad , \ q_1 = 1$$

ou, en posant $\underset{\sim}{f} = \begin{pmatrix} f_1 \\ \vdots \\ f_n \end{pmatrix}$, $\underset{\sim}{Q} = \begin{pmatrix} q_1 & 0 & \dots & 0 & 0 \\ -q_2 & q_2 & \dots & 0 & 0 \\ \dots & \dots & \dots & \dots & \dots \\ 0 & 0 & & -q_n & q_n \end{pmatrix}$.

et $\underset{\sim}{E} = \begin{pmatrix} 1 \\ 0 \\ \vdots \\ 0 \end{pmatrix}$

$$\boxed{\left(\frac{\partial}{\partial t} + \frac{\partial}{\partial x}\right) \underset{\sim}{f} = - \lambda \underset{\sim}{Q} \underset{\sim}{f} + \lambda \underset{\sim}{E} .}$$

En effectuant les changements $u = x-t$ et $\underset{\sim}{g}(u,t) = \underset{\sim}{f}(x,t)$, on obtient

$$\frac{\partial}{\partial t} g + \lambda Q g = \lambda E$$

d'où $$g = e^{-\lambda Qt} \{A(u) + Q^{-1} e^{\lambda Qt} E\}$$

Comme $g(-t,t) = f(o,t) = 0$, on en déduit

$$A(u) = -Q^{-1} e^{-\lambda Qu} E$$

On obtient finalement les valeurs des f_j :

$$f_j(x,t) = \begin{cases} 1 - \sum_{k=1}^{j} e^{-\lambda q_k x} \{ \prod_{\substack{i=1 \\ i\neq k}}^{j} (1 - \frac{q_k}{q_i}) \}^{-1} & \text{si } x < t , \\ 1 - \sum_{k=s}^{j} e^{-\lambda q_k t} \{ \prod_{\substack{i=s \\ i\neq k}}^{j} (1 - \frac{q_k}{q_i}) \}^{-1} & \text{si } x_{s+t} \leq x < x_{s+1}+t , \\ & s=0,\dots,j-1, x_0 = 0 , \\ 1 & \text{si } x \geq x_j+t . \end{cases}$$

Le problème se simplifie si on le traite avec un temps discret : x_j et x sont alors entiers (on peut supposer $x_j = j$) . On suppose que , à chaque instant k, un remplacement a lieu et on s'intéresse à $P_j(x,t) = P\{X_j(t) \leq x | X_j(o) = x_j\}$ qui satisfait

$$P_j(x,t+1) = (1-q_j)\, P_j(x-1,t) + q_j\, P_j(x-1,t)$$

$$P_1(x,t+1) = P_1(x,t) = 1 \quad , \quad \text{pour } x > 0 .$$

Sous forme matricielle

$$P(x, t+1) = Q\, P(x-1, t)$$

avec $$Q = \begin{pmatrix} 1 & 0 & \dots & 0 & 0 \\ q_2 & 1-q_2 & \dots & 0 & 0 \\ \cdot & \cdot & \dots & \cdot & \cdot \\ 0 & 0 & \dots & q_n & 1-q_n \end{pmatrix}$$

avec $$P_j(x,0) = \begin{cases} 1 & \text{pour } x \geq j \\ 0 & \text{pour } x < j . \end{cases}$$

Cette formule simple permet d'obtenir une approximation utile pour la distribution d'âge des bp (voir GANI et YEO [G5])

9.4. Modèle de Bartlett : Processus de naissance et de mort à taux dépendant de l'âge. (cf. [B15]).

Soit $\lambda(u)\,\delta u$, $\mu(u)\delta u$ les probabilités qu'un individu d'âge u donne naissance à un autre individu, ou meurt entre les instants u et $u+\delta u$, et $N(u,t)$ le nombre d'individus d'âge au plus u à l'instant t.

Posons $f(u,t) = E\left(\frac{\partial N(u,t)}{\partial u}\right)$: $f\,\delta u$ représente le nombre moyen d'individus d'âge compris entre u et $u+\delta u$ à l'instant t.

On a : $f(u+\delta t,\ t+\delta t) = f(u,t)\,\{1 - \mu(u)\delta t - o(\delta t)\}$

$$\text{d'où } \frac{\partial f}{\partial t} + \frac{\partial f}{\partial u} = -\mu f \text{ , pour } 0 < u < t \text{ ,}$$

et $f(0,t) = \int_0^\infty \lambda(u)f(u,t)du = \int_0^t \lambda(u)f(u,t)du + f_o(t)$ où f_o dépend de la population initiale. On obtient donc

$$f(u,t) = f(0,t-u)\, e^{-\int_0^u \mu(\tau)\,d\tau} \text{ , } 0 < u < t$$

puis $$f(0,t) = \int_0^t \lambda(u) \exp\left(-\int_0^u \mu(\tau)d\tau\right) f(o,\ t-u)du + f_o(t) \text{ .}$$

Introduisons les transformées de Laplace

$$L_o(s) = \int_0^\infty e^{-st} f_o(t)dt \text{ , } L(s) = \int_0^\infty e^{-st} f(o,t)dt, \ M(s) = \int_0^\infty \lambda(t) e^{-\int_0^t \mu(\tau)d\tau} e^{-st} dt$$

Notre équation devient $L(s) = L(s)\,M(s) + L_o(s)$

$$\text{d'où} \qquad L(s) = \frac{L_o(s)}{1-M(s)} \text{ .}$$

Si on s'intéresse au comportement asymptotique quant $t \to \infty$

$$f(o,t) \sim Ce^{Kt}$$

où K est la racine dominante, supposée > 0, de l'équation $M(s) = 1$

et où $C = \lim_{s \to K} \frac{(s-K)\,L_o(s)}{1 - M(s)} = \frac{L_o(K)}{-M'(K)}$

$$\text{d'où} \qquad f(u,t) \sim Ce^{K(t-u)}\, e^{-\int_0^u \mu(\tau)d\tau} \text{ .}$$

Si à l'instant $t = 0$ on a un seul individu d'âge 0, alors $L_o(K) = M_o(K) = 1$.

Dans le cas particulier où λ et μ sont constantes et où $\lambda > \mu$,

$M(s) = \frac{\lambda}{\mu+s}$, $K = \lambda-\mu > 0$

et $$f(u,t) \sim \lambda e^{(\lambda-\mu)(t-u)} e^{-\mu u} = \lambda e^{t(\lambda-\mu)-\lambda u} = \lambda e^{-\lambda(u-t(1-\frac{\mu}{\lambda}))}.$$

Si $\frac{\mu}{\lambda} \longrightarrow 1$, nous aurons une distribution d'âge stable ; si par contre, $\lambda > \mu$, la densité croît avec t en particulier pour u petit : il y a de plus en plus de jeunes.

Remarque : *On voit que chacune des méthodes employées pour l'étude de l'âge d'une population (fonctionnelle caractéristique, classement des âges par rang, densité du nombre d'indidividus d'âge donné) a sa valeur.*

On peut écrire les équations régissant l'évolution d'un processus de naissance et de mort où les taux de fécondité et de mortalité λ *et* μ *dépendent à la fois de l'âge et du temps mais on attend encore leur solution.*

Chapitre 10

FIXATION DES VIRUS A UNE BACTERIE

Les modèles que nous allons décrire permettent aussi bien d'étudier la fixation des bactériophages sur une bactérie, la fixation des anticorps à un virus, et en chimie la fixation de petites sur de grosses molécules (cf. [B18], [C1], [I1], [K11], [M6], [M11], [O1].)

10.1. Modèle déterministe de Yassky (1962) (cf [Y1])

Nous supposons que nous considérons une population de N bactéries chacune pouvant fixer au maximum s bactériophages. Soit λ_k le paramètre de fixation d'une bactérie portant k bactériophages ($\lambda_s = 0$). Si $n_k(t)$ désigne le nombre de ces bactéries, x_0 le nombre initial de bactériophages et $x(t) = x_0 - \sum_{k=0}^{s} k n_k$ le nombre de bactériophages libres, on peut écrire :

$$\frac{dn_0}{dt} = -\lambda_0 n_0 x$$

$$\frac{dn_k}{dt} = \lambda_{k-1} n_{k-1} x - \lambda_k n_k x \quad , \qquad 1 \leq k \leq s \ ,$$

$$\frac{dx}{dt} = -\sum_{k=0}^{s} k \frac{dn_k}{dt} = -x \sum_{k=0}^{s-1} \lambda_k n_k$$

ou

$$-\frac{1}{x}\frac{d\underset{\sim}{n}}{dt} = \begin{pmatrix} \lambda_0 & 0 \ldots & 0 & 0 \\ -\lambda_0 & \lambda_1 \ldots & 0 & 0 \\ \cdot & \cdot \ldots & \cdot & \cdot \\ 0 & 0 \ldots & -\lambda_{s-1} & 0 \end{pmatrix} \underset{\sim}{n} = \underset{\sim}{L}\,\underset{\sim}{n}$$

d'où $\underset{\sim}{n} = \underset{\sim}{n}(o)\, e^{-\underset{\sim}{L}\rho}$

avec $\rho(t) = \int_0^t x(\tau)\, d\tau$,

On a donc $\frac{dx}{dt} = \frac{d^2\rho}{dt^2} = -\frac{d\rho}{dt} \underset{\sim}{\Lambda}' n$ où $\underset{\sim}{\Lambda}' = [\lambda_0, \ldots, \lambda_{s-1}, 0]$

et ρ est la solution de

$$\boxed{\frac{d^2\rho}{dt^2} + \frac{d\rho}{dt} \Lambda' \underset{\sim}{n}(o)\, e^{-\underset{\sim}{L}\rho} = 0}$$

qui ne peut pas en général s'expliciter mais peut s'approcher numériquement.

En 1962, Yassky choisit $\lambda_k = \alpha(s-k)$ proportionnel au nombre d'"emplacements" libres.

Alors : $\frac{dx}{dt} = - x \sum_{k=0}^{s-1} \alpha(s-k)\, n_k$ ou

$\frac{dx}{dt} + \alpha x \left[x - N(m-s)\right] = 0$, où $m = \frac{x_o}{N}$ est appelée "multiplicité" des bactériophages.

On en déduit $x(t) = \frac{x_o(s-m)}{se^{\mu t} - m}$, où $\mu = N\alpha(s-m)$

puis $n_o(t) = N\{(s-m)^{-1}(s - me^{-\mu t})\}^{-s}$

$n_i(t) = n_o(t) \binom{s}{i} \{(s-m)^{-1}(s-me^{-\mu t}) - 1\}^i \quad (1 \leqslant i \leqslant s)$

10.2. Modèles stochastiques.

En 1965, Gani dans [G10], [G11] proposa le modèle stochastique de chaîne de Markov à temps continu équivalent au modèle déterministe de Yassky, c'est à dire pour lequel les probabilités de transition de k à k+1 fixations entre t et t+δt sont

$$\lambda_i\, n_i\, x\, \delta t + o(\delta t)\,.$$

Soit $N_i(t)$ le nombre de bactéries fixant i bactériophages à l'instant t, $X(t)$ le nombre de bactériophages libres à l'instant t et

$P\{[n_i]_{i=0}^{s} ; x ; t\} = P\{N_i(t) = n_i,\ X(t) = x / N_o(o) = N,\ X(o) = x_o\}$,

Les équations de Kolmogorov en avant s'écrivent :

$$\frac{dP}{-dt} = - \sum_{i=0}^{s-1} \lambda_i\, n_i\, x\, P + \sum_{i=0}^{s-1} \lambda_i (n_i+1)(x+1) P(n_o,\ldots,n_i+1,n_{i+1}-1,\ldots,n_s;x+1;t)$$

et la fonction génératrice du processus,

$\psi(\underset{\sim}{u}, \omega ; t) = \sum P\, u_o^{n_o} \ldots u_s^{n_s}\, \omega^x$ satisfait

$$\frac{\partial\psi}{\partial t} = \sum_{i=0}^{s-1} \lambda_i (u_{i+1} - \omega u_i) \frac{\partial^2\psi}{\partial u_i\, \partial\omega} \quad \text{et} \quad \psi(u, \omega ; o) = u_o^N\, \omega^{x_o}$$

Dans le cas général, on ne sait pas résoudre cette équation. On peut utiliser la méthode d'approximation suivante (modèle semi-stochastique) : on suppose qu'on remplace X(t) aléatoire par $x(t) = \frac{d\rho}{dt}$ où ρ satisfait l'équation obtenue au 10.1 : $\frac{d^2\rho}{dt^2} + \frac{d\rho}{dt}\Lambda' \underset{\sim}{n}(o)\, e^{-\underset{\sim}{k}\rho} = 0$.

Soit Q la probabilité correspondante :

$$Q\left((n_i)_{i=0}^{s}\, ; t\right) = P\,\{N_i(t) = n_i \;/\; N_o(o) = N\}$$

où la restriction $\sum_{i=0}^{s} i\, n_i = x_o - x(t)$ ne tient plus.

On obtient :

$$\frac{dQ}{dt} = -\sum_{i=0}^{s-1} \lambda_i\, n_i\, x(t)\, Q + \sum_{i=0}^{s-1} \lambda_i (n_i+1) x(t) Q(n_o \ldots n_i+1, n_{i+1}-1, \ldots, n_s; t)$$

dont la fonction génératrice ϕ satisfait

$$\boxed{\frac{\partial\phi}{\partial t} = \sum_{i=0}^{s-1} \lambda_i x(t)\, (u_{i+1} - u_i)\, \frac{\partial\varphi}{\partial x_i} \quad \text{avec} \quad \varphi(\underset{\sim}{u}; o) = u_o^N}$$

La solution est de la forme $\{[e^{-\underset{\sim}{k}'\rho(t)} \underset{\sim}{u}]_o\}^N = \{\sum_{i=0}^{s} a_i(t) u_i\}^N$

donc de type multinomial où $\underset{\sim}{k}'$ désigne la transposée de $\underset{\sim}{k}$ et $[\;]_o$ la première composante du vecteur,

En particulier :

$$\boxed{\begin{aligned} &E(N_i(t)) = N\, a_i(t) \\ &\mathrm{Var}\,(N_i(t)) = N\, a_i(t)\,(1 - a_i(t)) \\ &\mathrm{Covar}\,(N_i, N_j) = -N\, a_i(t)\, a_j(t) \end{aligned}}$$

Lorsqu'on choisit $\lambda_i = \alpha(s-i)$ comme Yassky, on trouve :

$$\boxed{\begin{aligned} &a_i = \binom{s}{i} e^{-\alpha\rho(t)(s-i)}\,(1 - e^{-\alpha\rho(t)})^i \;,\; i = 0,\ldots,s \;, \\ &\text{où} \;\; \rho(t) = \int_o^t x(\tau)d\tau = \frac{1}{\alpha} \,\mathrm{Log}\, \frac{s - me^{-\mu t}}{s - m} \;, \end{aligned}}$$

dans ce cas $E(N_i(t)) = N\, a_i(t) = n_i(t)$ solution du modèle déterministe.

En 1971, Byron Morgan dans [M10] démontre qu'on peut résoudre le modèle stochastique dans le cas particulier $\lambda_i = \alpha(s-i)$. Il introduit simplement le nombre total Y(t) des emplacements libres lié au nombre total de bactériophages libres $X(t) = x_o - \sum i\, N_i(t)$ puisque $Y(t) = \sum (s-i) N_i(t)$

$$= sN + X(t) - x_o.$$

La fonction génératrice de X(t)

$$\psi(\omega\,;t) = E(\omega^{X(t)}) = \psi(\underset{\sim}{1},\ \omega;\ t)$$ (voir la définition au début du 10.2)

satisfait à $\frac{\partial\psi}{\partial t} = (1-\omega)\ (\omega\,\frac{\partial^2\psi}{\partial\omega^2} + (Ns - x_o + 1)\,\frac{\partial\psi}{\partial\omega})$ (en supposant $\alpha = 1$ pour simplifier l'écriture).

Si on cherche les solutions particulières de la forme $\psi_j(\omega;t) = F_j(\omega)T_j(t)$, on obtient pour $Ns \geqslant x_o$

$$\boxed{\psi(\omega,t) = \sum_{j=o}^{x_o} d_j\ F(-j, Ns - x_o + j\ ;\ N_s - x_o + 1;\omega)\ T_j(t)}$$

où F est la fonction hypergéométrique, et

$$T_j = e^{-j(Ns - x_o + j)t}\quad,\ j = 0,1,\dots,x_o,$$

et où les d_j sont connus.

On peut alors revenir à $\psi(\underset{\sim}{u},\omega;t)$ puisque

$$\psi(\underset{\sim}{u},\omega;t) = \sum P\{[N_i(t) = n_i]_{i=o}^{s} / X(t) = x\} P\{X(t) = x\}\omega^x \prod_i u^{n_i}\ \}$$

$$\text{avec } x + \sum i n_i = x_o \text{ et } \sum n_i = N\ .$$

Mais puisque les bactériophages sont répartis d'une façon uniforme sur tous les emplacements.

$$P\ \{\ [(N_i(t) = n_i]_{i=o}^{s} / X(t) = x\} = \frac{N\,!}{\prod_i n_i!}\ \prod_i \binom{s}{i}^{n_i} \Big/ \binom{Ns}{x_o - x}$$

$$\boxed{\text{d'où } \psi(\underset{\sim}{u},\omega,t) = \sum \omega^x\ P(X(t)=x)\ \frac{N!}{\binom{Ns}{x_o-x}}\ \prod_i \frac{\left[u_i \binom{s}{i}\right]^{n_i}}{n_i\ !}}$$

Pour $N_s \ll x_o$, l'approximation semi-stochastique est valable. La solution de Morgan, quoique plus compliquée, est sûrement préférable dès que Ns est notable devant x_o.

10.3. Recouvrement d'un virus sphérique par des anticorps.

Le virus de type A de la grippe peut être assimilé à une sphère de rayon 40 mμ. Ce virus peut être attaqué par un anticorps en forme de cigare d'une longueur de 27 mμ. Cet anticorps se fixe normalement à la surface de la sphère et empêche le contact du virus et d'une cellule beaucoup plus grande, donc supposée plate, dont le point de contact aurait appartenu à une calotte sphérique, hachurée sur la figure, de demi-angle au centre θ = 53.43 °. Le virus est donc totalement inhibé par les anticorps si toutes les calottes sphériques correspondantes recouvrent complètement la sphère.

Ce problème du recouvrement d'une sphère par des calottes sphériques d'angle au centre fixe et de centre aléatoire uniformément réparti sur la sphère a été étudié par Moran et Fazekas en 1962 dans [M8].

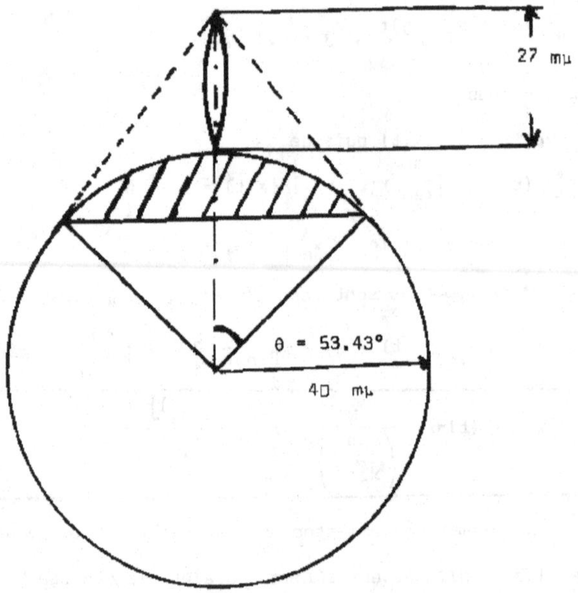

Calotte sphérique du virus de la grippe, protégée par un anticorps

En 1965, Gilbert (cf [G26]) a obtenu le résultat exact pour $\theta = 90°$: la probabilité que i demi-sphères aléatoires uniformément réparties recouvrent une sphère est :

$$P(i) = 1 - \frac{i^2 - i + 2}{2^i} \quad , \; i \geq 1$$

En particulier, $P(1) = P(2) = P(3) = 0$ et $P(4) = \frac{1}{8}$. Gilbert a aussi obtenu des bornes pour P(i) dans le cas où $\theta < 90°$.

Moran et Fazekas en 1962 ont obtenu par des méthodes heuristiques la formule asymptotique pour $i \to \infty$

$$P(i) \sim \exp\{-\frac{\pi^2}{2}\{\{2\left[\frac{1}{2}(1+\cos\theta)\right]^i\left(1+\frac{i^2}{\pi^2}(\mathrm{tg}\,\frac{\theta}{2})^2\right)\}^{-1}-1\}^{-1}\}.$$

Pour cela, on part du recouvrement de la circonférence de longueur 1 par des arcs de longueur x dans l'espace de dimension deux.

Stevens a montré en 1939 que :

$$P(i) = \sum_{j=0}^{k} (-1)^j \binom{i}{j} (1 - jx)^{i-1}$$

avec $kx < 1 \leq (k+1)x$;

quand $i \to \infty$, $1 - P(i) \sim i(1-x)^{i-1}$.

Soit E l'ensemble des points de la circonférence qui ne sont pas recouverts et X sa mesure. La répartition de X est la somme d'une répartition continue sur $[0,1]$ et d'une masse P(i) au point 0. Si $x \leq \frac{1}{2}$, on peut calculer les moments de X :

$$E(X) = (1 - x)^i$$

$$E(X^2) = 2(i+1)^{-1}(1-x)^{i+1} + (i-1)(i+1)^{-1}(1-2x)^{i+1}$$

de sorte que, quand $i \to \infty$,

$$\frac{E(X^2)}{(EX)^2} \sim 2i^{-1}(1-x)^{1-i}.$$

Par ailleurs, quand $i \to \infty$, E est soit vide, soit très probablement réduit à un seul intervalle I ; la répartition de la longueur Y de I est asymptotiquement exponentielle négative et ses deux premiers moments satisfont $\mu_2 = 2\mu_1^2$.

Alors $EX \simeq (1 - P(i))\mu_1$ et $EX^2 \simeq (1 - P(i))\mu_2$

d'où $1 - P(i) \sim i(1 - x)^{i-1}$ et l'on retrouve heuristiquement le résultat de Stevens.

Moran et Fazekas emploient la même méthode en dimension 3 pour une sphère d'aire 1. La probabilité pour qu'un point fixe soit recouvert par la calotte sphérique est

$p = \dfrac{2\pi\int_0^\theta \sin\varphi \, d\varphi}{4\pi} = \dfrac{1}{2}(1 - \cos\theta)$. Appelons encore X la mesure de l'ensemble E non recouvert par i calottes.

On peut montrer que

$$E(X) = (1 - p)^i$$

et $$E(X^2) \sim \frac{1}{2}(1 - p)^i \left(1 - \frac{i^2}{\pi^2} tg^2 \frac{\theta}{2}\right) \text{ quand } i \to \infty .$$

Comme en dimension 2, la répartition de X est la somme d'une répartition continue sur $[0,1]$ et d'une masse P(i) au point 0. Soient μ_1 et μ_2 les moments de la répartition continue, on a $1 - P(i) = \dfrac{\mu_2}{\mu_1^2} \dfrac{(E(X))^2}{EX^2}$.

Pour obtenir μ_1 et μ_2, Moran et Fazekas supposent que quand $i \to \infty$, le nombre de composantes connexes de l'ensemble découvert D est Poissonien, et obtiennent une approximation de μ_1 et μ_2 qui les conduit à l'expression donnée plus haut.

La validité de cette formule a été vérifiée par simulation, tout d'abord, par Moran en utilisant cent balles de ping-pong disposées sur une plaque perforée de trous circulaires et peintes par en dessous un certain nombre de fois, puis en 1967 sur ordinateur.

10.4. <u>Inhibition du virus</u>.

Si à un instant donné t, nous désignons par n_k le nombre de virus qui portent k anticorps avec $0 \leq k \leq s$ et $\sum_i n_i = N$, et si nous notons $P(\underline{n},t)$ la probabilité de cet évènement, la probabilité d'inhibition sera, en supposant l'indépendance des virus :

$$Q(t) = \sum_{n_i} \prod_i \{P(i)\}^{n_i} P(\underset{\sim}{n},t)$$

Dans le modèle semi-stochastique, $P(\underset{\sim}{n},t) = Q(\underset{\sim}{n},t) = \frac{N\,!}{n_o!\ldots n_s!}\ a_o^{n_o}\ldots a_s^{n_s}$

où les $a_i(t)$ sont connues ; alors

$$Q(t) = \{\sum_i a_i\ P(i)\}^N$$

qu'on peut calculer empiriquement (cf [G18] § 6).

On peut aussi faire les calculs pour le modèle stochastique de Morgan.

Ces approximations se sont montrées utiles pour interpréter les résultats de laboratoire.

Autres références : [B 19], [B 23], [G 15], [G 16], [S 5], [S 6], [S 8]

Conclusion : *L'auteur espère avoir montré dans ce très bref aperçu des processus stochastiques de population l'intérêt et la variété des problèmes posés, dont un grand nombre reste à résoudre tant sur le plan théorique que sur le plan pratique.*

Beaucoup de problèmes théoriques compliqués trouvent leur origine dans une étude empirique de la croissance des populations, du nombre d'infectieux dans une épidémie ou du nombre d'attachements des virus dans une bactérie. L'auteur pense, adoptant un point de vue Newtonien, que la diversité des méthodes que propose le calcul des probabilités pour étudier les processus stochastiques permet de découvrir puis de résoudre des problèmes scientifiques difficiles, et espère qu'il aura éveillé la curiosité de son auditoire dans cette direction.

BIBLIOGRAPHIE

[B1] N.T.J. BAILEY (1953) - *The total size of a general stochastic epidemic.* BIOMETRIKA, 40, 177-185.

[B2] N.T.J. BAILEY (1957) - *The Mathematical Theory of Epidemics.* GRIFFIN, London.

[B3] N.T.J. BAILEY (1964) - *The Elements of Stochastic Processes with Applications to the Natural Sciences.* WILEY, New York.

[B4] N.T.J. BAILEY (1968) - *A perturbation approximation to the simple stochastic epidemic in a large population.* BIOMETRIKA 55, 199-209.

[B5] N.T.J. BAILEY et C. ALFF-STEINBERGER (1970) - *Improvements in the estimation of the latent and infectious periods of a contagious disease.* BIOMETRIKA 57, 141-153.

[B6] N.T.J. BAILEY et A.S. THOMAS (1971) - *The estimation of parameters from population data on the general stochastic epidemic.* THEORET. POPULATION BIOLOGY 2, 257-270.

[B7] D.J. BARTHOLOMEW (1967) - *Stochastic Models for Social Processes.* WILEY, New York.

[B8] M.S. BARTLETT (1949) - *Some evolutionary stochastic processes.* J. ROY STATIST. SOC. SER. B11, 211-229.

[B9] M.S. BARTLETT (1954) - *Processus stochastiques ponctuels.* ANN. INST. H. POINCARE 14, 35-60.

[B10] M.S. BARTLETT (1955) - *An Introduction to Stochastic Processes.* Second edition (1969). CAMBRIDGE UNIVERSITY PRESS.

[B11] M.S. BARTLETT (1956) - *Deterministic and stochastic models for recurrent epidemics.* PROC. 3rd BERKELEY SYMP. MATH. STATIST. PROB. (1954-55), Vol. 4, 81-109, UNIV. OF CALIFORNIA PRESS, Berkeley. MR 18,951.

[B12] M.S. BARTLETT (1957) - *Measles periodicity and community size*. J. ROY STATIST. SOC. SER. A 120, 48-70.

[B13] M.S. BARTLETT (1960) - *Stochastic Population Models in Ecology and Epidemiology*. METHUEN, London.

[B14] M.S. BARTLETT (1961) - *Equations for stochastic path integrals*. PROC. CAMBRIDGE PHILOS. SOC. 57, 568-573.

[B15] M.S. BARTLETT (1970) - *Age distributions*. BIOMETRICS 26, 377-385.

[B16] M.S. BARTLETT et D.G. KENDALL (1951) - *On the use of the characteristic functional in the analysis of some stochastic processes occuring in physics and biology*. PROC. CAMBRIDGE PHILOS. SOC. 47, 65-76.

[B16] D.E. BARTON et F.N. DAVID (1966) - *The random intersection of two graphs*. In RESEARCH PAPERS IN STATISTICS, DAVID, F.N., ed., 445-459. WILEY, New York.

[B17] N. BECKER (1970) - *Mathematical Models in Epidemiology and Related Fields*. Ph. D. THESIS, SHEFFIELD UNIVERSITY.

[B18] A.T. BHARUCHA-REID (1960) - *Elements of the Theory of Markov Processes and their Applications*. MC GRAW-HILL, New York.

[B19] B.R. BHAT (1968) - *On an extension of Gani's model for attachment of phages to bacteria*. J. APPL. PROBABILITY 5, 572-578.

[B20] I.J. BIENAYME (1845) - *De la loi de multiplication et de la durée des familles*. SOC. PHILOMATH. Paris; Extraits Ser. 5, 37-39.

[B21] W.D. BORRIE et RUTH DEDMAN (1957) - *University Enrolments in Australia 1955-1970. A Projection*. A.N.U. SOCIAL SCIENCES MONOGRAPH No. 10, Canberra.

[B22] W.D. BORRIE (1962) - *Schools and Universities and the future : some observations based upon statistics*. VESTES AUST. UNIV. REV. 5, n° 3, 42-59.

[B23] S. BRENNER (1955) - *The adsorption of bacteriophage by sensitive and resistant cells of Escherichia coli strain B.* PROC. ROY. SOC. SER. B 144, 93-99.

[B24] H. BRENY (1971) - *Non stationary models.* In PLATELET KINETICS. J.M. PAULUS, ed., 92-116. NORTH HOLLAND, Amsterdam.

[C1] S. CHANDRASEKHAR (1943) - *Stochastic problems in physics and astronomy.* REV. MODERN. PHYS. 15, 1-89.

[C2] A.B. CHIA (1970) - *Generalised Ehrenfest urn models and their applications.* Technical Report, Monash University, Melbourne.

[C3] CHIANG, CHIN LONG (1968) - *Introduction to Stochastic Processes in Biostatistics.* WILEY, New York.

[D1] H.E. DANIELS (1971) - *A note on perturbation techniques for epidemics.* WHO SYMPOSIUM ON QUANTITATIVE EPIDEMIOLOGY, Moscow, 23-27 November 1970. ADVANCES IN APPL. PROBABILITY 3, 214-218.

[D2] J.G. DARVEY, B.W. NINHAM et P.J. STAFF (1966) - *Stochastic models for second order chemical reaction kinetics. The equilibrium state.* J. CHEM. PHYS. 45, 2145-2155.

[D3] R.B. DAVIS (1960) - *Estimates of Australian University enrolments 1960-74.* UNIVERSITY OF NEW SOUTH WALES.

[D4] A.W. DAVIS (1964) - *On the characteristic functional for a replacement model.* J. AUSTRAL. MATH. SOC. 4, 233-243.

[D5] M. DELBRUCK (1945) - *The burst size distribution in the growth of bacterial viruses.* J. BACTERIOLOGY 91, 469-485.

[D6] G.M. DENTON (1971) - *On the time-dependent solution of Downton's carrier-borne epidemic.* MANCHESTER-SHEFFIELD SCHOOL OF PROBABILITY AND STATISTICS RESEARCH REPORT, July 1971.

[D7] K. DIETZ (1967) - *Epidemics and rumours - A survey.* J. ROY STATIST. SOC. SER. A 130, 505-528.

[D8] F. DOWNTON (1968) - *The ultimate size of carrier-borne epidemics.* BIOMETRIKA 55, 277-289.

[D9] F. DOWNTON (1972) - *The area under the infective trajectory of the general stochastic epidemic.* J. APPL. PROBABILITY 9, 414-417.

[E1] W.J. EWENS (1969) - *Population Genetics.* METHUEN, London.

[F1] W. FELLER (1941) - *On the integral equation of renewal theory.* ANN. MATH. STATIST. 12, 243-267.

[F2] R.A. FISHER (1930) - *The Genetical Theory of Natural Selection.* OXFORD UNIV. PRESS.

[F3] R.A. FISHER (1949) - *The Theory of Inbreeding.* OLIVER and BOYD, Edinburgh.

[F4] F.G. FOSTER (1955) - *A note on Bailey's and Whittle's treatment of a general stochastic epidemic.* BIOMETRIKA, Vol. 42, 123-125.

[G1] F. GALTON (1889) - *Natural Inheritance.* MACMILLAN, London.

[G2] F. GALTON (1873) - *Problem 4001.* EDUCATIONAL TIMES, 1 April 1873, 17.

[G3] F. GALTON et H.W. WATSON (1874) - *On the probability of extinction of families.* J. ANTHROPOL. INST. GT. BRITAIN and IRELAND 4, 138-144.

[G5] J. GANI et G.F. YEO (1962) - *On the age distribution of n ranked elements after several replacements.* AUSTRAL. J. STATIST. 4, 55-60.

[G6] J. GANI (1963a) - *Formulae for projecting enrolments and degrees awarded in universities.* J. ROY STATIST. SOC. SER. A 126, 400-409.

[G7] J. GANI (1963b) - *The Condition of Science in Australian Universities : A Statistical Survey 1939-1960.* PERGAMON PRESS, New York et Oxford.

[G8] J. GANI (1965) - *On a partial differential equation of epidemic theory,I.* BIOMETRIKA, Vol. 52, 617-622.

[G9] J. GANI (1965) - *On a partial differential equation of epidemic theory II. The model with immigration.* OFFICE OF NAVAL RESEARCH TECHNICAL REPORT RM-124 , MICHIGAN STATE UNIVERSITY.

[G10] J. GANI (1965) - *Stochastic phage attachment to bacteria.* BIOMETRICS 21, 134-139.

[G11] J. GANI (1965) - *Models for antibody attachment to virus and bacteriophage.* PROC. 5th BERKELEY SYMP. MATH. STATIST. PROB. 4, 537-547. UNIVERSITY OF CALIFORNIA PRESS, Berkeley.

[G12] J. GANI (1965) - *Stochastic models for bacteriophage.* J. APPL. PROBABILITY 2, 225-268. MR 32, 1030.

[G13] J. GANI (1965) - *On the age distribution of replaceable ranked elements.* J. MATH. ANAL. APPL. 10, 587-597.

[G14] J. GANI (1967) - *On the general stochastic epidemic.* PROC. 5th BERKELEY SYMP. MATH. STATIST. PROB. 4, 271-279. UNIVERSITY OF CALIFORNIA PRESS, Berkeley.

[G15] J. GANI (1967) - *A problem of virus populations : attachment and detachment of antibodies.* MATH. BIOSCIENCES 1, 545-554.

[G16] J. GANI et R.C. SRIVASTAVA (1968) - *A stochastic model for the attachment and detachment of antibodies to virus.* MATH. BIOSCIENCES 3, 307-321.

[G17] J. GANI (1970) - *Applications of probability to biology.* In TIME SERIES AND STOCHASTIC PROCESSES ; CONVEXITY AND COMBINATORICS. R. PYKE, ed., 197-207. CANAD. MATH. CONG., Montreal.

[G18] J. GANI (1971) - *Some attachment models arising in virus populations.* In STATISTICAL ECOLOGY, Vol. 2 : Sampling and Modeling Biological Populations. G.P. PATIL, ed., 49-86. PENN. STATE U.P.

[G19] J. GANI (1973) - *Stochastic formulations for life tables, age distributions and mortality curves.* In THE MATHEMATICAL THEORY OF THE DYNAMICS OF BIOLOGICAL POPULATIONS. M.S. BARTLETT et R.W. HIORNS, eds., 291-302. ACADEMIC PRESS, London.

[G20] J. GANI (1969) - *A chain binomial study of inoculation in epidemics.* BULL. I.S.I. 43 (2), 203-204.

[G21] J. GANI et D. JERWOOD (1971) - *Markov chain methods in chain binomial epidemic models.* BIOMETRICS 27, 591-603.

[G22] J. GANI et D. JERWOOD (1972) - *The cost of a general stochastic epidemic.* J. APPL. PROBABILITY 9, 257-269.

[G23] J. GANI et D.R. McNEIL (1971) - *Joint distributions of random variables and their integrals for certain birth-death and diffusion processes.* ADVANÇES IN APPL. PROBABILITY 3, 339-352.

[G24] J. GANI (1972) - *Point processes in epidemiology.* In STOCHASTIC POINT PROCESSES : STATISTICAL ANALYSIS, THEORY AND APPLICATIONS, P.A.W. LEWIS, ed.,756-773. WILEY-INTERSCIENCE, New York.

[G25] G.F. GAUSE (1934) - *The Struggle for Existence.* WILLIAMS AND WILKINS, Baltimore.

[G26] E.N. GILBERT (1965) - *The probability of covering a sphere with N circular caps.* BIOMETRIKA 52, 323-330.

[G27] J. GRAUNT (1662) - *Natural and Political Observations Made upon the Bills of Mortality.* JOHN MARTYN (1676), London.

[H1] A.R. HALL (1962) - *Projecting University populations.* VESTES AUST. UNIV. REV. 5, n° 3, 66-73.

[H2] J.B.S. HALDANE (1932) - *The Causes of Evolution.* LONGMANS GREEN, London.

[H3] E. HALLEY (1693) - *An estimate of the degrees of the mortality of mankind drawn from curious tables of the births and funerals at the City of Breslaw.* PHILOS. TRANS. ROY. SOC. LONDON (Abridged) 17, 483-491, (Complete) 17, 596-610.

[H4] T.E. HARRIS (1963) - *The Theory of Branching Processes.* DIE GRUNDLEHREN DER MATH. WISSENSCHAFTEN, BAND 119, SPRINGER-VERLAG, Berlin et New York, et PRENTICE-HALL, Englewood Cliffs, N.J. MR 29, 664.

[H5] C.C. HEYDE et E. SENETA (1972) - *The simple branching process, a turning point test and a fundamental inequality : A historical note on I.J. Bienaymé.* BIOMETRIKA 59, 680-683.

[H6] J.M. HOEM (1971) - *On the interpretation of certain vital rates as averages of underlying forces of transition.* THEORET. POPULATION BIOLOGY 2, 454-468.

[H7] J. HOLMES (1974) - *Age structure of Canadian University Professors.* U. AFFAIRS, March 1974.

[I1] M. IOSIFESCU et P. TAUTU (1973) - *Stochastic Processes and Applications in Biology and Medicine.* SPRINGER-VERLAG, Berlin et New York.

[J1] D. JERWOOD (1970) - *A note on the cost of the simple epidemic.* J. APPL. PROBABILITY 7, 440-443.

[J2] D. JERWOOD (1971) - *Cost of Epidemics.* PH. D. THESIS, SHEFFIELD UNIVERSITY.

[K1] S. KARLIN (1968) - *Branching processes.* In MATHEMATICS OF THE DECISION SCIENCES, PART 2, AMER. MATH. SOC., Providence, R.I., 195-234. MR 38, 2846.

[K2] S. KARLIN (1969) - *Equilibrium behavior of population genetic models with non-random mating.*
I : Preliminaries and special mating systems, J. APPL. PROBABILITY 5, 231-313.
II : Pedigrees, homozygosity and stochastic models, J. APPL. PROBABILITY 5, 487-566.

[K3] S. KARLIN et J. McGREGOR (1965) - *Ehrenfest urn models.* J. APPL. PROBABILITY 2, 352-376.

[K4] J.G. KEMENY (1973) - *What every college president should know about mathematics.* AMER. MATH. MONTHLY 80, 889-901.

[K5] D.G. KENDALL (1948) - *On the generalized birth and death process.* ANN. MATH. STATIST. 19, 1-15.

[K5'] D.G. KENDALL (1952) - *Les processus stochastiques de croissance en biologie.* ANN. INST. H. POINCARE 13, 43-108.

[K6] D.G. KENDALL (1956) - *Deterministic and stochastic epidemics in closed populations.* PROC. 3rd BERKELEY SYMPOS. MATH. STATIST. PROB. (1954-55), Vol. 4, 149-165, UNIV. OF CALIFORNIA PRESS, Berkeley. MR 18, 953.

[K7] D.G. KENDALL (1966) - *Branching processes since 1873.* J. LONDON MATH. SOC. 41, 385-406. MR 33 , 6706.

[K8] W.O. KERMACK et A.G. McKENDRICK (1927-1939) - *Contributions to the mathematical theory of epidemics I-V.* PROC. ROY. SOC. LONDON, SER. A 115 (1927), 700-721 ; PROC. ROY. SOC. LONDON, SER. A 138 (1932), 55-83 ; PROC. ROY. SOC. LONDON SER. A 141 (1933), 94-122 ; J. HYG. CAMB. 37 (1937), 172-187 ; J. HYG. CAMB. 39 (1939), 271-288.

[K9] N. KEYFITZ (1968) - *Introduction to the Mathematics of Population.* ADDISON-WESLEY, Reading, Massachusetts.

[K10] N. KEYFITZ (1970) - *Finding probabilities from observed rates, or how to make a life table.* AMER. STATIST. 24, 28-33.

[K11] J.J. KIPLING (1965) - *Adsorption from Solutions of Non-Electrolytes.* ACADEMIC PRESS, New York.

[K12] M.R. KLAUBER (1971) - *Two-sample randomization tests for space-time clustering.* BIOMETRICS 27, 129-142.

[K13] G. KNOX (1964a) - *Epidemiology of childhood leukaemia in Northumberland and Durham.* BRIT. J. PREV. MED. 18, 17-24.

[K14] G. KNOX (1964b) - *The detection of space-time interactions.* APPL. STATIST. 13, 25-29.

[L1] L. LE CAM (1947) - *Un instrument d'étude des fonctions aléatoires : la fonctionnelle caractéristique.* C.R.A.S. Paris 224, 710-711.

[L2] P.H. LESLIE (1945) - *On the use of matrices in certain population mathematics.* BIOMETRIKA 33, 183-212.

[L3] P.H. LESLIE (1958) - *A stochastic model for studying the properties of certain biological systems by numerical methods.* BIOMETRIKA 45, 16-31. MR 19, 1245.

[L4] A.J. LOTKA (1956) - *Elements of Mathematical Biology*. DOVER, New York, MR 20.

[M1] N. MANTEL (1967) - *The detection of disease clustering and a general regression approach*. CANCER RES. 27, 209-220.

[M2] J. MAYNARD SMITH (1968) - *Mathematical Ideas in Biology*. CAMBRIDGE UNIV. PRESS.

[M3] N. McARTHUR (1961) - *Introducing Population Statistics*. OXFORD UNIV. PRESS.

[M4] A.G. McKENDRICK (1926) - *Applications of mathematics to medical problems*. PROC. EDINBURGH MATH. SOC. 40, 98-130.

[M5] D.R. McNEIL (1970) - *Integral functionals of birth and death processes and related limiting distributions*. ANN. MATH. STATIST. 41, 480-485.

[M6] D.A. McQUARRIE (1967) - *Stochastic approach to chemical kinetics*. J. APPL. PROBABILITY 4, 413-478.

[M7] G. MENDEL (1866) - *Experiments in plant hybridization*. English Translation of the *Verh. Naturf. Ver. in Brünn Abhandlungen*, Vol.IV, 1865 paper in CLASSIC PAPERS IN GENETICS, J.A. PETERS (editor), PRENTICE-HALL, Englewood Cliffs, N.J. 1959.

[M8] P.A.P. MORAN et FAZEKAS de St. GROTH (1962) - *Random circles on a sphere*. BIOMETRIKA 49, 384-396.

[M9] P.A.P. MORAN (1962) - *The statistical Processes of Evolutionary Theory*. OXFORD UNIV. PRESS.

[M10] B.J.T. MORGAN (1971) - *On the solution of differential equations arising in some attachment models of virology*. J. APPL. PROBABILITY 8, 215-221.

[M11] J.E. MOYAL (1949) - *Stochastic processes and statistical physics*. J. ROY STATIST. SOC. SER. B 11, 150-210.

[M12] J.E. MOYAL (1957) - *Discontinuous Markoff processes*. ACTA MATH. 98, 221-264.

[N1] A.N. NAGAEV et A.N. STARTSEV (1970) - *Asymptotic analysis of a stochastic epidemic model.* TEOR. VEROJATNOST. I PRIMENEN. 15,97-105.

[N2] J. NEYMAN et E.L. SCOTT (1964) - *A stochastic model of epidemics.* In STOCHASTIC MODELS IN MEDICINE AND BIOLOGY. J. GURLAND (editor), UNIV. OF WISCONSIN PRESS, Madison, WIS. 45-83.

[O1] J. ORRISS (1969) - *Equilibrium distributions for systems of chemical reactions with applications to the theory of molecular adsorption.* J. APPL. PROBABILITY 6, 505-515.

[P1] K. PEARSON (1956) - *Karl Pearson's early statistical papers (including the 1900 paper on* χ^2*).* BIOMETRIKA PUBLICATIONS, CAMBRIDGE UNIV. PRESS.

[P2] M.C. PIKE et P.G. SMITH (1968) - *Disease clustering : a generalization of Knox's approach to the detection of space-time interactions.* BIOMETRICS 24, 541-556.

[P3] P.S. PURI (1966) - *On the homogeneous birth and death process and its integral.* BIOMETRIKA 53, 61-71.

[P4] P.S. PURI (1968) - *Some further results on the birth and death process and its integral.* PROC. CAMBRIDGE PHILOS. SOC. 64, 141-154.

[P5] P.S. PURI (1968) - *A note on Gani's models on phage attachment to bacteria.* MATH. BIOSCIENCES 2, 151-157.

[P6] P.S. PURI (1969)- *Some new results in the mathematical theory of phage reproduction.* J. APPL. PROBABILITY 6, 493-504.

[P7] J.H. POLLARD (1968) - *The multi-type Galton Watson process in a genetical context.* BIOMETRICS 24, 147-158.

[R1] G. RONTO and G. TUSNADY (1969) - *On the intrabacterial phage development.* ACTA BIOCHIM. BIOPHYS. ACAD. SCI. HUNGAR.4 (1), 89-97.

[R2] H. RUBEN (1963) - *The estimation of a fundamental interaction parameter in an emigration-immigration process*. ANN. MATH. STATIST. 24, 238-259.

[S1] J. SETHURAMAN (1961) - *Some limit theorems for joint distributions*. SANKHYA 23 A, 379-386.

[S2] N. SEVERO (1967) - *Two theorems on solutions of differential-difference equations and applications to epidemic theory*. J. APPL. PROBABILITY 4, 271-280.

[S3] V. SISKIND (1965) - *A solution of the general stochastic epidemic*. BIOMETRIKA, Vol. 52, 613-616.

[S4] J.G. SKELLAM (1967) - *Seasonal periodicity in theoretical population ecology*. PROC. 5th BERKELEY SYMP. MATH. STATIST. PROB. 4, 179-205. UNIVERSITY OF CALIFORNIA PRESS, Berkeley.

[S5] R.C. SRIVASTAVA (1967) - *Some aspects of the stochastic model for the attachment of phages to bacteria*. J. APPL. PROBABILITY 4, 9-18.

[S6] R.C. SRIVASTAVA (1968) - *Estimation of the parameter in the stochastic model for phage attachment to bacteria*. ANN. MATH. STATIST. 39, 183-192.

[S7] J.F. STEFFENSEN (1930) - *Om sandsynligheden for at afkommet uddør*. MATEMATISK TIDSSKRIFT B.1, 19-23.

[S8] W.L. STEVENS (1939) - *Solution to a geometrical problem in probability*. ANN. EUGENICS 9, 315-320, MR 1, 245.

[T1] P. TAUTU (1971) - *Structural models in epidemiology : an introductory investigation*. WHO SYMPOSIUM ON QUANTITATIVE EPIDEMIOLOGY, MOSCOW, 23-27 November 1970. ADVANCES IN APPL. PROBABILITY 3, 196-198.

[V1] V. VOLTERRA (1926) - *Variazioni e fluttuazioni del numero d'individui in specie animali conviventi*. MEM. ACAD. LINCEI ROMA 2, 31-112.

[W1] G.H. WEISS (1971) - *On a perturbation method for the theory of epidemics.* WHO SYMPOSIUM ON QUANTITATIVE EPIDEMIOLOGY, MOSCOW, 23-27 November 1970. ADVANCES IN APPL. PROBABILITY 3, 218-220.

[W2] P. WHITTLE (1955) - *The outcome of a stochastic epidemic. A note on Bailey's paper.* BIOMETRIKA, Vol. 42, 116-122.

[Y1] D. YASSKY (1962) - *A model for the kinetics of phage attachment to bacteria in suspension.* BIOMETRICS 18, 185-191.

Vol. 309: D. H. Sattinger, Topics in Stability and Bifurcation Theory. VI, 190 pages. 1973. DM 20,-

Vol. 310: B. Iversen, Generic Local Structure of the Morphisms in Commutative Algebra. IV, 108 pages. 1973. DM 18,-

Vol. 311: Conference on Commutative Algebra Edited by J W Brewer and E. A. Rutter. VII, 251 pages. 1973. DM 24,-

Vol. 312: Symposium on Ordinary Differential Equations. Edited by W. A. Harris, Jr. and Y. Sibuya. VIII, 204 pages. 1973. DM 22,-

Vol. 313: K. Jörgens and J. Weidmann, Spectral Properties of Hamiltonian Operators. III, 140 pages. 1973. DM 18,-

Vol. 314: M. Deuring, Lectures on the Theory of Algebraic Functions of One Variable. VI, 151 pages. 1973. DM 18,-

Vol. 315: K. Bichteler, Integration Theory (with Special Attention to Vector Measures). VI, 357 pages. 1973. DM 29,-

Vol. 316: Symposium on Non-Well-Posed Problems and Logarithmic Convexity. Edited by R. J Knops. V, 176 pages. 1973. DM 20,-

Vol. 317: Séminaire Bourbaki – vol. 1971/72 Exposés 400–417 IV, 361 pages. 1973 DM 29,-

Vol. 318: Recent Advances in Topological Dynamics. Edited by A. Beck. VIII, 285 pages. 1973. DM 27,-

Vol. 319: Conference on Group Theory. Edited by R. W. Gatterdam and K. W. Weston. V, 188 pages. 1973 DM 20,-

Vol. 320: Modular Functions of One Variable I Edited by W. Kuyk V, 195 pages. 1973. DM 20,-

Vol. 321: Séminaire de Probabilités VII. Edité par P A Meyer VI, 322 pages. 1973. DM 29,-

Vol. 322: Nonlinear Problems in the Physical Sciences and Biology. Edited by I. Stakgold, D. D. Joseph and D. H. Sattinger. VIII, 357 pages. 1973. DM 29,-

Vol. 323: J. L. Lions, Perturbations Singulières dans les Problèmes aux Limites et en Contrôle Optimal. XII, 645 pages. 1973. DM 46,-

Vol. 324: K Kreith, Oscillation Theory. VI, 109 pages. 1973. DM 18,-

Vol. 325: C.-C. Chou, La Transformation de Fourier Complexe et L'Equation de Convolution. IX, 137 pages 1973 DM 18,-

Vol. 326: A. Robert, Elliptic Curves VIII, 264 pages. 1973. DM 24,-

Vol. 327: E Matlis, One-Dimensional Cohen-Macaulay Rings. XII, 157 pages. 1973. DM 20,-

Vol. 328: J. R. Büchi and D. Siefkes, The Monadic Second Order Theory of All Countable Ordinals. VI, 217 pages. 1973. DM 22,-

Vol. 329: W. Trebels, Multipliers for (C, α)-Bounded Fourier Expansions in Banach Spaces and Approximation Theory. VII, 103 pages. 1973. DM 18,-

Vol. 330: Proceedings of the Second Japan-USSR Symposium on Probability Theory. Edited by G. Maruyama and Yu V. Prokhorov. VI, 550 pages. 1973. DM 40,-

Vol. 331: Summer School on Topological Vector Spaces. Edited by L. Waelbroeck. VI, 226 pages. 1973. DM 22,-

Vol. 332: Séminaire Pierre Lelong (Analyse) Année 1971-1972. V, 131 pages 1973. DM 18,-

Vol. 333: Numerische, insbesondere approximationstheoretische Behandlung von Funktionalgleichungen. Herausgegeben von R Ansorge und W. Törnig. VI, 296 Seiten. 1973 DM 27,-

Vol. 334: F. Schweiger, The Metrical Theory of Jacobi-Perron Algorithm. V, 111 pages 1973. DM 18,-

Vol. 335: H. Huck, R. Roitzsch, U. Simon, W. Vortisch, R. Walden, B Wegner und W. Wendland, Beweismethoden der Differentialgeometrie im Großen. IX, 159 Seiten. 1973. DM 20,-

Vol. 336: L'Analyse Harmonique dans le Domaine Complexe. Edité par E. J. Akutowicz. VIII, 169 pages. 1973. DM 20,-

Vol. 337: Cambridge Summer School in Mathematical Logic. Edited by A. R. D. Mathias and H. Rogers. IX, 660 pages. 1973. DM 46,-

Vol: 338: J. Lindenstrauss and L Tzafriri, Classical Banach Spaces. IX, 243 pages. 1973. DM 24,-

Vol. 339: G. Kempf, F. Knudsen, D. Mumford and B. Saint-Donat, Toroidal Embeddings I. VIII, 209 pages. 1973. DM 22,-

Vol. 340: Groupes de Monodromie en Géométrie Algébrique. (SGA 7 II). Par P. Deligne et N. Katz. X, 438 pages. 1973. DM 44,-

Vol. 341: Algebraic K-Theory I, Higher K-Theories. Edited by H. Bass. XV, 335 pages. 1973. DM 29,-

Vol. 342: Algebraic K-Theory II, "Classical" Algebraic K-Theory, and Connections with Arithmetic. Edited by H. Bass. XV, 527 pages. 1973. DM 40,-

Vol. 343: Algebraic K-Theory III, Hermitian K-Theory and Geometric Applications. Edited by H. Bass. XV, 572 pages. 1973. DM 40,-

Vol. 344: A. S. Troelstra (Editor), Metamathematical Investigation of Intuitionistic Arithmetic and Analysis. XVII, 485 pages. 1973. DM 38,-

Vol. 345: Proceedings of a Conference on Operator Theory. Edited by P. A. Fillmore. VI, 228 pages. 1973. DM 22,-

Vol. 346: Fučík et al., Spectral Analysis of Nonlinear Operators. II, 287 pages. 1973 DM 26,-

Vol. 347: J. M. Boardman and R. M. Vogt, Homotopy Invariant Algebraic Structures on Topological Spaces. X, 257 pages. 1973. DM 24,-

Vol. 348: A. M. Mathai and R. K. Saxena, Generalized Hypergeometric Functions with Applications in Statistics and Physical Sciences. VII, 314 pages. 1973. DM 26,-

Vol. 349: Modular Functions of One Variable II. Edited by W. Kuyk and P. Deligne V, 598 pages. 1973. DM 38,-

Vol. 350: Modular Functions of One Variable III. Edited by W. Kuyk and J.-P. Serre. V, 350 pages. 1973. DM 26,-

Vol 351: H. Tachikawa, Quasi-Frobenius Rings and Generalizations. XI, 172 pages. 1973. DM 20,-

Vol. 352: J. D. Fay, Theta Functions on Riemann Surfaces. V, 137 pages. 1973 DM 18,-

Vol. 353: Proceedings of the Conference on Orders, Group Rings and Related Topics. Organized by J. S. Hsia, M. L. Madan and T. G. Ralley X, 224 pages. 1973 DM 22,-

Vol. 354: K. J Devlin, Aspects of Constructibility. XII, 240 pages. 1973. DM 24,-

Vol. 355: M. Sion, A Theory of Semigroup Valued Measures. V, 140 pages. 1973. DM 18,-

Vol. 356: W. L. J. van der Kallen, Infinitesimally Central-Extensions of Chevalley Groups. VII, 147 pages. 1973. DM 18,-

Vol. 357: W Borho, P. Gabriel und R. Rentschler, Primideale in Einhüllenden auflösbarer Lie-Algebren. V, 182 Seiten. 1973. DM 20,-

Vol. 358: F. L. Williams, Tensor Products of Principal Series Representations. VI, 132 pages. 1973. DM 18,-

Vol. 359: U Stammbach, Homology in Group Theory. VIII, 183 pages. 1973 DM 20,-

Vol. 360: W. J. Padgett and R. L. Taylor, Laws of Large Numbers for Normed Linear Spaces and Certain Fréchet Spaces. VI, 111 pages. 1973. DM 18,-

Vol. 361: J. W. Schutz, Foundations of Special Relativity: Kinematic Axioms for Minkowski Space Time. XX, 314 pages. 1973. DM 26,-

Vol 362: Proceedings of the Conference on Numerical Solution of Ordinary Differential Equations. Edited by D. Bettis. VIII, 490 pages. 1974. DM 34,-

Vol. 363: Conference on the Numerical Solution of Differential Equations Edited by G. A Watson. IX, 221 pages. 1974 DM 20,-

Vol. 364: Proceedings on Infinite Dimensional Holomorphy. Edited by T. L. Hayden and T. J. Suffridge. VII, 212 pages. 1974. DM 20,-

Vol. 365: R. P. Gilbert, Constructive Methods for Elliptic Equations. VII, 397 pages. 1974. DM 26,-

Vol. 366: R. Steinberg, Conjugacy Classes in Algebraic Groups (Notes by V. V. Deodhar). VI, 159 pages. 1974. DM 18,-

Vol. 367: K. Langmann und W. Lütkebohmert, Cousinverteilungen und Fortsetzungssätze. VI, 151 Seiten. 1974. DM 16,-

Vol. 368: R. J. Milgram, Unstable Homotopy from the Stable Point of View. V, 109 pages. 1974. DM 16,-

Vol 369: Victoria Symposium on Nonstandard Analysis. Edited by A Hurd and P Loeb. XVIII, 339 pages. 1974. DM 26,-

Vol. 370: B. Mazur and W. Messing, Universal Extensions and One Dimensional Crystalline Cohomology. VII, 134 pages. 1974. DM 16,–

Vol. 371: V. Poenaru, Analyse Différentielle. V, 228 pages 1974 DM 20,–

Vol. 372: Proceedings of the Second International Conference on the Theory of Groups 1973. Edited by M. F Newman. VII, 740 pages. 1974. DM 48,–

Vol 373: A E R Woodcock and T Poston, A Geometrical Study of the Elementary Catastrophes V, 257 pages 1974 DM 22,–

Vol. 374: S Yamamuro, Differential Calculus in Topological Linear Spaces. IV, 179 pages. 1974. DM 18,–

Vol. 375: Topology Conference 1973 Edited by R F Dickman Jr. and P. Fletcher. X, 283 pages. 1974. DM 24,–

Vol. 376: D B Osteyee and I J Good, Information, Weight of Evidence, the Singularity between Probability Measures and Signal Detection XI, 156 pages 1974. DM 16 –

Vol. 377: A. M. Fink, Almost Periodic Differential Equations. VIII, 336 pages. 1974. DM 26,–

Vol. 378: TOPO 72 – General Topology and its Applications. Proceedings 1972. Edited by R. Alò, R. W. Heath and J. Nagata. XIV, 651 pages. 1974. DM 50,–

Vol. 379: A. Badrikian et S. Chevet, Mesures Cylindriques, Espaces de Wiener et Fonctions Aléatoires Gaussiennes. X, 383 pages. 1974. DM 32,–

Vol. 380: M. Petrich, Rings and Semigroups. VIII, 182 pages. 1974. DM 18,–

Vol. 381: Séminaire de Probabilités VIII. Edité par P A. Meyer. IX, 354 pages. 1974. DM 32,–

Vol. 382: J. H. van Lint, Combinatorial Theory Seminar Eindhoven University of Technology. VI, 131 pages. 1974 DM 18,–

Vol 383: Séminaire Bourbaki – vol 1972/73. Exposés 418-435 IV, 334 pages. 1974. DM 30,–

Vol. 384: Functional Analysis and Applications, Proceedings 1972. Edited by L. Nachbin. V, 270 pages. 1974. DM 22,–

Vol. 385: J. Douglas Jr. and T. Dupont, Collocation Methods for Parabolic Equations in a Single Space Variable (Based on C^1-Piecewise-Polynomial Spaces). V, 147 pages. 1974. DM 16,–

Vol. 386: J. Tits, Buildings of Spherical Type and Finite BN-Pairs. IX, 299 pages. 1974. DM 24,–

Vol. 387: C. P Bruter, Eléments de la Théorie des Matroïdes. V, 138 pages. 1974. DM 18,–

Vol. 388: R. L. Lipsman, Group Representations. X, 166 pages. 1974 DM 20,–

Vol. 389: M.-A. Knus et M. Ojanguren, Théorie de la Descente et Algèbres d' Azumaya. IV, 163 pages. 1974. DM 20,–

Vol. 390: P. A. Meyer, P. Priouret et F. Spitzer, Ecole d'Eté de Probabilités de Saint-Flour III – 1973. Edité par A. Badrikian et P.-L Hennequin VIII, 189 pages 1974 DM 20,–

Vol. 391: J. Gray, Formal Category Theory: Adjointness for 2-Categories. XII, 282 pages. 1974. DM 24,–

Vol. 392: Géométrie Différentielle, Colloque, Santiago de Compostela, Espagne 1972. Edité par E. Vidal VI, 225 pages. 1974. DM 20,–

Vol. 393: G. Wassermann, Stability of Unfoldings. IX, 164 pages. 1974. DM 20,–

Vol. 394: W. M. Patterson 3rd, Iterative Methods for the Solution of a Linear Operator Equation in Hilbert Space – A Survey. III, 183 pages. 1974. DM 20,–

Vol. 395: Numerische Behandlung nichtlinearer Integrodifferential- und Differentialgleichungen. Tagung 1973. Herausgegeben von R. Ansorge und W. Törnig VII, 313 Seiten. 1974 DM 28,–

Vol. 396: K H. Hofmann, M Mislove and A. Stralka, The Pontryagin Duality of Compact O-Dimensional Semilattices and its Applications. XVI, 122 pages. 1974. DM 18,–

Vol. 397: T. Yamada, The Schur Subgroup of the Brauer Group V, 159 pages 1974. DM 18,–

Vol. 398: Théories de l'Information, Actes des Rencontres de Marseille-Luminy, 1973. Edité par J. Kampé de Fériet et C. Picard. XII, 201 pages 1974. DM 23,–

Vol. 399: Functional Analysis and its Applications, Proceedings 1973. Edited by H. G. Garnir, K. R. Unni and J. H. Williamson. XVII, 569 pages. 1974. DM 44,–

Vol 400: A Crash Course on Kleinian Groups – San Francisco 1974. Edited by L. Bers and I. Kra. VII, 130 pages. 1974. DM 18,–

Vol 401: F Atiyah, Elliptic Operators and Compact Groups. V, 93 pages 1974 DM 18,–

Vol 402: M Waldschmidt, Nombres Transcendants. VIII, 277 pages. 1974 DM 25,–

Vol. 403: Combinatorial Mathematics – Proceedings 1972. Edited by D. A. Holton. VIII, 148 pages. 1974. DM 18,–

Vol 404: Théorie du Potentiel et Analyse Harmonique. Edité par J. Faraut. V, 245 pages. 1974. DM 25,–

Vol. 405: K. Devlin and H. Johnsbråten, The Souslin Problem. VIII, 132 pages. 1974. DM 18,–

Vol. 406: Graphs and Combinatorics – Proceedings 1973. Edited by R. A. Bari and F. Harary. VIII, 355 pages. 1974. DM 30,–

Vol. 407: P. Berthelot, Cohomologie Cristalline des Schémas de Caracteristique $p > o$. VIII, 598 pages. 1974. DM 44,–

Vol. 408: J. Wermer, Potential Theory. VIII, 146 pages 1974. DM 18,–

Vol. 409: Fonctions de Plusieurs Variables Complexes, Séminaire François Norguet 1970–1973. XIII, 612 pages 1974. DM 47,–

Vol 410: Séminaire Pierre Lelong (Analyse) Année 1972–1973. VI, 181 pages. 1974. DM 18,–

Vol. 411: Hypergraph Seminar. Ohio State University, 1972. Edited by C. Berge and D. Ray-Chaudhuri. IX, 287 pages. 1974. DM 28,–

Vol. 412: Classification of Algebraic Varieties and Compact Complex Manifolds. Proceedings 1974. Edited by H. Popp. V, 333 pages. 1974 DM 30,–

Vol 413: M. Bruneau, Variation Totale d'une Fonction. XIV, 332 pages. 1974 DM 30,–

Vol 414: T Kambayashi, M. Miyanishi and M. Takeuchi, Unipotent Algebraic Groups. VI, 165 pages 1974 DM 20,–

Vol. 415: Ordinary and Partial Differential Equations, Proceedings of the Conference held at Dundee, 1974. XVII, 447 pages. 1974. DM 37,–

Vol. 416: M. E. Taylor, Pseudo Differential Operators. IV, 155 pages. 1974. DM 18,–

Vol. 417: H. H. Keller, Differential Calculus in Locally Convex Spaces XVI, 131 pages 1974. DM 18,–

Vol. 418: Localization in Group Theory and Homotopy Theory and Related Topics Battelle Seattle 1974 Seminar. Edited by P J Hilton VI, 171 pages. 1974. DM 20,–

Vol 419: Topics in Analysis – Proceedings 1970. Edited by O. E. Lehto, I. S. Louhivaara, and R. H. Nevanlinna. XIII, 391 pages. 1974 DM 35,–

Vol 420: Category Seminar Proceedings, Sydney Category Theory Seminar 1972/73. Edited by G M Kelly VI, 375 pages 1974. DM 32,–

Vol. 421: V Poénaru, Groupes Discrets. VI, 216 pages. 1974. DM 23,–

Vol 422: J.-M Lemaire, Algèbres Connexes et Homologie des Espaces de Lacets. XIV, 133 pages 1974. DM 23,–

Vol. 423: S. S. Abhyankar and A. M. Sathaye, Geometric Theory of Algebraic Space Curves XIV, 302 pages. 1974. DM 28,–

Vol. 424: L. Weiss and J Wolfowitz, Maximum Probability Estimators and Related Topics. V, 106 pages. 1974. DM 18,–

Vol 425: P. R Chernoff and J. E. Marsden, Properties of Infinite Dimensional Hamiltonian Systems. IV, 160 pages. 1974. DM 20,–

Vol. 426: M L Silverstein, Symmetric Markov Processes IX, 287 pages. 1974 DM 28,–

Vol 427: H. Omori, Infinite Dimensional Lie Transformation Groups. XII, 149 pages 1974 DM 18,–

Vol. 428: Algebraic and Geometrical Methods in Topology, Proceedings 1973 Edited by L. F. McAuley. XI, 280 pages. 1974. DM 28,–